大学实验系列

新编大学物理实验

（第二册）

主　编　徐志洁　吴丽君　安长星
副主编　宋建宇　李　倩　王德力

哈爾濱工程大學出版社
Harbin Engineering University Press

内容简介

全书内容共分7章,包括物理实验的数据处理、常用的物理实验方法、常用实验仪器及其使用简介、探究型基础实验、研究型综合实验、设计型创新实验、开放型创新实验。全书强调实验物理学科的科学性和系统性,重点阐述了物理实验的思想与方法,注重培养学生的实验能力与创新思维。全书内容丰富,许多实验提供了多种实验方法,涉及多个与自动化、电子信息等学科有关的近代综合性实验,还设立了多个设计、创新性的实验课题,以适应自动化类、电子信息类等专业的教学需要。

本书可作为高等学校非物理类各专业物理实验课程的教材或参考书。

图书在版编目(CIP)数据

新编大学物理实验. 第二册 / 徐志洁,吴丽君,安长星主编. —哈尔滨:哈尔滨工程大学出版社,2018.5(2020.8重印)

ISBN 978-7-5661-1971-1

Ⅰ.①新… Ⅱ.①徐… ②吴… ③安… Ⅲ.①物理学-实验-高等学校-教材 Ⅳ.①04-33

中国版本图书馆CIP数据核字(2018)第127975号

选题策划 石 岭
责任编辑 张忠远 宗盼盼
封面设计 张 骏

出版发行 哈尔滨工程大学出版社
社 址 哈尔滨市南岗区南通大街145号
邮政编码 150001
发行电话 0451-82519328
传 真 0451-82519699
经 销 新华书店
印 刷 哈尔滨市石桥印务有限公司
开 本 787mm×1 092mm 1/16
印 张 16.25
字 数 429千字
版 次 2018年5月第1版
印 次 2020年8月第3次印刷
定 价 36.00元
http://www.hrbeupress.com
E-mail:heupress@hrbeu.edu.cn

前　言

本书依照教育部高等学校物理学与天文学教学指导委员会物理基础课程教学指导分委员会编制的《理工科类大学物理实验课程教学基本要求》，遵循“加强基础、重视应用、培养能力、锐意创新”的指导思想，在多年课程建设的基础上编写而成。

本书以应用能力、创新能力的培养为主线，设置了多个与自动化、电子信息等学科有关的近代综合性实验，还设立了多个设计、创新性的实验课题，并引入了近几年来辽宁省大学生物理实验竞赛的题目、沈阳理工大学参加辽宁省大学生物理实验竞赛的学生获奖名单、参赛项目说明书及教师自拟题目，以适应自动化类、电子信息类等专业的教学需要，使学生既掌握基本的实验知识与技能，又具备一定的综合应用能力，从而激发学生的创新能力。

本书能完整地表达本课程所包含的知识与能力要求，结构严谨，内容齐全，包括前言、绪论、正文、附录、参考文献等。在实验内容的编写上，以问题探索为切入点，引导学生对要解决的问题展开深入的思考和研究，增强学生学习的目标性和主动性；对实验原理的叙述深入浅出，对实验内容的说明通俗易懂，切实详尽，还纳入了许多教师的教学研究成果，如一些好的实验方法、数据处理方法等，有利于教师教学，便于学生自学；注重对实验背景、实验应用的介绍，数据处理贯穿于定量测量的实验中，许多实验之后附有知识拓展，便于学生对物理实验相关知识的理解与应用，增强学生分析、解决问题的能力及应用能力；增加了立体教材部分（教师的教案、讲课视频等），使学生随时完成网上预习、复习，提高学生自学、融会贯通、独立思考等能力，进一步提升物理实验的教学质量。

本书的前言、绪论、第 1 章的第 1 节至第 4 节、第 1 章习题、实验 9 由徐志洁编写，第 2 章的第 1 节、第 2 节、第 3 章的第 3 节、实验 1 由冯志勇编写，第 3 章的第 1 节、第 2 节、第 5 节、实验 14、第 7 章由宋建宇编写，第 3 章的第 4 节、实验 2、实验 7、实验 10、实验 12、实验 13 由吴丽君编写，第 3 章的第 6 节由王德力编写，实验 3 由邵殿春编写，实验 4、实验 5、实验 6、实验 8、实验 16 及全书后的附录 A、附录 B、参考文献由安长星编写，实验 11、实验 15、实验 17 由李倩编写。

物理实验教学是物理实验中心全体人员的集体工作，无论是在教材内容的安排还是在实验方法的改进上，都凝聚着全体任课教师的智慧与汗水。在本书的编写中，沈阳理工大学的徐送宁教授、李凤岐教授、李洪奎教授等提出了许多宝贵的意见。在此，向他们表示诚挚的敬意和衷心的感谢！

由于作者水平有限，错误和不妥之处在所难免，恳请同行专家和读者们批评、指正。

编　者

2018 年 3 月

目　　录

绪　论

一、物理实验课的地位、任务、基本要求

(一)物理实验课的地位

物理学本质上是一门实验科学。物理实验是科学实验的先驱,体现了大多数科学实验的共性,在实验思想、实验方法、实验手段等方面是各学科科学实验的基础。物理实验是大学生入学后系统地接受实验技能训练的开端,也是培养学生创新思维和创新能力的重要课堂。

(二)物理实验课的任务

大学物理实验课遵循"加强基础、重视应用、培养能力、锐意创新"的指导思想,主要完成以下教学任务:

1. 培养与提高学生的科学实验能力,包括独立阅读实验教材(或资料),掌握实验原理;了解实验仪器的基本构造,掌握仪器的使用方法;正确记录数据,完成实验内容;对实验数据进行处理、分析,绘制实验曲线;说明实验结果,写出合格的实验报告等。

2. 培养与提高学生的创新能力。在具备一定实验能力的基础上,让学生接触一些技术先进、应用广泛的近代综合性实验及设计、研究性实验,以开阔学生的视野,激发学生的学习兴趣,增强学生的探索精神,提高学生的动手能力以及分析、解决实际问题的能力。

3. 培养与提高学生的科学实验素养,使学生具有理论联系实际和实事求是的科学作风,严肃认真的工作态度,以及遵守纪律、爱护公共财物的优良品德。

(三)物理实验课的基本要求

大学物理实验应包括普通物理实验(力学、热学、电学、光学实验)和近代物理实验,内容涵盖基础实验,近代综合性实验,设计、创新性实验等,教学内容的基本要求如下:

1. 掌握测量误差与不确定度的基本知识,学会用不确定度评估测量结果,掌握一些常用的实验数据处理方法,包括列表法、作图法和最小二乘法,以及用计算机通用软件处理实验数据的基本方法等。

2. 掌握基本物理量的测量方法,如长度、质量、时间、温度、压力、电流、电压、电阻、折射率、普朗克常量等常用物理量及物性参数的测量,加强数字化测量技术和计算技术在物理实验教学中的应用。

3. 了解常用的物理实验方法，并逐步学会使用，如比较法、转换法、放大法、平衡法、补偿法、模拟法、干涉法和衍射法，以及在近代科学研究和工程技术中广泛应用的其他方法。

4. 掌握实验室常用仪器的性能，并能够正确使用，如长度测量仪器、计时仪器、测温仪器、变阻器、电表、交/直流电桥、通用示波器、低频信号发生器、分光仪、电源和光源等常用仪器。还应掌握在科学研究与工程技术中广泛应用的现代物理技术，如激光技术、传感器技术等。

5. 掌握常用的实验操作技术，如零位调整、水平/铅直调整、光路的共轴调整、消视差调整、逐次逼近调整、根据给定的电路图正确接线、简单的电路故障检查与排除、根据给定的光路图正确地摆放各个光学元件等。

二、上物理实验课的基本程序

(一)课前预习

预习应以理解实验原理为主，必须弄清楚待求量与实测量之间的关系，了解实验的大体过程，以便在做实验时能抓住关键内容。在上实验课之前，必须认真地填写实验报告中的“实验目的、实验原理、实验内容”三部分内容，列出要测量的实验数据表格，并对实验仪器有一定的了解。可以把预习中遇到的问题写出来，在以后做实验时注意并加以解决，这样能达到更好的效果。

(二)上实验课

课堂上进行实验是实验课的中心环节。

1. 教师讲解

教师就实验的基本原理(包括物理原理或实验原理)、主要的实验内容、注意事项等做简要的讲解，对于设计性实验提出相应的要求。

2. 调整仪器

首先应对照实验仪器进一步熟悉、掌握仪器的工作原理和使用方法，然后按要求进行调节，如天平的水平和平衡调节、光路的同轴和等高调节、各类仪表的零点调节等。

3. 测量数据

通常是用较短的时间粗略地测量，即调整或选定测量范围、测量间隔以及仪器的量程，大致了解测量规律，然后重新开始仔细地测量。

4. 记录数据

记录中至少要包括实验日期、实验题目、实验条件(如电流、电压值、室温、大气压等一些与测量相关的量)、测量值(含计量单位、数量级)、仪器名称、型号、量程、准确度等。将实验数据完整、清晰地记录在记录本(或预习纸)上，数据之间应留有一定的间隙，以便补充或修改。当时认为不对的数字也不要随便毁掉，应在此数据上面轻轻地打一个记号，如“×”，以待进一步验证。这是因为原以为错误的数据很可能没有错或者可能具有一定的参考价值。记录时一定要注意数据的有效位数,并加以简要说明。这样记录的目的是可在经过了一段时间之后也能回忆起当时做实验的基本状况。做实验时应避免连一本笔记都不带,用零散的纸片简单、草率地记录数据,或先做草率的记录再转抄的做法。

一般来讲,实验是从不清楚至清楚,从各种正确与错误的多个推理和判断中步步前进,最终获得正确结果的过程,这一过程恰好是学习实验的重要过程,不能简单地问一问其他组的同学,甚至模仿其他组的数据。做实验固然需要正确的结果,但更需要亲手实践,这在实验课的学习中是最重要的。若两人同用一台仪器做一个实验,则应分工协作、共同完成实验。

5. 教师签字

实验数据或最终的实验结果及仪器的还原情况需由教师检查,确认合格并签字后,本次实验才算完成;否则应重新做实验、测量数据、整理仪器等。

(三)写实验报告

实验报告是对实验工作的全面总结,要简明扼要、准确地表达实验的全貌。报告要求文字通顺,字迹端正,图表规范,结果正确,讨论认真。做完实验应养成尽快写实验报告的习惯,因为这样做可避免遗忘,及时地发现问题、解决问题。

实验报告应包括以下内容。

1. 实验名称

写明实验的题目。

2. 实验目的

简要说明实验的目的。

3. 实验原理

应包括理论依据或实验仪器的原理,要列出主要公式,画出原理示意图,包括电路图或光路图等。

4. 实验内容(步骤)

必须写明重要而且不能颠倒顺序的实验步骤,写清注意事项。

5. 实验数据

应当用表格形式表示,注意写清楚数据的有效位数、数量级、计量单位、重要的实验条件及所使用仪器的型号、规格、仪器的分度值等。

6. 数据处理

对于重要的计算过程及不确定度的评定过程应简略地表示出来,较复杂且重复性的计算过程可用表格形式表示。计算完毕时要注意测量结果的表示。

7. 问题讨论

问题讨论包括对测量结果影响较大的因素的接近量化的分析讨论,以及实验方法的改进,实验中应注意的问题等方面内容。

虽然现行的实验报告有固定的格式,但对每个实验报告的要求并不是千篇一律的,要根据不同的实验内容和要求,侧重某一些方面来写。在写实验报告之前,应当用较短的时间回想一下本实验的重点、难点,以及体会较深之处等,防止和避免完全填表式的做法。

三、做物理实验需遵守的有关规定

1. 学生进入实验室之前必须按要求完成实验报告预习内容的填写,即实验目的、实验原理、实验内容,教师检查同意后,方可进行实验。否则,在实验报告的总成绩中扣除 1 分(满分为 5 分)。

2. 遵守课堂纪律,保持安静、整洁的实验环境。

3. 使用电源时,必须经过教师检查线路后才可接通电源。

4. 要爱护仪器。学生进入实验室后,不得擅自搬弄实验仪器。实验中要严格按照实验内容和仪器说明书的要求进行操作,若发现仪器损坏,须立即报告老师并照章赔偿。公用的工具用完后应立即放回原处。

5. 做完实验,学生应将仪器整理、还原,将桌面和凳子收拾整齐。经过教师检查测量数据和仪器还原情况并签字后,方可离开实验室。

6. 实验报告(包括实验数据处理结果,如坐标纸等)应在下次做实验时统一交给老师。

第 1 章　物理实验的数据处理

物理实验的任务不仅是定性地观察物理现象,而且需要对物理量进行定量测量并找出各个物理量之间的内在联系。

由于测量原理及测量方法的不完善、测量仪器的准确度(其定义见 1.1.4 几个常见的基本术语及其概念)不够高、测量环境的不理想、测量人员的实验技能不精湛等诸多因素的影响,所有的测量都只能做到相对准确。随着科学技术的不断发展,人们的实验知识、手段、经验、技巧的不断提高,测量的准确度将会越来越高,但测量值不可能绝对准确。因此,一个测量结果,不仅应该给出被测对象的量值和单位,而且必须对量值的可靠性做出评价。

本章主要介绍测量与误差、测量结果的不确定度评定、实验数据的有效位数、常用的实验数据处理方法等基本知识。这些知识不仅在本课程的实验中会经常用到,而且是今后从事科学实验工作应该了解和掌握的。

1.1　测量与误差

本节主要理解如下几个问题:

(1)什么是测量? 常见测量的分类有哪几种,各适用于什么情况?

(2)什么是(测量)误差? 常见测量误差的分类有哪几种,其主要来源有哪些,可否消除?

1.1.1　测量

测量一般是指以确定被测对象量值为目的的全部操作过程。在这个过程中,待测量与预先选定的计量标准(如仪器、仪表等)之间进行相互比较。根据中华人民共和国国家计量技术规范 JJF 1059—1999《测量不确定度评定与表示》(以下简称“JJF 1059—1999”),量值一般是指由一个数乘以计量单位所表示的特定量的大小。

测量的分类方法有许多种,通常按照下列方法进行分类。

1. 直接测量和间接测量

按照测量方法来划分,测量可分为直接测量和间接测量。

不必测量与被测量有函数关系的其他量就能得到被测量的测量称为直接测量。如用游标卡尺测量长度,用等臂天平测量物体的质量,用电流表测量回路电流,用秒表测量时间间隔等都是直接测量。所得的物理量如长度、质量、电流、时间等称为直接测量值。

有些量很难进行直接测量,需依据它与某几个直接测量值的函数关系求出,这样的测量称为间接测量。间接测量可用如下函数关系表示:

$$y = f(x_1, x_2, \cdots, x_i, \cdots, x_N) \tag{1.1.1}$$

式中,$x_1, x_2, \cdots, x_i, \cdots, x_N$ 为直接测量值;y 为间接测量值。例如,某种物体的密度 ρ 是通过测量质量 m、体积 V 间接得到的,即 $\rho = \frac{m}{V}$。其中,质量 m、体积 V 是直接测量值;密度 ρ 是间接测量值。

2. 单次测量和多次测量

按照测量次数的不同来划分,测量又可分为单次测量和多次测量。为了提高测量的准确度,在重复性条件下进行多次测量,即为多次测量。一些物理量在一定测量条件下会迅速地变化,这时就不能进行多次重复测量而只能进行单次测量;有时一些物理量不必进行太精确的测量,也可进行单次测量。

重复性条件包括相同的测量程序、相同的观测者、在相同的条件下使用相同的测量仪器、相同地点、在短时间内重复测量。

3. 静态测量和动态测量

按照被测量是否随时间变化来划分,测量又可分为静态测量和动态测量。

按照测量技术来划分,可分为比较法、放大法、平衡法、补偿法、转换法、模拟法、干涉法和衍射法等。

1.1.2 (测量)误差

根据 JJF 1059—1999,真值(记为 μ)的定义为:与给定的特定量定义一致的值。可理解为某一物理量在一定客观条件下存在的真实大小。由于测量仪器、实验条件、测量方法、操作人员等诸多因素的限制,测量不可能无限准确。测量结果(记为 x)减去被测量的真值 μ 称为(测量)误差,记为 δ,可表示为

$$\delta = x - \mu \tag{1.1.2}$$

1.1.3 随机误差与系统误差

1. 随机误差(或称偶然误差)

在同一量的多次测量中,一些影响量的变化是不可预期或由随机的时间、空间变化量而引起的,这种效应称为随机效应(或称偶然效应)。随机效应的存在,使得测量结果在测量的平均值附近起伏变化,即随机效应导致重复观测中的分散性。测量结果与重复性条件下对同一量进行无限多次测量所得结果的平均值之差称为随机误差。随机误差可通过增加测量次数来减小,但无法完全消除。在一般情况下,测量次数不宜过大。因为测量次数过大,就很难保证测量条件的恒定,而且可能带来其他不确定的因素。

2. 系统误差

在对同一被测量的多次测量过程中,有些影响量是可预知、可识别的,它们总是使测量结果向一个方向偏离,有些偏离的数值恒定或按一定规律变化,这种效应称为系统效应。在重复性条件下,由系统效应引起的误差称为系统误差。它不能通过增加测量次数来减小或消除,而需针对不同情况采用不同的方法予以消减。系统误差的来源主要有以下几个方面。

(1)人员

这是由于观察者感官、习惯或技术不熟练等因素所引起的,例如,读数时总是偏大或偏小。

(2)仪器

这是由于仪器本身的缺陷或未按规定的条件调整、使用仪器所造成的,例如,在使用前对仪器零点的校正不准确。

(3)方法

这是由于理论或实验方法本身不完善所造成的,例如,用伏安法测量电阻时,未计算电表的内阻。

(4)环境

这是由于外界环境(如温度、电压、光照、电磁等)恒定偏离规定的条件而产生的,例如,较精确地测量某一金属材料的长度时,由于外界环境温度偏高而使测量结果偏大。

对于实验中存在的系统误差,可以通过校准仪器、改进设计方案、选择更好的实验方法、进行合理的理论修正、稳定外界条件等途径来基本消除或减小。对于既不能修正,又不能消除的系统误差,应当根据具体的情况,在测量结果中反映出来。

系统误差可分为定值系统误差(参见本书第 3 章第 1 节的知识拓展)、线性变值系统误差、正弦规律的系统误差(参见本书第 4 章实验 3 的知识拓展 2)和复杂规律的系统误差等。除了复杂规律的系统误差外,系统误差的处理有几种较典型的实验方法,具体的内容将在第 2 章第 1 节及以后的物理实验课中进行介绍。

1.1.4　几个常见的基本术语及其概念

JJF 1059—1999 给出几个在大学物理实验中经常遇到的术语及其简单解释。

注　方括号[ ]中的文字一般可省略。

1. [可测量的]量

现象、物体或物质可定性区别和定量确定的属性。

术语"量"可指一般意义的量,如长度、温度等,或指特定量,如某一根棒的长度、某种液体的温度等。

2. 被测量

被测量是指作为测量对象的特定量,例如,给定的水样品在 100 ℃时的蒸汽压力。对被测量的详细描述,可要求包括对其他相关量(如时间、温度和压力等)做出的说明。

3. 测量结果

由测量所得到的赋予被测量的值称为测量结果。

对"测量结果"的说明详见本书 1. 2 节内容。

4. 测量准确度

测量结果与被测量的真值之间的一致程度称为测量准确度。

这是一个定性的概念。一致程度若需定量表示,则可用不确定度表征真值基本处于"测量结果 ± 不确定度"的区间之内。关于不确定度的相关知识详见本书 1. 2 节内容。

应区分准确度与精密度、正确度的不同。在测量结果中,准确度反映的是系统误差和随机误差综合的影响程度;精密度反映的是随机误差的影响程度;正确度反映的是系统误差(简称系差)的影响程度。

5. [测量结果的]重复性

在相同的测量条件下,对同一被测量进行连续多次测量所得结果之间的一致性称为重复性。

重复性可用测量结果的分散性定量地表示,详见本书 1. 2 节内容。

1.2 不确定度评定的基础知识

不确定度这一概念及其评定在现代测量和数据处理中占有十分重要的地位,但以往各国对不确定度的表示和评定却有着不同的看法和规定,这无疑影响了国际间的交流与合作。1993 年,国际标准化组织(ISO)等七个国际组织联名发布了《测量不确定度表示指南》(修订版),我国也于 1999 年颁布了中华人民共和国国家计量技术规范 JJF 1059—1999《测量不确定度评定与表示》,使得涉及测量的技术领域和部门均可用统一的准则对不确定度进行评定和表示。

本节主要理解如下几个问题:

(1)如何理解"测量不确定度"和"扩展不确定度"这两个概念?

(2)怎样表示测量结果?

(3)单次测量结果的实验标准差与 n 次重复测量平均值的标准差是否为同一值,如何计算?

(4)如何评定 A 类标准不确定度及 B 类标准不确定度?

(5)标准不确定度与扩展不确定度的关系是什么?

(6)如何评定直接测量的测量结果?如何评定间接测量的测量结果?

(7)如何评定相对标准不确定度?

1.2.1 测量不确定度的概念

在测量中,由于预先选定的标准(如各类的仪器、仪表)并非十全十美,操作人员每次判断、读数及不同操作人员之间判断上的差异,测量方法不够完善,再加上环境的变化等,不仅使得测量标准发生变化,而且使得各个直接测量值也发生变化,因而对于某一待测量来讲,其数值不是恒定的而是有所起伏,如图 1.2.1 所示,说明误差是不可避免的。

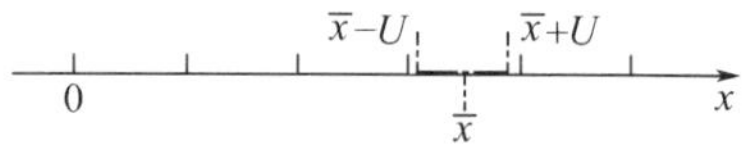

图 1.2.1 被测量之值的分散性示意图

人们进行的任何测量,只能无限地逼近真值而不能测得真值。因此,真值无法准确确定。因为一些实验条件无法完全被掌握(或控制),所以误差是不能准确地确定出来的。由式(1.1.2)可知,测量结果 x 也是一个不确定的量。

那么如何表示测量结果呢?人们自然会想到用算术平均值来表示。但这是否能全面地反映测量的水平呢?显然这种表示方法是不够全面的。

由于误差的存在,各个被测量之值会比其算术平均值 $\bar{x}$ 大或小,即以 $\bar{x}$ 为中心,各个被测量之值以一定概率在范围 U 内浮动(图 1.2.1),称 U 为扩展不确定度,它是确定测量结果区间的量,大部分合理赋予的被测量之值分布在此区间内。这样可把测量结果表示成

$$x = (\bar{x} \pm U)(\text{单位}) \tag{1.2.1}$$

无系统误差时,若测量次数无限增加,则算术平均值 $\bar{x}$ 必然趋近于真值 μ。实际上,在做有限次数的测量时,算术平均值 $\bar{x}$ 也是真值的最佳估值。在表示测量结果时,不仅要给出最可信赖的被测量之值,而且还要给出这一量值不能确定的程度,用一个区间($\bar{x}-U$,$\bar{x}+U$)来表

示,即被测量之值在($\bar{x}-U,\bar{x}+U$)范围内浮动。

根据 JJF 1059—1999,不确定度定义为表征合理地赋予被测量之值的分散性,是与测量结果相联系的参数。扩展不确定度表征被测量之值所处的范围,它表示被测量不能够确定的程度。

本书用扩展不确定度作为表示测量结果的参数,认为当重复测量的次数足够多时,对被测量可能值的分布做正态分布的估计,并取置信概率为95%。相当于进行20次测量,可能有1个被测量之值超出($\bar{x}-U,\bar{x}+U$)的范围。

说明　(1)扩展不确定度 U 越小,说明测量的准确度越高;反之,U 越大,说明测量的准确度越低。

(2)一般情况下,U 取 1 ~2 位有效位数。为简单起见,本书规定直接用模拟式仪器、仪表读数时,应根据表盘上每格代表的值(即分度值)来决定扩展不确定度 U 取 1 位或是 2 位有效位数;其他情况 U 取 2 位有效位数,且被测量之值的最末位与 U 的最末位对齐(两者的数量级和计量单位均应相同),最末位的后一位位数的取舍一般遵循四舍五入原则。如某一被测量之值为 1.234 6 m,其扩展不确定度为 0.016 m,不确定度的最后一位为千分位,应将被测量之值保留到千分位,最后测量结果为

$$(1.235 \pm 0.016)\,\mathrm{m}$$

1.2.2　实验标准差、贝塞尔公式

多次重复测量某一量 X 所得的值 x 在某一个值的附近起伏变化,这种对同一被测量做 n 次重复测量,表征测量结果分散性的量可用实验标准差来描述。实验标准差可用贝塞尔公式进行计算:

$$s(x_k)=\sqrt{\frac{\sum_{k=1}^{n}(x_k-\bar{x})^2}{n-1}} \tag{1.2.2}$$

式中,$s(x_k)$表示实验测量列中单次测量结果的实验标准差;$k=1,2,\cdots,n$ 为测量次数;x_k 为被测量 x 的第 k 次测量值。x_k 与 $\bar{x}$ 之差称为残余偏差,记为 V_k,即 $V_k=x_k-\bar{x}$,$\bar{x}$ 为被测量 x 的 n 次测量值的算术平均值,可表示为

$$\bar{x}=\frac{1}{n}\sum_{k=1}^{n}x_k \tag{1.2.3}$$

因为测量结果用式(1.2.1)表示,其中算术平均值可用式(1.2.3)计算,所以应求出 n 次重复测量平均值的实验标准差。可以证明,平均值实验标准差 $s(\bar{x})$ 与单次测量的实验标准差 $s(x_k)$之间存在如下关系:

$$s(\bar{x})=\frac{s(x_k)}{\sqrt{n}} \tag{1.2.4}$$

直接用式(1.2.2)、式(1.2.3)、式(1.2.4)计算标准差较麻烦,但用具有统计功能的小型计算器便能非常方便地完成这一计算。现以较普遍使用的计算器为例,简述平均值标准差的计算方法。

例 1.2.1　用千分尺测量某一圆柱体的直径 d,测量数据如表 1.2.1 所示,求其算术平均值的标准差。

表 1.2.1　测量某一圆柱体直径的实验数据表

测量次数 n	1	2	3	4	5
直径 d/mm	9.855	9.831	9.868	9.871	9.846
测量次数 n	6	7	8	9	10
直径 d/mm	9.849	9.836	9.842	9.854	9.867

解　使用计算器的操作顺序如下：

①按“on”键，打开计算器。

②按“2ndF”键，再按“stat”键，使计算器进入统计功能状态，这时显示屏上出现“stat”字样。

③每输入一个数据，屏上便显示该数据；再按“data”键，将这一数据输入计算器中，此时在屏上显示输入的次数。

④重复步骤③，直到把全部数据输入完为止。

⑤可分别按计算器上的“$\bar{x}$”和“s”键，得到最佳测量值（即算术平均值）以及实验标准差：

$$\bar{d}=\bar{x}=9.851\ 9\ \text{mm},s(x_k)=s=0.014\ \text{mm}$$

由式(1.2.4)，有

$$s(\bar{x})=\frac{s(x_k)}{\sqrt{n}}=\frac{0.014}{\sqrt{10}}=0.004\ 4\ \text{mm}$$

1.2.3　标准不确定度、标准不确定度与扩展不确定度的关系、B 类标准不确定度的评定、相对不确定度

1. 标准不确定度

用标准差来表示的测量不确定度称为标准不确定度。

标准不确定度按评定方法可分为 A 类标准不确定度和 B 类标准不确定度两种。

(1) A 类标准不确定度

用对“观测列”进行统计分析的方法来评定标准不确定度，称为标准不确定度的 A 类评定方法。式(1.2.5)计算的平均值的实验标准差就是某一被测量 x_i 的 A 类标准不确定度，记作 $u_A(x_i)$。前面例 1.2.1 中计算平均值的标准差就是 A 类标准不确定度。在进行标准不确定度的 A 类评定时，要求在重复性的条件下对某一被测量 x_i 进行 n 次足够多的独立观测，以得到更为客观的 A 类标准不确定度。将式(1.2.2)与式(1.2.4)合并，得到某一被测量 x_i 的 A 类标准不确定度的一般表达式为

$$u_A(x_i)=s(\bar{x}_i)=\frac{s(x_{ik})}{\sqrt{n}}=\frac{s}{\sqrt{n}}=\sqrt{\frac{\sum_{k=1}^{n}(x_{ik}-\bar{x}_i)^2}{n(n-1)}} \tag{1.2.5}$$

式中，$s(\bar{x}_i)$表示 n 次重复测量平均值的实验标准差；s 为按计算器统计功能中的“s”键得到的实验标准差；$k=1,2,\cdots,n$ 为测量次数；x_{ik}表示某一被测量 x_i 的第 k 次测量值；$\bar{x}_i$ 表示某一被测量 x_i 的算术平均值。

(2) B 类标准不确定度

用对“观测列”进行非统计分析的方法来评定标准不确定度，称为标准不确定度的 B 类评定方法。用 B 类评定方法计算的标准不确定度称为 B 类标准不确定度，它也可以用标准

差(或方差)来表征,记作 $u_B(x_i)$。

综上所述,A 类标准不确定度和 B 类标准不确定度均可用标准差(或方差)来表征,因此它们均可按标准差(或方差)的方法进行处理(如合成)。

(3)合成标准不确定度

当测量结果是由若干个其他量的值求得时,按照其他各个量的方差和协方差算得的标准不确定度称为合成标准不确定度。它是测量结果标准差的估计值。

当全部直接测量值 x_i 彼此互不相关或互相独立时,若用 $u(x_i)$ 表示 x_i 的合成标准不确定度,用 $u_A(x_i)$ 表示某一被测量 x_i 的 A 类标准不确定度,用 $u_B(x_i)$ 表示 x_i 的 B 类标准不确定度,则

$$u(x_i) = \sqrt{u_A^2(x_i) + u_B^2(x_i)} \tag{1.2.6}$$

$u(x_i)$ 可以只有 A 类标准不确定度 $u_A(x_i)$,或者只有 B 类标准不确定度 $u_B(x_i)$,或者两类都有。

设间接测量值 y 与 N 个输入量 x_i(直接测量值)($i=1,2,\cdots,N$)的函数关系式为

$$y = f(x_1, x_2, \cdots, x_i, \cdots, x_N)$$

y 的不确定度与各个输入量 x_i 的不确定度以及它们之间的函数关系有关,各个 x_i 是 y 的不确定度的来源。寻找不确定度来源时,可从操作人员、测量仪器、测量方法、环境条件等多方面考虑。在物理实验中,一般只考虑 x_i 作为 y 的直接测量值的情况。

当全部输入量 x_i 互不相关或互相独立、不考虑协方差(在本书中,不做特殊说明都不考虑协方差)时,若用 $u(x_i)$ 表示输入量 x_i 的合成标准不确定度,则 y 的合成标准不确定度 $u_c(y)$ 为

$$\begin{aligned} u_c(y) &= \sqrt{\sum_{i=1}^{N}\left[\frac{\partial f}{\partial x_i}u(x_i)\right]^2} \\ &= \sqrt{\left[\frac{\partial f}{\partial x_1}u(x_1)\right]^2 + \left[\frac{\partial f}{\partial x_2}u(x_2)\right]^2 + \cdots + \left[\frac{\partial f}{\partial x_i}u(x_i)\right]^2 + \cdots + \left[\frac{\partial f}{\partial x_N}u(x_N)\right]^2} \end{aligned} \tag{1.2.7}$$

式中,$u(x_i)$ 是 x_i 的 A 类标准不确定度 $u_A(x_i)$ 与 B 类标准不确定度 $u_B(x_i)$ 的合成,由式(1.2.6)可求出。偏导数 $\frac{\partial f}{\partial x_i}$ 表征各个输入量 x_i 的合成不确定度 $u(x_i)$(可只有 A 类标准不确定度 $u_A(x_i)$,或者只有 B 类标准不确定度 $u_B(x_i)$)对间接测量值 y 的影响。

在评定 y 的合成标准不确定度 $u_c(y)$ 时,如果某一直接测量值 x_i 的 $\left[\frac{\partial f}{\partial x_i}u(x_i)\right]^2$ 与其他各项相比很小,那么可以略去此项。如果某一直接测量值 x_i 的 A 类标准不确定度 $u_A(x_i)$ 远远小于 B 类标准不确定度 $u_B(x_i)$,或者 B 类标准不确定度 $u_B(x_i)$ 远远小于 A 类标准不确定度 $u_A(x_i)$,那么可以略去非常小的一项。

对于直接测量,可以列出 $y=x$ 的关系式,因为 $\frac{\partial y}{\partial x}=1$,所以直接测量实际上是间接测量的特例。对于直接测量值的合成标准不确定度可由式(1.2.6)求出。

目前,在国际、国家实物基准的比对以及一些物理常量的测量中,直接用合成标准不确定度来表示测量结果,而在工业、商业及与健康或与安全有关的某些领域,往往要求提供更高的置信概率,即更大的区间来表示测量结果。本书采用后者,即用扩展不确定度 U 来表示测量结果。

2. 标准不确定度与扩展不确定度的关系

标准不确定度 $u_c(y)$ 乘以包含因子 K,得到扩展不确定度 U。如前所述,它是确定被测

量分布区间的量，被测量之值的大部分分布在此范围内，即

$$U = Ku_c(y) \tag{1.2.8}$$

式中，K 与被测量的分布、置信概率以及自由度等有关，为简化，本书中未做说明的，置信概率一般都取 95%，这样对于被测量值的各种分布类型，包含因子 K 均取 2，即

$$U = 2u_c(y) \tag{1.2.9}$$

也就是说，扩展不确定度可由合成标准不确定度 $u_c(y)$ 乘以 2 获得。测量结果可表示为

$$y = (\bar{y} \pm U)(\text{单位}) \tag{1.2.10}$$

式中，$\bar{y} = f(\bar{x}_1, \bar{x}_2, \cdots, \bar{x}_i, \cdots, \bar{x}_N)$，为测量结果的算术平均值。

3. B 类标准不确定度的评定

在物理实验中，通常把仪器的标准不确定度作为用该仪器测量某些量的 B 类标准不确定度，记为 u_e，因此

$$u_B(x_i) = u_e(x_i)$$

按不同的情况，仪器的 B 类标准不确定度的评定如下。

(1)给出参考数据的情况

由生产部门、计量部门的技术文件，如校准报告、技术手册或其他资料所提供的参考数据。

①给出仪器的扩展不确定度

已知仪器的扩展不确定度 $U_e = a$，根据式(1.2.9)，可求得仪器的 B 类标准不确定度为 $u_e = \dfrac{a}{2}$。

②给出仪器的误差限

仪器的误差限(最大允许误差)是指在技术规范、规程中，给定的某一型号测量仪器所允许的误差极限。可见，仪器的误差限给定了同一种型号的仪器所允许的最大误差范围，而不是某一台测量仪器实际存在的误差。

设某一测量仪器的误差限的上界为 a_+，下界为 a_-，则仪器的扩展不确定度为

$$U_e = \frac{1}{2}|a_+ - a_-| \tag{1.2.11}$$

根据式(1.2.9)，同样可以计算出仪器的 B 类标准不确定度为

$$u_e = \frac{U_e}{2} = \frac{1}{4}|a_+ - a_-|$$

③给出仪器的准确度等级

技术说明书提供的是仪器的准确度等级，如指针式电表，其基本误差限为

$$\Delta_e = \pm(B_m \cdot S\%) \tag{1.2.12}$$

式中，B_m 为所用的量程；S 为电表的等级。

如 0.5 级的电流表，现用的量程为 5 mA，则此时的误差限为

$$\Delta_e = \pm(5 \times 0.5\%) = \pm 0.025 \text{ mA}$$

由式(1.2.11)，得

$$U_e = \frac{1}{2}|0.025 - (-0.025)| = 0.025 \text{ mA}$$

则仪器的 B 类标准不确定度为

$$u_e = 0.013 \text{ mA}$$

直接用模拟式仪器、仪表读数时，应根据表盘上每格代表的值（即分度值）来决定扩展不确定度 U 取 1 位或是 2 位有效位数；其他情况 U 取 2 位有效位数。

（2）由经验确定

根据对测量仪器特性的了解及经验，一般有如下规定。

①模拟式仪器

对于带刻度或带指针的模拟式仪器，可取最小刻度的一半作为仪器的扩展不确定度 U_e，U_e 再除以 2，可得到这种仪器的 B 类标准不确定度 u_e。如最小刻度为 1 mm 的米尺，读数时要估读到 0.1 mm，但在评定测量结果的不确定度时，取其扩展不确定度 $U_e=0.50$ mm，仪器的 B 类标准不确定度 $u_e=0.25$ mm。

②数字显示式或游标类的仪器

对于数字显示式或游标类的仪器，取最小步进值（数字显示的最末位数字）或游标的最小刻度示值作为该类仪器的扩展不确定度 U_e。

例如，以 1 ms 为最小步进值的数字毫秒计，读数时末尾最小值为 1 ms，但在评定测量结果的不确定度时，取其扩展不确定度 $U_e=1.0$ ms，标准不确定度 $u_e=0.50$ ms。又如游标分度值为 50 格的游标卡尺，游标的最小刻度示值为 0.02 mm，读数时末尾最小值为 0.02 mm，但在评定测量结果的不确定度时，取扩展不确定度 $U_e=0.020$ mm，仪器的 B 类标准不确定度 $u_e=0.010$ mm。

4. 相对标准不确定度

为了更清楚、直观地评价测量结果的准确度，引入相对不确定度的概念。相对标准不确定度是由被测量的标准不确定度与它的平均值相除得到的，即

$$E=\frac{u}{\bar{y}} \tag{1.2.13}$$

相对标准不确定度有时可用百分数表示，即 $\frac{u}{\bar{y}}\times 100\%$。为了说明相对不确定度的意义，请看下面两个直接被测量的测量结果：

$$x_1=(100.00\pm 0.10)\,\mathrm{m},\ x_2=(1.00\pm 0.10)\,\mathrm{m}$$

从这两个测量结果可看出，它们的扩展不确定度相同，即 $U_1=U_2=0.10$ m；合成标准不确定度也相同，即 $u_1=u_2=0.050$ m，但它们的测量水平以及测量的难易程度却不同。根据相对标准不确定度的定义，可求得它们的相对标准不确定度分别为

$$E_1=\frac{u_1}{\bar{x}_1}=\frac{0.050}{100.00}=0.000\,50$$

$$E_2=\frac{u_2}{\bar{x}_2}=\frac{0.050}{1.00}=0.050$$

显然有 $E_1 \ll E_2$，说明测量第一个被测量 x_1 比测量第二个被测量 x_2 的测量水平更高，更准确。

在间接测量中，为了更有效地提高测量的准确度，不仅需要比较不同物理量的大小，而且还要比较不同物理量的不确定度所占的比例，这时也要用到相对标准不确定度的概念。如果各个被测量互不相关或互相独立，那么可先计算它们的相对不确定度，再设法提高各个相对不确定度中分量较大的仪器的准确度，这样能够有效地降低整个测量系统的不确定度。另外，在评定测量结果的不确定度时，若各被测量为乘积的关系且互相独立，则先计算各被测量的相对不确定度，忽略相对不确定度较小的量，再评定测量结果的不确定度，这样

做可简化对测量结果的不确定度评定。

1.2.4 常用函数的不确定度传播公式

在各个量互相独立时,可由式(1.2.7)推导出加、减、乘、除及其混合运算的不确定度。

1. 和的不确定度

为简单起见,先对两个量相加的情况进行讨论。设 $y=x_1+x_2$,因为

$$\frac{\partial y}{\partial x_1}=1,\frac{\partial y}{\partial x_2}=1$$

所以

$$\begin{aligned}u_c(y)&=\sqrt{\sum_{i=1}^{N}\left[\frac{\partial f}{\partial x_i}u(x_i)\right]^2}\\&=\sqrt{[1\cdot u(x_1)]^2+[1\cdot u(x_2)]^2}\\&=\sqrt{u^2(x_1)+u^2(x_2)}\end{aligned}$$

式中,$u_c(y)$为 y 的合成标准不确定度;$u(x_1)$和 $u(x_2)$分别为 x_1 和 x_2 的标准不确定度(以下相同)。

可见,如果两个被测量互不相关或互相独立,那么它们相加所得和的合成标准不确定度等于各分量标准不确定度的方和根(先平方,再求和,最后开方)。对于多个被测量的相加运算,同样可以推导得出此结论。

2. 差的不确定度

为简单起见,先对两个量相减的情况进行讨论。设 $y=x_1-x_2$,因为

$$\frac{\partial y}{\partial x_1}=1,\frac{\partial y}{\partial x_2}=-1$$

所以

$$\begin{aligned}u_c(y)&=\sqrt{\sum_{i=1}^{N}\left[\frac{\partial f}{\partial x_i}u(x_i)\right]^2}\\&=\sqrt{[1\cdot u(x_1)]^2+[(-1)\cdot u(x_2)]^2}\\&=\sqrt{u^2(x_1)+u^2(x_2)}\end{aligned}$$

相减的情况与相加的情况相同,相减所得差的合成标准不确定度等于各项标准不确定度的方和根。对于多个项的加减混合运算,这一结论也成立。

同样,对于和、差的扩展不确定度也有以上类似的推导。

结论 如果各被测量互不相关或互相独立,那么它们相加(或相减)所得和(或差)的合成标准不确定度等于各分量标准不确定度的方和根。

3. 积的不确定度

为简单起见,先对两个量乘积的情况进行讨论。设 $y=x_1\cdot x_2$,因为

$$\frac{\partial y}{\partial x_1}=x_2,\frac{\partial y}{\partial x_2}=x_1$$

所以

$$\begin{aligned}u_c(y)&=\sqrt{\sum_{i=1}^{N}\left[\frac{\partial f}{\partial x_i}u(x_i)\right]^2}\\&=\sqrt{[x_2\cdot u(x_1)]^2+[x_1\cdot u(x_2)]^2}\end{aligned}$$

在纯乘法运算中,如果各被测量互不相关或互相独立,那么利用相对标准不确定度可

有较简单的形式：

$$E_y=\frac{u_c(y)}{y}=\frac{\sqrt{[x_2\cdot u(x_1)]^2+[x_1\cdot u(x_2)]^2}}{x_1\cdot x_2}$$
$$=\sqrt{\frac{x_2^2\cdot u^2(x_1)}{x_1^2\cdot x_2^2}+\frac{x_1^2\cdot u^2(x_2)}{x_1^2\cdot x_2^2}}$$
$$=\sqrt{\frac{u^2(x_1)}{x_1^2}+\frac{u^2(x_2)}{x_2^2}}$$
$$=\sqrt{E_{x_1}^2+E_{x_2}^2}$$

结论　如果两个被测量互不相关或互相独立，那么它们相乘所得积的相对标准不确定度等于各分量相对标准不确定度的方和根。

对于多个被测量的连乘运算，同理可以推导，此结论也成立。

4. 商的不确定度

为简单起见，先对两个量相除的情况进行讨论。设 $y=\frac{x_1}{x_2}$，因为

$$\frac{\partial y}{\partial x_1}=\frac{1}{x_2},\frac{\partial y}{\partial x_2}=-\frac{x_1}{x_2^2}$$

所以

$$u_c(y)=\sqrt{\left[\frac{1}{x_2}\cdot u(x_1)\right]^2+\left[-\frac{x_1}{x_2^2}\cdot u(x_2)\right]^2}$$
$$=\sqrt{\frac{1}{x_2^2}\cdot u^2(x_1)+\frac{x_1^2}{x_2^4}\cdot u^2(x_2)}$$

纯除法运算与纯乘法运算相同，如果各被测量互不相关或互相独立，那么利用相对标准不确定度可有较简单的形式：

$$E_y=\frac{u_c(y)}{y}$$
$$=\frac{x_2}{x_1}\sqrt{\frac{1}{x_2^2}\cdot u^2(x_1)+\frac{x_1^2}{x_2^4}\cdot u^2(x_2)}$$
$$=\sqrt{\frac{1}{x_2^2}\cdot u^2(x_1)\cdot\frac{x_2^2}{x_1^2}+\frac{x_1^2}{x_2^4}\cdot u^2(x_2)\cdot\frac{x_2^2}{x_1^2}}$$
$$=\sqrt{\frac{u^2(x_1)}{x_1^2}+\frac{u^2(x_2)}{x_2^2}}$$
$$=\sqrt{E_{x_1}^2+E_{x_2}^2}$$

可见，若两个被测量互不相关或互相独立，则它们相除所得商的相对标准不确定度等于各分量相对标准不确定度的方和根。此结论也可以推广到多个被测量的乘除法运算中。

结论　若几个被测量互不相关或互相独立，则它们相乘（或相除）所得积（或商）的相对标准不确定度等于各分量相对标准不确定度的方和根。

5. 混合运算

下面举一例进行说明。用单摆测量重力加速度,有

$$g = 4\pi^2 \frac{L}{T^2}$$

式中,g 为物体的重力加速度;L 为单摆的摆长;T 为单摆的周期。对上式求偏导,得

$$\frac{\partial g}{\partial L} = \frac{4\pi^2}{T^2}$$

$$\frac{\partial g}{\partial T} = -\frac{8\pi^2 L}{T^3}$$

若两个量 L,T 互不相关(或相互独立),由式(1.2.7)得

$$\begin{aligned} u_c(g) &= \sqrt{\left[\frac{\partial g}{\partial L}\cdot u(L)\right]^2 + \left[\frac{\partial g}{\partial T}\cdot u(T)\right]^2} \\ &= \sqrt{\frac{(4\pi^2)^2}{T^4}\cdot u^2(L) + \left(\frac{-8\pi^2 L}{T^3}\right)^2\cdot u^2(T)} \\ &= \sqrt{\frac{16\pi^4}{T^4}\cdot u^2(L) + \frac{64\pi^4 L^2}{T^6}\cdot u^2(T)} \end{aligned}$$

6. 简单三角函数的标准不确定度

若 $y = \sin x$,则 y 的合成标准不确定度为

$$\begin{aligned} u_c(y) &= \sqrt{\cos^2 x \cdot u^2(x)} \\ &= \cos x \cdot u(x) \end{aligned}$$

同样有

$$y = \cos x, u_c(y) = \sin x \cdot u(x)$$

$$y = \tan x, u_c(y) = \sec^2 x \cdot u(x)$$

$$y = \cot x, u_c(y) = \csc^2 x \cdot u(x)$$

1.2.5 测量不确定度评定的实例

例 1.2.2 用游标卡尺测量某一工件的长度,测量值如表 1.2.2 所示。若游标卡尺的仪器扩展不确定度 $U_e = 0.02$ mm,试求测量结果。

表 1.2.2 用游标卡尺测量某一工件长度的数据表

测量次序	1	2	3	4	5
长度 L/mm	28.76	28.68	28.74	28.78	28.72
测量次序	6	7	8	9	10
长度 L/mm	28.70	28.74	28.66	28.62	28.72

解 第一步,确定 y 与 x 之间的关系:

$$y = x \quad (令\ x = L)$$

第二步,评定 y 的合成标准不确定度 $u_c(y)$。

首先,用计算器的统计功能计算被测量(观测列)的 A 类标准不确定度。

$$\bar{x} = 28.712\ \mathrm{mm}, s(x_i) = s = 0.048\ \mathrm{mm}$$

由式(1.2.5),得 A 类标准不确定度为

$$u_A(x) = \frac{s}{\sqrt{n}} = \frac{0.048}{\sqrt{10}} = 0.015\ \mathrm{mm}$$

其次,计算 B 类标准不确定度,即计算仪器的 B 类标准不确定度 u_e。

取包含因子 $K=2$,则

$$u_B(x) = u_e = \frac{U_e}{2} = \frac{0.02}{2} = 0.010\ \mathrm{mm}$$

最后,将 $u_A(x)$ 和 $u_B(x)$ 代入式(1.2.7),评定 y 的合成标准不确定度 $u_c(y)$。

因为 $\frac{\partial y}{\partial x}=1$,所以

$$u_c(y) = \sqrt{\sum_{i=1}^{N}\left[\frac{\partial f}{\partial x_i}u(x)\right]^2}$$

$$= u(x) = \sqrt{u_A^2(x) + u_B^2(x)} = \sqrt{0.015^2 + 0.010^2} = 0.018\ \mathrm{mm}$$

第三步,计算扩展不确定度、平均值,并表示测量结果。

取包含因子 $K=2$,由式(1.2.9)得扩展不确定度为

$$U = 2u_c(y) = 2 \times 0.018 = 0.036\ \mathrm{mm}$$

因为 $y=x$,所以

$$\bar{y} = \bar{x} = 28.712\ \mathrm{mm}$$

测量结果为

$$y = \bar{y} \pm U = (28.712 \pm 0.036)\mathrm{mm}$$

注意　为方便起见,在评定测量结果不确定度的过程中,各个标准不确定度及扩展不确定度均取 2 位有效位数,被测量算术平均值的最末位要与扩展不确定度 U 的最末位对齐(两者必须化成同一个数量级,且用相同的计量单位)。

例 1.2.2 中的扩展不确定度 $U=0.036$ mm,最末位是千分位,则被测量的算术平均值的最末位也要取至千分位,并在其万分位上进行四舍五入。

在测量时,待求量往往不能直接测出,需先测量某些量,再利用一定的函数关系式求出。下面举例说明具体的评定方法。

例 1.2.3　有一圆柱体,底面直径 d 用千分尺测量,高 h 用游标卡尺测量,测量数据如表 1.2.3 所示(测量数据一般以 12 组为宜。为简化,在此只取 7 组)。已知千分尺的扩展不确定度 U_{e_1} 为 0.004 mm,游标卡尺的扩展不确定度 U_{e_2} 为 0.02 mm(包含因子 K 均取 2)。求圆柱的体积,并表示测量结果。

表 1.2.3　测量圆柱体积的实验数据表

测量次序	1	2	3	4	5	6	7
直径 d/mm	3.265	3.248	3.276	3.253	3.258	3.272	3.267
高 h/mm	20.60	20.46	20.54	20.56	20.50	20.48	20.52

解　第一步,列出函数关系式。

圆柱体的体积为

$$V = \pi R^2 h = \frac{1}{4}\pi d^2 h$$

第二步，评定直径 d 的合成标准不确定度 $u(d)$。

首先，评定由测量直径 d 的分散性带来的不确定度，即评定 d 的 A 类标准不确定度 $u_A(d)$。

用计算器的统计功能计算直径 d 的平均值 $\bar{d}$、单次测量值的实验标准差 s，有

$$\bar{d} = 3.262\,7 \text{ mm}, s = 0.010 \text{ mm}$$

由式(1.2.5)求出 d 的 A 类标准不确定度为

$$u_A(d) = \frac{s}{\sqrt{n}} = \frac{0.010}{\sqrt{7}} = 0.003\,8 \text{ mm}$$

其次，评定测量直径 d 时的 B 类标准不确定度 $u_B(d)$，即仪器(千分尺)的标准不确定度 $u_e(d)$，有

$$u_B(d) = u_e(d) = \frac{U_{e_1}}{2} = \frac{0.004}{2} = 0.002\,0 \text{ mm}$$

最后，评定直径 d 的合成标准不确定度，即

$$u(d) = \sqrt{u_A^2(d) + u_B^2(d)} = \sqrt{0.003\,8^2 + 0.002\,0^2} = 0.004\,3 \text{ mm}$$

第三步，评定测量圆柱体高 h 的合成标准不确定度 $u(h)$。

首先，评定由测量圆柱体高 h 的分散性带来的不确定度，即 h 的 A 类标准不确定度 $u_A(h)$。

用计算器的统计功能算出高 h 的平均值 $\bar{h}$、单次测量值的实验标准差 s，有

$$\bar{h} = 20.522\,9 \text{ mm}, s = 0.048 \text{ mm}$$

由式(1.2.5)求出 h 的 A 类标准不确定度为

$$u_A(h) = \frac{s}{\sqrt{n}} = \frac{0.048}{\sqrt{7}} = 0.018 \text{ mm}$$

其次，评定测量圆柱体高 h 时的 B 类标准不确定度 $u_B(h)$，即仪器(游标卡尺)的标准不确定度$u_e(h)$，有

$$u_B(h) = u_e(h) = \frac{U_{e_2}}{2} = \frac{0.02}{2} = 0.010 \text{ mm}$$

最后，评定高 h 的合成标准不确定度，即

$$u(h) = \sqrt{u_A^2(h) + u_e^2(h)} = \sqrt{0.018^2 + 0.010^2} = 0.021 \text{ mm}$$

第四步，计算圆柱体的体积的平均值，有

$$\bar{V} = \frac{1}{4}\pi \bar{d}^2 \bar{h} = \frac{1}{4}\pi \times 3.262\,7^2 \times 20.522\,9 = 171.586 \text{ mm}^3$$

第五步，评定圆柱体体积的不确定度，表示测量结果。

因为 d,h 彼此独立，所以 $u(d),u(h)$ 两个量传递至体积的分量为

$$\frac{\partial V}{\partial d} \cdot u(d) = \frac{\pi}{2} dh \cdot u(d) = \frac{\pi}{2} \times 3.262\,7 \times 20.522\,9 \times 0.004\,3 = 0.45 \text{ mm}^3$$

$$\frac{\partial V}{\partial h} \cdot u(h) = \frac{\pi}{4} d^2 \cdot u(h) = \frac{\pi}{4} \times 3.262\,7^2 \times 0.021 = 0.18 \text{ mm}^3$$

体积的合成不确定度为

$$u_c(V) = \sqrt{\left[\frac{\partial V}{\partial d} \cdot u(d)\right]^2 + \left[\frac{\partial V}{\partial h} \cdot u(h)\right]^2} = \sqrt{0.45^2 + 0.18^2} = 0.48\ \mathrm{mm}^3$$

包含因子 $K=2$，体积的扩展不确定度为

$$U = 2 \cdot u_c(V) = 2 \times 0.48 = 0.96\ \mathrm{mm}^3$$

最后，测量结果表示为

$$V = (171.59 \pm 0.96)\mathrm{mm}^3$$

注意　(1)本书规定，在计算过程中所有不确定度均取 2 位有效位数；被测量的最末位要与其扩展不确定度的最末位对齐(两者应化成同一个数量级，且用相同的计量单位)。

(2)在计算过程中，若某一个分量的 A 类标准不确定度(或 B 类标准不确定度)比它的 B 类标准不确定度(或 A 类标准不确定度)小一个数量级以上，可略去其中较小的一个；若某一个输入分量传递至输出量的分量(即输出量对这个输入分量的偏导乘以这个输入分量的标准不确定度)比其他分量传递至输出量小一个数量级以上，也可略去。这样计算起来较简便。

例 1.2.4　测得某一角度 $\theta = 46°38' \pm 2'$，求 $\sin\theta$。

解　该题是根据输入量 θ 不确定度的最末位来确定被测量 $\sin\theta$ 的有效位数。

第一步，建立被测量与输入量 θ 的函数关系，即

$$y = \sin\theta$$

第二步，评定角度 θ 的合成标准不确定度 $u(\theta)$。因为

$$\theta = \bar{\theta} \pm U(\theta) = 46°38' \pm 2'$$

得出角度 θ 的扩展不确定度为

$$U(\theta) = 2'$$

所以

$$u_c(\theta) = \frac{U(\theta)}{2} = 1'$$

第三步，计算 y 的平均值 $\bar{y}$。

直接用计算器求得

$$\bar{y} = \sin\bar{\theta} = \sin(46°38') = 0.726\ 974\ 279$$

第四步，评定 y 的不确定度，并表示测量结果，即

$$\frac{\partial y}{\partial \theta} = \cos\theta = \cos(46°38') = 0.686\ 664\ 69$$

上面的余弦值是从计算器中得到的，这是评定不确定度的中间数字，可多取几位有效位数，但标准不确定度、扩展不确定度取 2 位有效位数。因此有

$$u_c(y) = \cos\theta \cdot u(\theta) = 0.686\ 7 \times \frac{1'}{60} \times \frac{\pi}{180} = 0.000\ 20$$

取包含因子 $K=2$，有

$$U = 2 \times u_c(y) = 2 \times 0.000\ 20 = 0.000\ 40$$

于是，测量结果为

$$y = 0.726\ 97 \pm 0.000\ 40$$

这一过程说明了对于三角函数有效位数取位的方法：某角三角函数的最末位要与其不确定度的最末位对齐。在这样的角度测量(其扩展不确定为 2′)中，角度正弦值的有效位数可取至十万分位。

注意　在评定角度的不确定度时，应把角度值化成弧度值。

例 1.2.5　已知一块电压表所用的量程为 2 V，其准确度的等级为 2.5 级，测量某电压

的指示值如图 1.2.2 所示，确定仪器的扩展不确定度，并表示结果。

解 由式(1.2.12)，此时仪器的误差限为

$$\Delta_e = \pm(2\times 2.5\%) = \pm 0.050\ \text{V}$$

由式(1.2.11)，得

$$U_e = \frac{1}{2}\cdot|0.050-(-0.050)|$$
$$= 0.050\ \text{V}$$

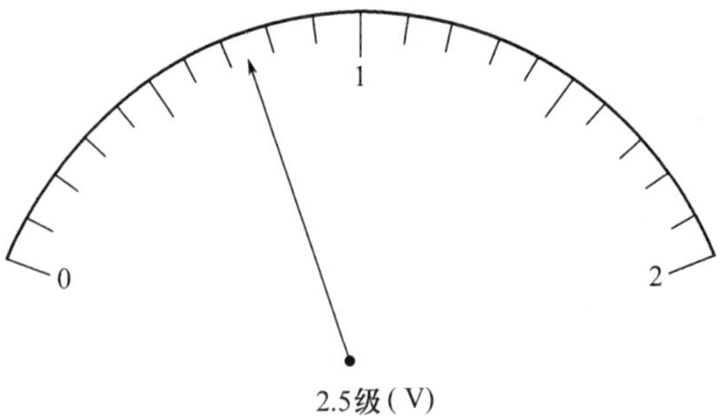

图 1.2.2 用电压表测量某电压的指示值

如图 1.2.2 所示的电压表表头，因为最小刻度为 0.1 V，所以仪器的扩展不确定度只取 1 位有效位数，为 0.05 V。读数时只能估读到百分位，即为 0.73 V。

最后测量结果为

$$U = (0.73 \pm 0.05)\text{V}$$

在本题中，根据电压表表盘上的最小刻度(即分度值)，扩展不确定度只取 1 位有效位数。

1.3 实验数据的有效位数

本节需要理解以下几个问题：

(1)如何确定有效位数？

(2)在一般情况下，有效位数由哪几部分组成？

(3)在运算和中间过程中如何确定有效位数？

1.3.1 有效位数的概念及其说明

1. 有效位数的概念

实验数据的有效位数的确定是做定量测量实验中一个重要的问题。依据中华人民共和国国家标准 GB 8170—87《数值修约规则》(以下简称“GB 8170—87”)，有效位数的定义为：对于没有小数位且以若干个零结尾的数值，从非零数字最左一位向右得到的位数减去无效零(即仅为定位用的零，本书不推荐这种方法，定位用的零应在物理量的单位中体现)的个数；对其他十进位数，从非零数字最左一位向右(直到最末位)而得到的位数，就是有效位数。

例 1.3.1 地球与月亮的平均距离精确到个位是 384 401 km，有效位数是 6 位，一些科普书说此距离是三十八万千米，这表明“380 000 km”中后面的 4 个 0 仅仅是用来定位的。所以，“三十八万千米”的有效位数是 2 位，应规范地写成 3.8×10^5 km。

有效位数有时可以全是准确数字而没有存疑位，像前面例 1.3.1 的情况。在一般情况下，有效位数末尾不确定的、存疑的数字是 1 ~ 2 位；大多数情况，有效位数末尾的存疑数字

是 1 位。

例 1.3.2　用米尺测量某一钢棒的长度，如图 1.3.1 所示，使钢棒的一端与米尺的零刻度线对齐，在另一端从米尺上读取钢棒长度的数值。由图 1.3.1 可以看到，钢棒长在 89.5 ~89.6 cm。从尺的刻度中准确地读出 89.5 cm，称为可靠数字，再从尺子的最小刻度（分度值）之后估读 1 位，读作 0.06 cm，称这一估读的数字为存疑数字。所以，此钢棒的长度为 89.56 cm，共有 4 位有效位数。

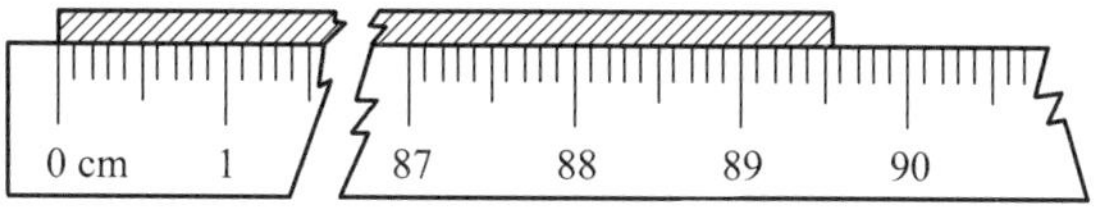

图 1.3.1　用米尺测量某一钢棒的长度

值得注意的是，当被测物体正好与仪器的最小刻度对齐时，不要忘记“估读”。例如，用图 1.3.1 所示的米尺测量某一物体的长度恰好与 63.6 cm 刻线值对齐，应记为 63.60 cm。

2. 关于有效位数的说明

（1）从仪器、仪表上读取数值时，一般只取 1 位存疑数字作为有效位数的最后一位。

（2）确定有效位数的方法：从左起第 1 位不为零的数字算起，直至最末位数字为止（末尾用于定位的零除外）均为有效位数，数字左起的第 1 位和最末位之间的所有“0”均是有效位数。

例如，0.002 070 km 的有效位数为 4 位。

（3）如果所表示的有效位数较大或较小，可以用科学计数法来表示。这种方法规定，小数点前一律取一位不为零的数字，其他数字照写，引起的不同数位可乘以 10^n 来补充。

如上例中的 0.002 070 km 可表示为 2.070×10^{-3} km。

又如 325.6 ms 可表示成 3.256×10^{2} ms，也可表示成 3.256×10^{-1} s。

（4）当计量单位改变时，有效位数不变。

例如，325.6 ms $=3.256\times10^{2}$ ms $=3.256\times10^{-1}$ s。

1.3.2　实验数据有效位数的确定

1. 原始数据有效位数的确定

通过仪表、量具等读取数据时，一般要充分反映器具的准确度，常常要把器具所能读出和估出的位数全读出来。例如：

（1）对游标类量具，如游标卡尺、分光计方位角的游标度盘等，一般应读到游标分度值的整数倍数；

（2）对数字显示仪表及具有十进式标度盘的仪表，如数显电压表、电阻箱等，一般应直接读取仪表的示值；

（3）对指针式仪表，如指针式电流表等，读数时一般要估读到最小分度值的 1/10 ~ 1/4，由于人眼分辨能力的限制，一般不可能估读到小于最小分度的 1/10；

（4）对于一般可估读到小于最小分度值的量具，如螺旋测微计和测量显微镜鼓轮的读数，通常要估读到分度值的 1/10。

2. 在运算和中间过程中确定有效位数的规则

为了使运算和中间过程的数据修约基本不会改变测量结果的不确定度，传统方法中给出了确定有效位数的规则。使用这些规则,减少了计算量,提高了效率。

(1)加、减运算

以参与加、减运算的末位最高的数为准,其余各数及其和、差均应比该数末位多取一位,其后的一位可按四舍五入处理。例如:

$$12.1 + 3.476 = 12.1 + 3.48 = 15.58$$

说明 12.1 的末位为十分位,而 3.476 的末位为千分位,应以 12.1 为准,另一加数及其和都要多取一位,所以加数 3.476 取到百分位,经四舍五入后为 3.48,最后的和为 15.58。又如:

$$26.69 - 9.944 = 26.69 - 9.944 = 16.746$$

注意 上面减法运算中的中间式子与左边的原式相同,但意义不同。

(2)乘、除运算

以参与乘、除运算的有效位数最少的数为准,其余各数及其积、商均应比该数多取一位,其后的一位可按四舍五入处理。例如:

$$5.36 \times 10\,000.0 = 5.36 \times (1.000 \times 10^4) = 5.360 \times 10^4$$

$$6.98 \div 0.001 \approx 7.0 \div 0.001 = 7.0 \times 10^3$$

(3)乘方、开方运算

一般地,乘方、开方所得的有效数字位数比其底的有效数字位数多留一位。例如:

$$\sqrt{900} = 3.000 \times 10^1$$

注意 以上的乘方、开方运算规则仅限于较低次方的运算。若需评定高次乘方、高次开方测量结果的有效位数,则应按照不确定度评定的方法,由式(1.2.7)、式(1.2.9)、式(1.2.10)来进行。

(4)混合运算

含有加减、乘除、乘方、开方及其括号的多级运算称为混合运算。

注意 在计算时,不能每一级运算都多保留有效位数,一般只在第一级运算中按照有效位数的运算规则多保留一位。例如:

$$\begin{aligned} 12.00 \times 5.00 \div (2.100 - 1.1) &= 12.00 \times 5.00 \div (2.10 - 1.1) \\ &= 12.00 \times 5.00 \div 1.00 \\ &= 60.0 \end{aligned}$$

$$\begin{aligned} (8.0 - 2.001) + 68.000 \div (2.6 + 0.80) &= (8.0 - 2.00) + 68.000 \div (2.6 + 0.80) \\ &= 6.00 + 68.00 \div 3.40 \\ &= 6.00 + 20.0 = 26.0 \end{aligned}$$

在有效位数的运算中,若有数学常数,则可以认为其有效位数是无限的。若有物理常数,则通常有效位数要取到所给定的值。但一般可根据不确定度的有效位数运算规则进行取舍、运算。

3. 测量结果最终表达式中的有效位数

由式(1.2.10)可知,测量结果的最终表达式应包括被测量的算术平均值 $\bar{y}$,测量的扩展不确定度 U 和量的单位。

(1)不确定度的有效位数

对于独立测量的测量结果,扩展不确定度按规定只取 1 ~2 位有效位数。为统一,避免混淆,教学中要求在评定测量结果时,扩展不确定度、标准不确定度均取 2 位有效位数。

(2)被测量的有效位数

若某一被测量的不确定度已知,则该被测量的算术平均值 $\bar{y}$ 的最末位要与不确定度的最末位对齐，且两者使用相同的计量单位，$\bar{y}$ 的最末位之后的 1 位数字可按四舍五入进行取舍。例如：

$$m_s = (100.021\,47 \pm 0.000\,79)\ \text{g}$$

4. 数值修约要抓两头放中间

如今，计算器（机）非常普及，有效位数的修约几乎不能节省多少时间。因而可用更简单的方法来处理、确定有效位数：抓两头，放中间。所谓抓两头，就是注重原始数据的读取和在测量结果表示时有效位数的确定这两个环节；所谓放中间，就是运算过程中的数字和中间运算结果可适当多取几位，甚至可以保留至计算器（机）所能处理的全部数据，即不进行有效位数的取舍。但对于测量不确定度的有效位数，在评定测量结果的过程中只取 2 位。

1.4　常用的实验数据处理方法

测量获得了大量的数据，需通过正确的数据处理才能得到可靠的测量结果。实验数据处理一般是指对实验数据进行整理、计算、作图、评定测量结果的不确定度等处理，使实验数据能反映有关量之间的内在规律或对测量结果进行评定。常用的实验数据处理方法有列表法、图示法、图解法、最小二乘法、逐差法等。

对于上述这些方法，需理解以下几个问题：

（1）列表法有哪些优点？对列表的主要要求是什么？

（2）常用的图示法有哪些？怎样作图？取坐标分度值时需注意什么？

（3）如何利用图解法求未知量？此方法有哪些利弊？

（4）一元线性最小二乘法的几何意义是什么？

（5）在什么情况下可以应用一元线性最小二乘法？

（6）如何利用一元线性最小二乘法求未知量？此方法有哪些优势？

（7）在什么情况下可以应用逐差法？怎样应用逐差法求被测量？逐差法的优缺点有哪些？

1.4.1　列表法

在物理实验中，经常会遇到多个物理量，它们之间互成某种函数关系 $y=f(x)$。例如，用某一半导体集成温度传感器测量水温，得到一系列有关温度 t 和电流 I 的数据，通常采用列表法将其记录下来。表 1.4.1 中列出了 t 和 I 的测量数据。

表 1.4.1　t 和 I 的测量数据表

测量次序	1	2	3	4	5	6	7
温度 t/℃	29.4	34.1	38.8	43.3	48.1	52.9	57.4
电流 I/A	0.300	0.305	0.310	0.314	0.319	0.324	0.329

由表 1.4.1 我们可以看出，温度 t 和电流 I 之间基本呈线性关系。

1. 列表法的优点

(1)可以简单、明确地表示有关物理量之间的对应关系。

(2)便于随时检查测量结果是否合理，及时发现问题，减少或避免错误。

(3)有助于找出有关物理量之间规律性的联系，进而求出经验公式等。

2. 对列表的主要要求

(1)要给出所列表的名称，列表要简明，便于找出有关量之间的关系，便于处理数据。

(2)列表要标明符号所代表量的意义(特别是自定义的符号)，并写明计量单位。计量单位及数值的数量级应写在该符号的标题栏中，在各个数值上不要重复写。

(3)表中所列的数据应能够正确地反映各个量的有效位数。

(4)列表的形式不限，可根据具体情况列出所需的项目。一些个别的或与其他项目联系不大的实验数据可以不列入表中。除原始数据外，计算过程中的一些中间结果和最后结果也可以列入表中。

1.4.2 图示法

在很多情况下，各个量之间的关系很难用一种简单的解析函数来表示，或者无须得出函数关系式，例如一年内气温变化曲线等。这时，图示法就成为直观、形象的数据处理方法了。

1. 两类常用的示图

常用的示图有实验数据的散布图和变量关系图两类。

(1)实验数据的散布图

散布图可用于对同一被测量的不同测量结果的描述，如图 1.4.1 所示，也可用于对两个物理量之间的数据关系进行多次测量的描述，如图 1.4.2 所示。

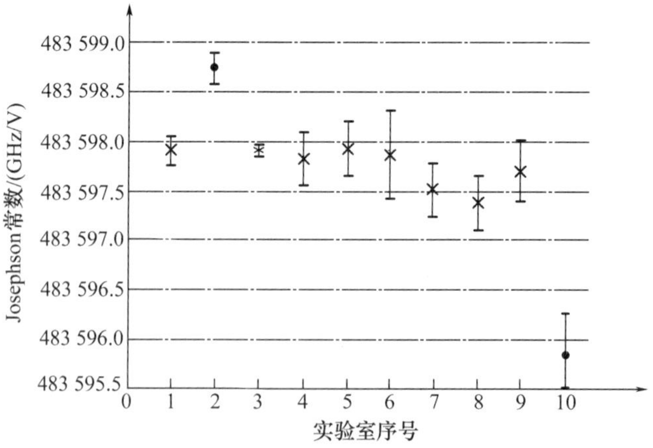

图 1.4.1　十个国家级实验室的 Josephson 常数测量值

在图 1.4.1 所示的散布图中，通常要用误差棒注明所测量数据的不确定度的大小。误差棒以被测量的算术平均值为中点，在表示测量值大小的方向上画出一条线段，线段长度的一半等于(标准或扩展)不确定度。它表示被测量以某一概率(68%或 95%)落在棒上。

图 1.4.2 为某班学生测量不同质量的某种液体热容的散布图。通过此散布图可以看

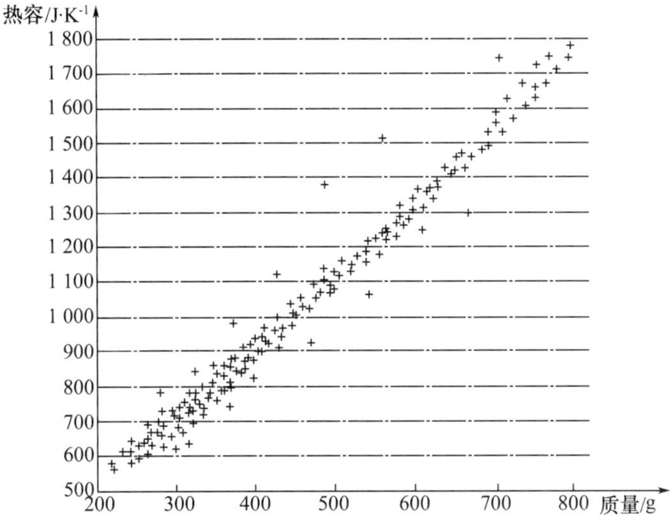

图 1.4.2　液体的质量与热容的散布图

出，绝大部分实验数据点落在一条直带上，从散布带的宽度可以得出对一般实验数据所要求的合理分布范围。

(2)变量关系图

为了研究两个及两个以上变量之间的关系，常常需要绘制变量关系图，这类图大致包括以下几种：

①三维模型图，通常将函数关系表示成空间曲面或曲线。

②三维图形在两维平面上的投影。

③在两维平面上绘制的以第三维或其他参量为定值的等值等高线图，如绘有等势线的电场分布图。

④有两个变量的关系图。这是物理实验中最常见的一类，典型的实验关系图大致可分为关系曲线、仪器校正曲线、直方图等几种，如图 1.4.3 所示。

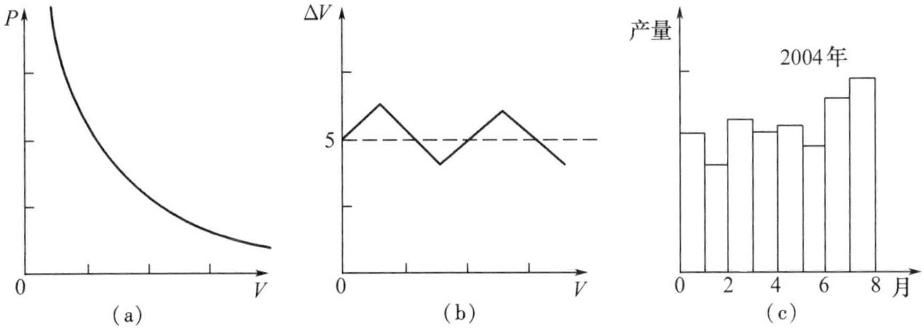

图 1.4.3　几种典型的实验系图

(a)关系曲线；(b)仪器校正曲线；(c)直方图

a. 若两个物理量之间存在着相互依赖的关系，则一般用光滑的曲线画出，这种曲线称为关系曲线，如图 1.4.3(a)所示。

b. 若两个物理量的关系不规则、非常复杂，一时确定不下来，则一般把实验点用直线段连接起来,如图 1.4.3(b)所示的仪器校正曲线。

c. 若两个量之间存在着统计关系,则可用直方图来画出,如图 1.4.3(c)所示。

现在,计算机越来越普及,用计算机进行数据分析、绘制各种曲线图越来越普遍,相应的工具软件也非常多,如 ORIGIN、MATLAB 等。通常大型软件有专门的书籍介绍,此处不再赘述。

2. 作图的方法

为了得到美观、规范的图线,下面简要地介绍一般实验图线的作图程序和注意事项。

(1)选用合适的坐标纸

手工作图一定要用坐标纸。常用的坐标纸有直角坐标纸、单对数坐标纸、双对数坐标纸和极坐标纸等。作图时根据实验数据及其函数关系,选择适当的坐标纸。

坐标纸的大小和坐标轴的比例,应根据测量值的有效位数和测量结果的不确定度要求来决定。原则上,以不损失实验数据的有效位数和能容纳所有的实验点作为选取坐标纸大小的最低限度,当然还可以适当放大。

(2)选取坐标轴及其坐标

通常,以横坐标表示自变量,以纵坐标表示因变量,并分别标明各坐标轴所代表的量及其计量单位。坐标轴上每隔一定的间距要标明其分度值。一般来说,分度值应取一些规整的数字。

取坐标轴的分度时应该注意以下几点:

①坐标轴上的最小分度所代表的物理量的数值应该与实验数据的有效位数的准确位相匹配,一般用 1 mm 或 2 mm 表示与变量不确定度相近的量值。

②选取的坐标分度应该能在图上方便、迅速地找到每一个实测点所对应的位置。那些在图上难以查找的分度设置是不合适的。例如,用 3 格、6 格、7 格、9 格来表示一个计量单位是不可取的。

③尽量让图线比较对称地“充满”整个坐标纸,直线或曲线的倾角接近 45°,注意避免图线偏到某一边或某一角落。除特殊需要外,坐标轴的起点不一定要从“零”开始。

(3)标出坐标点

根据测量数据,从坐标纸上用“⊙”“×”“+”“△”等符号标出不同类型的实测点。符号的大小一般要与不确定度相当,交叉点或中心点为实验的测量值。作完图后,要保留这些符号。

(4)连接实验图线

用直尺、曲线板和削尖的铅笔等工具,尽量地穿过或接近所有的实测点,画出光滑的曲线或直线(除电表的校正曲线外,一般不将实测点连成折线)。图线不强求通过所有的实测点,但是要求图线两侧的实测点分布均衡,且与图线尽量接近,保证图线的“平均”含义。

(5)标明实验条件

必要和重要的实验条件也要标注在图线的合适之处。

一张好的图线几乎相当于一份简单、扼要的实验报告,从图中不仅可以看出各个量之间的关系,还可以看出实测点偏离曲线的程度。

1.4.3 图解法

1. 直线图解法

若两个量之间为线性关系,则由直角坐标系中的实测点可得一条直线,如图 1.4.4 所

示。设直线方程(两个物理量的关系函数)为

$$y = b_0 + bx$$

要从图 1.4.4 中求出斜率 b 和截距 b_0,需做如下的工作。

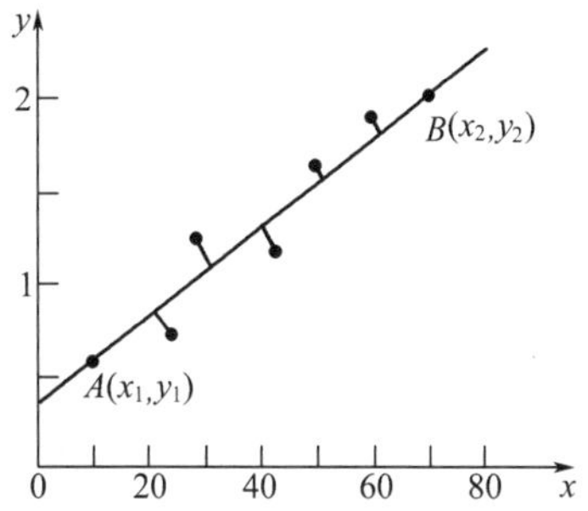

图 1.4.4 直线图解法示意图

(1)选点

从图 1.4.4 的直线上(不是在实测点中)找出两个距离较远的点 $A(x_1,y_1)$ 和 $B(x_2,y_2)$,其坐标值最好是整刻度,用与实测点不同的符号将它们表示出来,并在其近旁注明坐标读数,如图 1.4.4 所示。

(2)求斜率 b 和截距 b_0

把以上选好的坐标值代入直线方程,有

$$y_1 = b_0 + bx_1$$
$$y_2 = b_0 + bx_2$$

解得

$$b = \frac{y_2 - y_1}{x_2 - x_1}$$

$$b_0 = y_1 - \frac{y_2 - y_1}{x_2 - x_1} \cdot x_1$$

直线的斜率与截距往往具有较明显的物理意义,因此可以通过图解法求出斜率 b 和截距 b_0 而得到所求的物理量。

2. 曲线图解法

若两个量之间的关系为曲线关系,可采用曲线改直的方法进行研究。对较简单的函数关系,其步骤如下。

(1)连线

在直角坐标系中,按“图示法”将实测点连成一条光滑的曲线。

(2)确定函数关系

与数学中典型的函数图形对比,选其接近的函数关系。

(3)变量替换

进行变量替换,并在直角坐标中重新将实测点连成一条光滑的线,尽量与直线相吻合,然后按直线图解法处理。

例如,利用单摆测量重力加速度。以单摆的周期 T 为纵轴,单摆的摆长 L 为横轴,把实测点描在直角坐标系中,可得如图 1.4.5(a)所示的图形。与典型的函数曲线相比较,发现这是一条开口向右的抛物线。令 $y=L,x=T^2$,画在直角坐标系中,可得如图1.4.5(b)所示的直线。再根据前面所述直线图解法的方法求出斜率。由单摆公式 $T=2\pi\sqrt{\frac{L}{g}}$,等式两边平方,整理可得 $L=\frac{g}{4\pi^2}T^2$。$L-T^2$ 直线的斜率为$\frac{g}{4\pi^2}$,若 g 为待求量,则从图 1.4.5(b)中求出直线的斜率再乘以 $4\pi^2$ 便可求得 g。

也可直接利用一些计算机软件的非线性回归方法得到待求量。

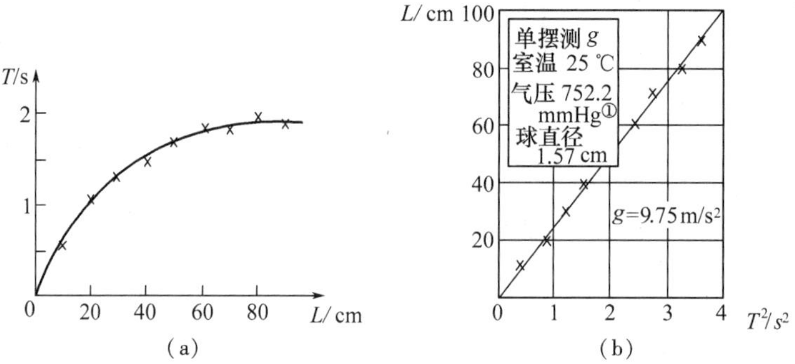

图 1.4.5　用单摆测量重力加速度的图解法示意图

注:1 mmHg = 0.133 kPa。

1.4.4　一元线性最小二乘法

1. 最小二乘法的几何意义

用作图法(图示法、图解法等)表示测量结果、处理实验数据,具有简单、明确、直观、形象等优点。但无论是将实测点(或变量替换后的数据)描绘成曲线,还是先画曲线、进而求出一些被测量,都会较大程度地受到人为因素的影响。因而,目前越来越多的人采用最小二乘法进行数据处理。本书仅讨论一元线性最小二乘法。

根据数学原理,最小二乘法给出了一条数据处理的法则:使残余偏差的平方和为最小时,可获得最佳的测量结果(即最可信赖值)。它具有较明显的几何意义,如图 1.4.6 所示。

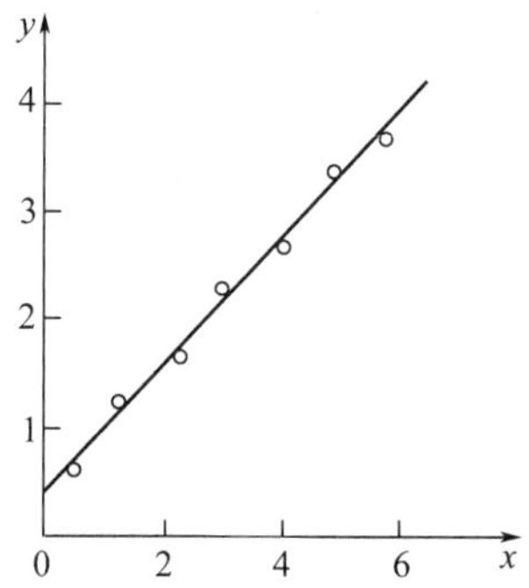

图 1.4.6　线性最小二乘法的几何意义示意图

残余偏差 V_i 为实测点 (x_i, y_i) 在 y 轴的方向上偏离"理想"直线的距离,即 $V_i = y_i - Y_i$,其中 Y_i 为"理想"直线上的点。

残余偏差有正有负,求"平方和"就避免了正、负互相抵消。其平方和最小意味着从总体上讲,各个实测点与这条直线纵向距离的平方和最小。用这种方法确定的这条"理想"直线所得到的关系方程,称为回归方程,表示为

$$Y = b_0 + bX \tag{1.4.1}$$

2. 一元线性最小二乘法的简单推导

为了确定这条"理想"直线的截距 b_0 与斜率 b,可以将 N 组实测点对应的横坐标 $x_i(i = 1,2,\cdots,N)$ 及其纵坐标 $y_i(i = 1,2,\cdots,N)$ 代入相应的公式,从而算出 b_0 和 b 的最佳数值及它们的不确定度。

下面就 b_0 和 b 最可信赖值的计算公式以及它们的不确定度评定公式做简单的推导。为使问题简化,我们假定:

(1) x_i 数列的不确定度远远小于 y_i 数列的不确定度,因而可以忽略 x_i 数列的不确定度;

(2) 在相互独立的条件下,y_i 数列的残余偏差服从同一正态分布。

由于在测量时不可避免地存在着各种误差,因此在一般情况下,N 组数据 (x_i, y_i) $(i = 1,2,\cdots,N)$ 中任一组数据均不能完全满足回归方程式(1.4.2),即各个实测点不可能都

在"理想"直线 $Y=b_0+bX$ 上。为了确定回归方程的参量 b_0 和 b 以确定回归方程,我们将 N 组数据 (x_i,y_i) 代入式(1.4.1)。

因为 x_i 数列的不确定度忽略不计,所以取 $X_i=x_i$,则有

$$Y_i = b_0 + bX_i = b_0 + bx_i \quad (i = 1,2,\cdots,N)$$

列出 N 组残差方程式:

$$V_i = y_i - Y_i = y_i - (b_0 + bx_i) \quad (i = 1,2,\cdots,N) \tag{1.4.2}$$

根据最小二乘法原理,未知参量 b_0 和 b(即待求量)的最佳测量值(即最可信赖值)就是使得各个残差的平方和为极小值(即 min)时所确定的值,即

$$\sum_{i=1}^{N} V_i^2 = \sum_{i=1}^{N} (y_i - b_0 - bx_i)^2 = \min \tag{1.4.3}$$

使式(1.4.3)为极小的条件是残余偏差平方和分别对 b_0,b 的一阶偏导数等于零,即

$$\frac{\partial \sum V_i^2}{\partial b_0} = 0 \tag{1.4.4}$$

$$\frac{\partial \sum V_i^2}{\partial b} = 0 \tag{1.4.5}$$

解式(1.4.4)和式(1.4.5),便可求出 b_0 和 b 的最佳测量值(求和号 $\sum\limits_{i=1}^{N}$ 均简写成 $\sum$,之后也做此简化)。

由式(1.4.3)、式(1.4.4),得

$$-2\sum (y_i - b_0 - bx_i) = 0$$

$$\sum y_i - \sum b_0 - b\sum x_i = 0$$

$$Nb_0 = \sum y_i - b\sum x_i$$

$$b_0 = \frac{1}{N}\sum y_i - b\frac{1}{N}\sum x_i$$

由式(1.2.3),得

$$b_0 = \bar{y} - b\bar{x} \tag{1.4.6}$$

求式(1.4.5),再将式(1.4.6)代入,整理得

$$-2\sum (y_i - b_0 - bx_i)x_i = 0$$

$$\sum [y_i - (\bar{y} - b\bar{x}) - bx_i]x_i = 0$$

$$\sum x_i y_i - \bar{y}\sum x_i + b\bar{x}\sum x_i - b\sum x_i^2 = 0$$

$$\sum x_i y_i - \frac{1}{N}\sum x_i \sum y_i - b\left[\sum x_i^2 - \frac{1}{N}\left(\sum x_i\right)^2\right] = 0$$

$$b = \frac{\sum x_i y_i - \frac{1}{N}\sum x_i \sum y_i}{\sum x_i^2 - \frac{1}{N}\left(\sum x_i\right)^2} \tag{1.4.7}$$

令

$$L_{xx} = \sum (x_i - \bar{x})^2 = \sum x_i^2 - \frac{1}{N}\left(\sum x_i\right)^2 \tag{1.4.8}$$

$$L_{xy} = \sum (x_i - \bar{x})(y_i - \bar{y}) = \sum x_i y_i - \frac{1}{N}\sum x_i \sum y_i \tag{1.4.9}$$

其中
$$\bar{x}=\frac{1}{N}\sum x_i,\bar{y}=\frac{1}{N}\sum y_i$$

由式(1.4.7)、式(1.4.8)和式(1.4.9),b 可以写成

$$b=\frac{L_{xy}}{L_{xx}} \tag{1.4.10}$$

由式(1.4.6)、式(1.4.10)求出的 b_0 和 b 是最可信赖值。将 b_0 和 b 代入式(1.4.1),便得到回归方程,即“理想”直线方程。这种方法又称为回归法,本书仅限于一元线性回归,俗称直线拟合法。

求出的 b_0 和 b 虽然是最可信赖值,但它们仍然存在不确定度,因为直接测量数列 y_i 存在不确定度。

直线拟合中 y 的随机性带来的 A 类标准不确定度为 $u_A(y)$,可由下面的式子确定:

$$u_A(y)=\sqrt{\frac{\sum V_i^2}{N-2}} \tag{1.4.11}$$

式中,$V_i=y_i-Y_i=y_i-b_0-bx_i$,注意与贝塞尔公式 $s(x_k)=\sqrt{\dfrac{\sum\limits_{k=1}^{n}(x_k-\bar{x})^2}{n-1}}$ 相比较。

设 y 的 B 类标准不确定度为 $u_B(y)=u_e(y)$,由式(1.2.6)得 y 的合成标准不确定度为

$$u_c(y)=\sqrt{u_A^2(y)+u_e^2(y)} \tag{1.4.12}$$

式中,$u_e(y)$的评定方法参见第 1.2 节关于 B 类标准不确定度的评定内容。

在对物理现象的研究中,斜率 b 和截距 b_0 往往具有明显的意义。若用 $u_c(y)$表示测量值 y 的合成标准不确定度,则待求量 b_0 和 b 的标准不确定度可由下面的式子求出:

$$u_c(b_0)=\sqrt{\frac{1}{N}+\frac{\bar{x}^2}{L_{xx}}}\cdot u_c(y) \tag{1.4.13}$$

$$u_c(b)=\sqrt{\frac{1}{L_{xx}}}\cdot u_c(y) \tag{1.4.14}$$

测量结果为

$$b_0=b_0\pm U_{b_0} \tag{1.4.15}$$
$$b=b\pm U_b \tag{1.4.16}$$

取包含因子 $K=2$,则有

$$U_{b_0}=2u_c(b_0)$$
$$U_b=2u_c(b)$$

注意 本书在以下情况下可以运用一元线性最小二乘法(直线拟合法):

(1)自变量 x 与直接测量值 y 两个量之间呈线性关系,x 的不确定度分量很小可忽略不计的情况;

(2)若自变量 x 与直接测量值 y 两个量不满足线性关系,可经过变量代换使它们呈线性关系,但要求将不确定度可忽略不计的量设为自变量 x,将待求量设为截距 b_0 或斜率 b,利用前面所述的一元线性最小二乘法得到它们的最可信赖值及其不确定度,便可求得待求量。

若 x 和 y 不是呈线性关系并且 x 也有不确定度,则可参见其他有关误差理论方面的著作。

要计算 $\bar{x}$, $\sum x_i$, $\sum x_i^2$,$\bar{y}$, $\sum y_i$, $\sum y_i^2$, $\sum x_iy_i$,这在一般计算器的统计功能中都可以容易地求出,也可以通过编制 C 语言程序、BASIC 程序等或运用一些计算软件如 MATLAB 等由计算机算出。本书着重介绍用计算器的统计功能来计算。

3. 一元线性最小二乘法的应用举例

例 1.4.1　测量某导线在温度 x 下的电阻值为 y，测量数据如表 1.4.2 所示。测量数据一般以 12 组为宜，为简化在此只取 7 组。为使问题简化，将测量温度 x 时的不确定度忽略不计（这里是举例子，实际上温度的准确测量是较难的），求 0 ℃时的电阻值，以及每上升 1 ℃时电阻的增长率。设测量电阻 y 的仪器扩展不确定度 $U_e = 0.05\ \Omega$。

表 1.4.2　在温度 x 下测量某导线的电阻值 y 数据表

测量次序	1	2	3	4	5	6	7
x/℃	19.7	24.6	30.1	34.8	40.4	45.5	50.0
y/Ω	76.30	77.80	79.35	80.85	82.35	83.90	85.10

解　第一步，确立函数关系式。由测量数据可知，电阻与温度之间的关系基本为线性关系，即

$$y = b_0 + bx$$

注意　(1)在一般情况下，将非测量值或虽然测量但不确定度可忽略不计的量设为 x；直接测量值设为 y；待求量即为 b_0 和 b。

(2)应设成 $y = b_0 + bx$ 的标准形式，不可设为 $y = bx$ 的形式。因为前面所讲述的计算 b_0 和 b 的最可信赖值及其不确定度的方法是基于 $y = b_0 + bx$ 的形式推导的。

第二步，求 b_0，b 的最可信赖值。

由计算器的统计功能（“stat”挡）算得

$$\bar{x} = \frac{1}{N}\sum x_i = 35.01\ ℃,\ \sum x_i = 245.1\ ℃,\ \sum x_i^2 = 9\ 312.7\ ℃^2$$

$$L_{xx} = \sum x_i^2 - \frac{1}{N}(\sum x_i)^2 = 9\ 312.7 - \frac{1}{7}\times 245.1^2 = 730.7\ ℃^2$$

同样，在统计功能状态下，将 y 的值一一输入，可得

$$\bar{y} = \frac{1}{N}\sum y_i = 80.807\ \Omega,\ \sum y_i = 565.65\ \Omega$$

计算各对应量乘积之和，有

$$\sum x_i y_i = 20\ 018.4\ \Omega\cdot ℃$$

$$L_{xy} = \sum x_i y_i - \frac{1}{N}\sum x_i \sum y_i = 20\ 018.4 - \frac{1}{7}\times 245.1\times 565.65 = 212.6\ \Omega\cdot ℃$$

$$b = \frac{L_{xy}}{L_{xx}} = \frac{212.6}{730.7} = 0.291\ 0\ \Omega/℃$$

$$b_0 = \bar{y} - b\bar{x} = 80.807 - 0.291\ 0\times 35.01 = 70.62\ \Omega$$

第三步，评定 b_0，b 的不确定度。

先计算 y 的 A 类不确定度。

根据 $V_i = y_i - Y_i = y_i - b_0 - bx_i$，将 x_i，y_i 代入此式，得到相应的 $V_i(\Omega)$ 值为

$-0.053\quad 0.021\quad -0.029\quad 0.103\quad -0.026\quad 0.040\quad -0.070$

代入式(1.4.11)，则直线拟合中 y 的随机性带来的 A 类标准不确定度为

$$u_A(y) = \sqrt{\frac{\sum V_i^2}{N-2}} = \sqrt{\frac{0.021\ 9}{7-2}} = 0.066\ \Omega$$

y 的 B 类标准不确定度为

$$u_B(y) = u_e(y) = \frac{U_e}{2} = \frac{0.05}{2} = 0.025\ \Omega$$

根据式(1.4.12),y 的合成不确定度为

$$u_c(y) = \sqrt{u_A^2(y) + u_e^2(y)} = \sqrt{0.066^2 + 0.025^2} = 0.071\ \Omega$$

由式(1.4.13)、式(1.4.14),得

$$u_c(b_0) = \sqrt{\frac{1}{N} + \frac{\bar{x}^2}{L_{xx}}} \cdot u_c(y) = \sqrt{\frac{1}{7} + \frac{35.01^2}{730.7}} \times 0.071 = 0.096\ \Omega$$

$$u_c(b) = \sqrt{\frac{1}{L_{xx}}} \cdot u_c(y) = \sqrt{\frac{1}{730.7}} \times 0.071 = 0.002\ 6\ \Omega/℃$$

第四步,表示测量结果,有

$$U_{b_0} = 2u_c(b_0) = 2 \times 0.096 = 0.19\ \Omega$$

$$U_b = 2u_c(b) = 2 \times 0.002\ 6 = 0.005\ 2\ \Omega/℃$$

$$b_0 = (70.62 \pm 0.19)\ \Omega$$

$$b = (0.291\ 0 \pm 0.005\ 2)\ \Omega/℃$$

每增加 1 ℃时,电阻增加 0.291 0 Ω,0 ℃时的电阻为 70.62 Ω。x 和 y 之间的关系为

$$y = 70.62 + 0.291\ 0x$$

1.4.5 逐差法

这里只讨论一次逐差法。

对于线性关系式 $y = b_0 + bx$,且 x 为等间距变化,在求其截距 b_0 和斜率 b 时,可以采用分组逐差法进行处理,现举例说明。

图 1.4.7 为测量某一弹簧弹性系数的实验简图。设未加砝码时,弹簧底部指针所指的刻度固定为 n_0,以后每加 1 kg 砝码(即 9.8 N)时,指针刻度分别为 $n_1, n_2, \cdots, n_8$。显然,每增加 1 kg 砝码时,弹簧的伸长量为(不计 n_0):

$$\Delta n_1 = n_2 - n_1, \Delta n_2 = n_3 - n_2$$
$$\Delta n_3 = n_4 - n_3, \Delta n_4 = n_5 - n_4$$
$$\Delta n_5 = n_6 - n_5, \Delta n_6 = n_7 - n_6$$
$$\Delta n_7 = n_8 - n_7$$

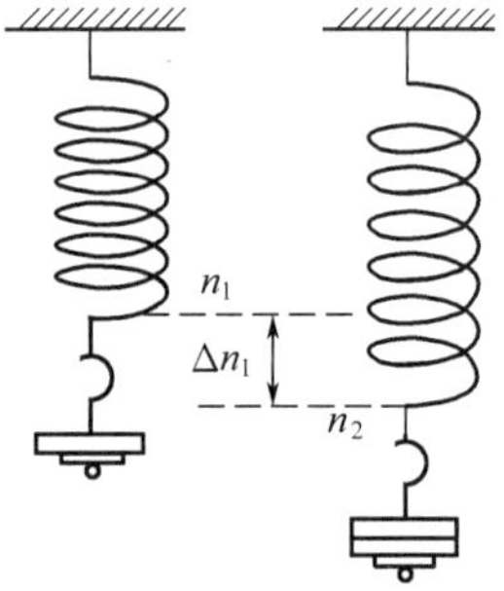

图 1.4.7 测量某一弹簧弹性系数的实验简图

每增加 1 kg 砝码弹簧的平均伸长量为

$$\Delta n = \frac{1}{7}(\Delta n_1 + \Delta n_2 + \cdots + \Delta n_7)$$
$$= \frac{1}{7}[(n_2 - n_1) + (n_3 - n_2) + \cdots + (n_8 - n_7)]$$
$$= \frac{1}{7}(n_8 - n_1)$$

可以发现,上面结果中的 n_2 至 n_7 各个被测量互相消去,只剩首尾两个被测量 n_1 和 n_8 起作用。也就是说,采用上述的方法进行数据处理所得的平均值,只与第一个被测量和最后一个被测量有关,中间的一系列测量白白地浪费了,多次测量也就失去了意义,因而此法不可取。采用逐差法能够克服这一缺陷,下边介绍逐差法。

将测量数据分成下面两组:

$$n_1, n_2, n_3, n_4$$
$$n_5, n_6, n_7, n_8$$

求对应两项之差:

$$\Delta n_i = n_{i+4} - n_i \quad (i = 1,2,3,4)$$

然后计算平均值：

$$\Delta \bar{n} = \frac{1}{4}\sum_{i=1}^{4}\Delta n_i \quad (i=1,2,3,4)$$
$$= \frac{1}{4}[(n_5 - n_1) + (n_6 - n_2) + (n_7 - n_3) + (n_8 - n_4)]$$

可见，逐差法可以有效地利用所有的测量数据，体现了多次测量的优越性，而且计算比较简单，多用在自变量等间距且不确定度可忽略的情况。

当然，上述的测量数据亦可用一元线性最小二乘法进行处理。

1.5　习　　题

1. 根据不确定度评定的知识及有效位数的概念，判断以下各题的对错并将错误之处改正过来。

(1)0.010 060 的有效位数为 2 位，2.030×10^6 的有效位数为 6 位，408.00 的有效位数为 3 位。

(2)$X=(20.010\pm0.160)$ mm

$N=(35.60\times10^2\pm0.10)$ m

$M=(8\ 069\pm86)$ mm^3

(3)5.6 m = 560 cm = 5 600 mm

2. 按照确定有效位数的运算规则计算下列各式。

(1)$35.7+1.288$

(2)$10\ 650-6.00$

(3)$20\ 348\times10.0$

(4)$0.005\ 0\div10.00$

(5)$\dfrac{3.0\times200}{17.1-7.10}$

(6)$\dfrac{200.00\times(57.8-7.800)}{(24.0-4)+(18.0+12.00)}$

(7)$108.6+\dfrac{30.00\times(3.720\ 0+6.28)}{(124.0-24.00)\div50.0}$

3. 用秒表测量某物体在一定的距离内运动所用的时间，测量数据如表 1.5.1 所示。

表 1.5.1　测量某物体在一定距离内运动所用时间的数据表

测量次序	1	2	3	4	5	6	7
时间/s	18.12	18.21	18.19	18.10	18.18	18.14	18.11

已知秒表的扩展不确定度 $U_e=0.01$ s，包含因子 $K=2$，求这个物体运动所用的时间并表示测量结果。

4. 一个实心圆柱体，用千分尺测量其直径 d（仪器的扩展不确定度 $U_e(d)$ =

0.004 mm)，用游标卡尺测量其长度 L(仪器的扩展不确定度 $U_e(L)=0.02$ mm)，取包含因子 $K=2$，测量数据如表 1.5.2 所示。

表 1.5.2 测量一个实心圆柱体直径及长度的数据表

d/mm	6.145	6.139	6.148	6.129	6.151	6.140	6.126
L/mm	55.46	55.28	55.50	55.40	55.32	55.58	55.26

用天平称量的质量为(14.56 ± 0.03)g，取包含因子 $K=2$，求这个圆柱体的密度，并表示测量结果。

5. 用一块多量程的电流表测量某一支路的电流 I。已知电流表的表盘共分成 150 格，电流表的准确度等级为 1.0 级，现选用 3 A 挡测量，若指针指在 40.6 格，试表示测量结果。

6. 已知折射率 n 与 α,β 两个角有关系：$n=\dfrac{\sin\frac{1}{2}(\alpha+\beta)}{\sin\frac{\alpha}{2}}$。测量值 α 和 β 分别为 $\alpha=59°58'\pm2'$，$\beta=60°2'\pm3'$。包含因子 $K=2$，求折射率 n 及其扩展不确定度，并表示测量结果。

7. 在“频率、电压、相移的测量”实验中，可利用李萨如图形计算未知频率 f_y。测量数据如表1.5.3 所示。

表 1.5.3 利用李萨如图形计算未知频率的测量数据表

$\frac{n_y}{n_x}$	$\frac{1}{2}$	1	$\frac{3}{2}$	2	$\frac{5}{2}$	3
f_x/Hz	24.2	49.6	75.5	100.9	124.0	149.6

若 n_x 和 n_y 分别代表沿 x 轴和 y 轴的切线与李萨如图形相切的切点数，则有$\frac{f_x}{f_y}=\frac{n_y}{n_x}$，其中 f_x 为由稳定的李萨如图形及频率计测出的频率。若忽略$\frac{n_y}{n_x}$的不确定度，f_x 的 B 类标准不确定度为 $u_e=0.5$ Hz，用最小二乘法计算未知频率 f_y 及其不确定度，并将测量结果表示出来。

8. 利用牛顿环测量平凸透镜的曲率半径，各个量之间的函数关系式为 $D_m^2-D_n^2=4(m-n)R\lambda$，其中，$D_m$，$D_n$ 分别为第 m，n 级牛顿环的直径，钠光的波长 $\lambda=589.3$ nm，R 为待测凸透镜的曲率半径。仪器的扩展不确定度传递至 y 的不确定度为 $u_e(y)=0.14$ mm。测量数据如表 1.5.4 所示。

表 1.5.4 测量牛顿环直径的数据表

环数	50	49	48	47	46	45	44	43	42	41
直径/mm	15.987	15.823	15.654	15.493	15.329	15.155	14.985	14.817	14.637	14.453

用最小二乘法计算平凸透镜的曲率半径 R，并表示测量结果。

提示：令 $y=D_m^2-D_n^2$，$x=m-n$，$b=4R\lambda$，则有 $y=b_0+bx$，y 与 x 呈线性关系。x 的取值为 $50-41=9$，$49-42=7$，$48-43=5$，$47-44=3$，$46-45=1$，取对应的 y 值。从实测的数据中可以证明，这种取法的精度近似相等。

第 2 章　常用的物理实验方法

2.1　基本的物理实验方法

2.1.1　概述

实验方法是以实验理论为基础，以实验技术、实验装置为主要手段进行科学研究，并取得所需结果的方法，是理论联系实际的桥梁和纽带。它凝聚了许多科学家和实验工作者的奇思妙想，是一代人甚至几代人智慧的结晶。学习、掌握实验方法的过程是我们认识事物从感性到理性的发展过程，也是我们提高科学素质和增强实验能力的过程。在大学物理实验课程的学习中，应该注意理论联系实际，重点掌握实验方法与测量方法并在实践中学会运用，特别是学会综合应用各种实验方法解决实际问题。

就大学物理实验课程所涉及的实验而言，实验方法包括以下三类。

1. 科学实验的通用方法

科学实验的通用方法是科学思维方法在物理测量中的具体体现，具有广泛的应用范围。例如，比较法、放大法、平衡法等，它们适用于任何学科专业，也是物理实验的基本方法，这是本节将要重点介绍的实验方法。

2. 物理实验的专用方法

物理实验的专用方法是针对某一具体的物理实验内容而采用的测量方法，如力学实验中用到的“光杠杆法”；电学实验中用到的“伏安法”“电桥法”；光学实验中用到的“自准法”“干涉法”“衍射法”；等等。为了消除实验中的各种系统效应而采用的实验方法也属于此类方法。这些方法虽有一定的专用性，但在大学物理实验中具有重要的推广应用价值。这些内容将在本书后面的各个具体实验中予以介绍，此处仅简单介绍“光杠杆法”“干涉法”“衍射法”。

3. 数据处理方法

数据处理是处理实验数据、评定被测量的不确定度、给出测量结果的基本方法。但是由于某种需要，它常常也是指导实验设计与测量的重要方法。这一方法往往可以帮助我们绕过不能测定或很难测准的物理量，使测量过程简化和优化。例如，在“光电效应的研究与应用”实验中，利用先测出几种入射光频率 ν 下不同的电压对应的电流值，再用作图法得到这几种入射光频率 ν 下的各个截止电压 U_s，作 $U_s-\nu$ 关系曲线是直线，因而可用一元线性最小二乘法求出普朗克常数。用这样的方法绕过了不能测定的“与阴极表面化学纯度等有关的系数”及“阴极的有效发射面积”，从而避免直接求金属表面的电子逸出功，使得实验简化，并得到较高的实验准确度。

关于物理实验数据处理的内容参见本书第 1 章的相应部分，在第 4 ~ 7 章的各个定量的物理实验中,应用了第1章所述的数据处理方法。

测量的分类有许多种,相应的实验方法也因使用目的、学科专业的不同而不同。按测量方法来划分,可分为直接测量法、间接测量法;按测量次数来划分,可分为单次测量和多次测量;按测量过程是否随时间变化来划分,可分为静态测量法和动态测量法;按测量技术来分,可分为比较法、转换法、放大法、平衡法、补偿法、模拟法、干涉法、衍射法;等等。关于测量分类的其他内容参见本书第1章第1节,本节针对按测量技术分类的几种方法做简要的介绍。

2.1.2 比较测量法

比较测量法是物理测量中最普遍、最基本、最常用的实验方法。它是将被测量与标准量进行比较而得到被测量值的一种实验方法。所有的测量广义上来讲都属于比较测量。比较测量法分为直接比较法和间接比较法。

1. 直接比较法

直接比较法是指将被测量与已知的同类物理量或标准量直接进行比较、测量的方法,主要是指与以实物量具复现的同类量直接比较而获得被测量之值的方法。用游标卡尺测量长度、用量杯测量液体体积、用砝码在等臂天平上测量质量等均属于直接比较测量法。此方法具有以下特点。

(1)同量纲

被测量与标准量的量纲相同。

(2)同时性

被测量与标准量是同时发生的,没有时间的超前或滞后。

(3)直接可比性

被测量与标准量直接比较而得到被测量之值。

直接比较法的测量不确定度受到标准量具、测量仪器或量具自身测量不确定度等的制约。因此,标准量具和测量仪器一定要定期校准,还要按照规定的条件使用,否则将产生很大的系统误差。

2. 间接比较法

多数物理量难以用制成的标准量具通过直接比较法来测量。但是可以利用物理量之间的函数关系,先制成与被测量有关的仪器或装置,再利用这些仪器或装置与被测量进行比较,这种借助于一些中间量或将被测量进行某种变换来间接实现比较测量的方法称为间接比较法。

例如,在测量待测电阻时,用万用电表可以直接给出电阻值,可视为直接测量法。也可用图2.1.1所示的测量方法间接给出待测电阻的阻值。在图2.1.1中,保持稳压电源输出电压 U 不变,调节标准电阻 R_s 的阻值,使得开关K在“1”“2”位置时电流表的指示不变,可得到 $R_X = R_s = \frac{U}{I}$。

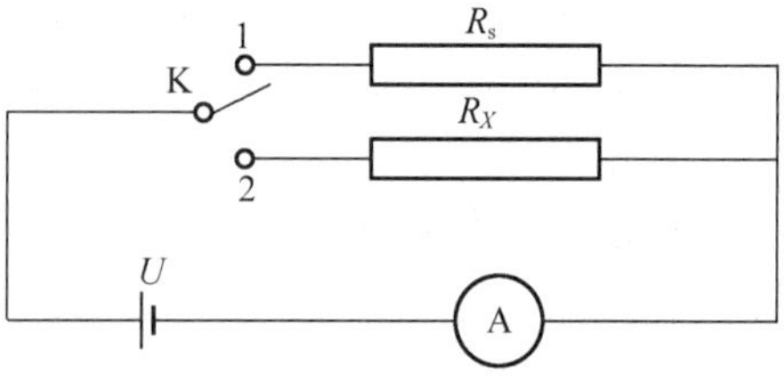

图2.1.1 间接比较法测量电阻的阻值

又例如,对简谐变化的交流信号的频率测量有许多种实现方式,如用频谱仪、示波器等仪器均可直接测量。也可以间接测量信号的频率,如将待测信号与可调的标准信号同时输入示波器进行合成,通过观察合成信号的李萨如图形,由标准信号得到被测信号的频率。

2.1.3　转换测量法

转换法就是依据物理学中的能量守恒及相互转换规律，将某些因条件所限无法或不易直接测量的物理量转换成能测或易测的物理量，或者为了提高被测量的准确度，将被测量转换成为另一种形式的物理量的测量方法。例如，我们很难直接测量出不规则物体的体积，但是根据阿基米德定律，可将其转换为液体的体积进行测量。它实际上是间接比较法的具体应用。转换法一般分为参量转换法和能量转换法两大类。

1. 参量转换法

参量转换法是利用参量变换的函数关系进行的间接测量，前面讲到的间接比较法大部分属于此类。

2. 能量转换法

能量转换法是利用一种运动形式转换为另一种运动形式时物理量之间的对应关系进行的间接测量方法。这种方法在物理实验中大量存在。例如，在"设计测量超声波的传播速度"实验中，利用压电陶瓷传感器将正弦波电能信号转换成机械能的声波信号等。由此派生出的非电量的电测法、非光量的光测法，以及各种类型的传感器已经发展成多个专门学科，在科研、生产等各个领域获得了极为广泛的应用。

转换法具有灵敏度高、反应快、控制方便并能进行自动记录和动态测量等优点，它与其他方法结合，使过去认为难以解决甚至无法解决的技术难题迎刃而解。

2.1.4　放大测量法

在测量中有些被测量很小，甚至无法被实验者或仪器直接感觉和反应，如果直接用给定的某种仪器进行测量就会使测量结果的不确定度变得很大。此时可以借助一些方法将被测量线性放大后再进行测量。放大法就是将被测量进行线性放大的原理和方法。常用的放大法有累积放大法、力学（机械）放大法、电学放大法和光学放大法等。

1. 累积放大法

在物理实验中经常会遇到这样的问题：对某些物理量单次测量可能会使测量结果产生较大的不确定度，如在"设计利用光的干涉进行测量"实验中，测量多级牛顿环直径，可将这些物理量累积，以减小随机效应和系统效应引起的不确定度在被测量中所占的比例，即提高了被测量的相对不确定度，从而提高了测量的准确度。

在使用累积放大法时应注意：①累积放大法通常以增加测量时间来提高测量结果的相对不确定度，这要求在测量过程中被测量不随时间变化；②在累积测量中要避免引入新的随机效应和系统效应。

2. 力学（机械）放大法

力学放大法是利用力学量之间的几何关系进行转换放大的。例如，螺旋测微器（即千分尺）就是将沿着螺杆的移动转换成沿着周长的移动。将套在螺杆上的微分筒分成 50 格，微分筒每转动一圈，螺杆移动 $L=0.5$ mm；微分筒每转动一格，螺杆移动 0.01 mm。如果微分筒的周长为 50 mm（即微分筒外径 D 约为 16 mm），微分筒上每一格的弧长相当于 1 mm，这相当于螺杆移动 0.01 mm 时，在微分筒上却变化了 1 mm，即放大了 $M=\frac{\pi D}{L}\approx 100$ 倍。

机械放大法的另一个典型例子是机械天平。用等臂天平称量物理质量时，如果靠眼睛判断天平的横梁是否水平，很难发现天平横梁的微小倾斜。通过一个固定于横梁且与横梁垂直的长指针，就可以将横梁微小的倾斜放大为较大的距离（或弧长）量。

3. 电学放大法

电信号的放大是物理实验中最常用的技术之一，包括电压放大、电流放大、功率放大等。示波器中就包含了电压放大电路。

因为电信号放大技术成熟且易于实现，所以也常将其他非电量转换为电量，经线性放大后再进行测量。例如，在“晶体电光调制的研究与应用”实验中，将光信号先转换为电信号，再经线性放大测量电压值。但是，对电信号放大通常会伴随着对噪声的等效放大，这对信噪比没有改善甚至会使其下降，因此电信号放大技术通常是与提高信号的信噪比技术结合使用。

4. 光学放大法

在光学中，利用透镜和透镜组的放大构成各种光学仪器，既可“望远”，又可“显微”，这已成为精密测量中必不可少的工具。常见的放大仪器有放大镜、显微镜和望远镜等。光学放大法一般有两种情况：一种是被测物通过光学仪器形成放大的像，以增加现实的视角，便于观察，例如常用的测微目镜、读数显微镜等；另一种是仪器利用光学原理进行转换放大，再测量放大后的物理量，在“用拉伸法测量金属材料的杨氏弹性模量”实验中的光杠杆就是一种典型的例子，对于微小的长度变化量 ΔL，通过光杠杆转换为对一个放大了的量 ΔX 的测量，$\Delta X=\frac{2D}{b}\Delta L$（具体原理参见“用拉伸法测量金属材料的杨氏弹性模量”实验），$\frac{2D}{b}$越大，则对 ΔL 的放大倍数就越大，其中$\frac{2D}{b}$为光杠杆的放大倍数，通常为 25～100 倍。

2.1.5 平衡测量法

平衡法是利用物理学中平衡态的概念，将处于比较的物理量之间的差异逐步减小到零的状态，通过判断测量系统是否达到平衡态来实现测量。在平衡法中，将被测量与一个已知物理量或相对参考量进行比较，当这两个物理量的差值为零时，用已知量或相对参考量来描述被测量。利用平衡法，可将许多复杂的物理现象用简单的形式描述，使一些复杂的物理关系简明化。平衡法可分为以下几种情况。

1. 力学平衡法

力学平衡是一种最简单、最直观的平衡，天平就是根据平衡原理设计的。利用等臂机械天平称量物体质量，当天平指针处在刻度零位或在零位左右等幅度摆动时，天平达到力矩平衡，此时待测物体的质量和砝码的质量（作为参考量）相等。

2. 电学平衡法

电学平衡是指电压、电流等电学量之间的平衡。利用惠斯通单臂电桥测电阻就是一个应用平衡法测量的典型例子，属于桥式电路的一种。桥式电路是根据电流、电压等电学量之间的平衡原理而专门设计出的电路，可用来测量电阻、电感、介电常量、磁导率等电磁学参数。在“巨磁阻效应的研究与应用”实验中，为了消除温度变化等环境因素对输出的影响，巨磁阻传感器就采用了单臂电桥连接电路。

3. 稳态测量法

当物理测量系统处于静态或处于动态平衡时，系统内的各项参数不随时间变化。利用这一状态进行测量就是稳态测量。它为准确测量提供了极大的方便，是物理实验中经常采用的测量方法。如在“设计用集成温度传感器测量温度”实验中，测量温度时应在设定温度下稳定一段时间后再读数。

2.1.6　补偿测量法

补偿测量法就是在测量中，通过一个标准的物理量对被测量产生等量或相同的效应，用于补偿（或抵消）该被测量的作用，使测量系统处于平衡状态，从而得到被测量与标准量之间的确定关系。补偿法通常与平衡法、比较法结合使用。根据作用来划分，补偿法分为补偿法测量和补偿法校正系统效应两个方面。

1. 补偿法用于测量

补偿法用于测量实质上就是平衡法。弹簧秤被认为是一个简单的补偿测量装置。补偿测量系统通常包含补偿装置和指零装置两部分。补偿装置产生补偿效应，并获得设计规定的测量准确度。指零装置是一个比较系统，用于显示被测量与补偿量的比较结果。

2. 补偿法用于修正系统效应

在测量中，由于各种因素的制约，往往存在着无法消除的系统效应，利用补偿法引入相同的效应来补偿那些无法消除的系统效应，是补偿法最主要的作用。例如，在“光衍射的研究及光栅常数的测量”实验中，采用双孔读数来消除因偏心而引起的周期性系统效应，这是“补偿”思想的具体体现。

2.1.7　模拟测量法

模拟法是依据相似性原理，对一些特殊的研究对象（如过于庞大或微小，十分危险或缓慢）人为地制造一个类似的模型来进行实验。模拟法能方便地使自然现象重现，可将抽象的理论具体化，可进行单因素或多因素的交叉实验，可加速或减缓物理过程。利用模拟法可以节省时间和物力，提高实验效率。

模拟法可分为物理模拟和类比模拟两种方法。

1. 物理模拟

物理模拟是在模拟的过程中保持物理本质不变的方法。在物理模拟中，应满足几何相似或动力学相似的条件。所谓几何相似条件是指按原型的几何尺寸成比例地缩小或放大，在形状上模型与原型完全相似，如对河流、水坝、建筑群体的模拟。动力学相似是指模型与原型遵从同样的物理规律，同样的动力学特性。有时在满足几何相似的情况下，反而不能满足动力学相似的条件，此时要首先考虑动力学相似性。例如，在研制飞机时，为模拟风速对机翼的压力而构建的模型飞机，其外形往往与真正的飞机有很大的不同。

2. 类比模拟

类比模拟是指两个完全不同性质的物理现象或过程，利用物质的相似性或数学方程形式的相似性类比进行实验模拟。它既不满足几何相似条件，也不满足物理相似条件，而是用别的物质、材料或者别的物理过程来模拟所研究的材料或物理过程。

更进一步的物理量之间的代替，就导致了原型实验和工作方式都改变了的特殊的模拟方法。例如，质量为 m 的物体在弹性力为 $-kx$、阻尼力为 $-a\dfrac{\mathrm{d}x}{\mathrm{d}t}$ 和驱动力为 $F_0\sin\omega t$ 的作用下，其振动方程为

$$m\frac{d^2x}{dt^2}+a\frac{dx}{dt}+kx=F_0\sin\omega t \tag{2.1.1}$$

而对 RLC 串联电路,在交流电压 $U_0\sin\omega t$ 的作用下,电荷 Q 的运动方程为

$$L\frac{d^2Q}{dt^2}+R\frac{dQ}{dt}+\frac{1}{C}Q=U_0\sin\omega t \tag{2.1.2}$$

上面两个方程是形式上完全相同的二阶常系数微分方程,选择两方程中系数的对应关系,就可以用电学振动系统模拟力学振动系统。

2.1.8 干涉法、衍射法

1. 干涉法

无论是声波、水波和光波,只要满足相干条件,相邻干涉条纹的光程差均等于相干波的波长。因此,通过计量干涉条纹的数目或条纹的改变量,可实现对一些相关物理量的测量。如,物体的长度、位移与角度,薄膜的厚度,透镜的曲率半径,气体或液体的折射率等。当选用相干光波时,对以上物理量可实现微米量级甚至亚微米量级的准确测量。

在著名的牛顿环实验中,通过对牛顿环等厚干涉条纹的测量可求出平凸透镜的曲率半径。

2. 衍射法

光的衍射法是通过先测量衍射条纹的间距,再根据衍射条纹的间距与缝宽之间的关系测出微小长度或位移变化量的。例如,当激光束照射到单缝上时发生衍射,待测物体长度发生变化时将推动单缝缝宽改变,衍射条纹间距也就跟着发生改变。条纹的间距 Δx 与缝宽 d 的关系为 $\Delta x=\frac{D}{d}\lambda$,则微小长度变化量 $\Delta L=d_2-d_2=\left(\frac{1}{\Delta x_2}-\frac{1}{\Delta x_1}\right)D\lambda$,式中,$D$ 为单缝到屏的距离。

衍射法被广泛地应用于对微小物体位移和晶体常数的测量,如 X 射线衍射技术、透射电镜等。

本节介绍了几种基本的实验方法,每一种方法都不是孤立的,要特别注意它们之间的联系,学会综合运用。例如在“用拉伸法测量金属材料的杨氏弹性模量”实验中,应用的“光杠杆法”是将很难测准的金属丝的微小长度变化量转换为光杠杆上小镜子的仰角变化,再通过光路转化为较易测定的镜中标尺读数的变化(变化量可达到几厘米)。这种间接比较法是将比较法、转换法、放大法综合起来运用的,不仅减小了测量的难度,而且还提高了测量的准确度。

2.2 计算机在物理实验中的应用

在科学研究和实际工作中有很多的物理问题,利用计算机解决这些物理问题可大大提高工作效率,达到事半功倍的效果。计算机在物理实际问题中的应用十分广泛,应用实例不胜枚举,无论是力学、电磁学、光学、热学问题,还是近代物理学的各种问题,基本上只要通过传感器可以转变成电学量的各种物理量,都可以通过传感器和 A/D(Analog/Digital)、

D/A(Digital/Analog)转换器等接口电路与计算机相连接,从而对物理量进行实时的检测,并对其进行结果判断和分析。因此,计算机在物理实验教学中发挥着越来越重要的作用,也越来越受到重视。计算机在物理实验中的应用主要包括以下几个方面。

1. 计算机实时数据采集

利用计算机作终端,通过接口电路的传感器和常规仪器共同完成对物理量的测量,实时地采集数据,克服了人工记录数据的读数偏差,提高了测量的准确度。

2. 计算机进行实验数据处理

物理实验要测量大量的原始数据,用人工进行数据处理是相当烦琐和复杂的,且易发生错误。发生错误之后,又很难判断是计算中的错误还是测量中的错误。计算机的快速、准确性,可以使人们从繁重的工作中解放出来,还有助于人们经常保存重要的数据信息,便于随时使用。有时候,人们需要将数次实验的结果进行综合分析和比较,计算机可以使这项工作变得便捷和轻松。用一些尚不完全的数据或模拟的数据对实验的结果进行预测,便于及早发现实验方法和实验设计的问题,避免走弯路。此外,可以利用计算机的可绘图性,在处理数据时同步地把实验曲线绘制出来,便于直观分析物理量之间的关系。

3. 利用计算机对实验过程进行实时控制

用程序可以安排和控制全部实验过程自动进行,这在现代科学技术中受到普遍重视,同时还可以对实验所需保证的条件进行自动调节,准确控制。

4. 利用计算机模拟物理过程,进行物理仿真实验

在培养学生探索与创新开拓能力方面,实验研究技能的锻炼是课堂理论教学所不可替代的,但实验教学质量的提高长期受各种物质、经济条件的困扰,很多实验由于耗资过大,一些学校无法开设。仿真实验利用计算机对实验的整个过程进行模拟,包括实验目的、原理、仪器操作、课后的实验报告等,具有图文并茂、可操作的特点,设有动态原理图,使实验内容变得生动、易于理解和接受,还可加深人们对物质运动规律的理解,运用计算机形象、生动的演示,使人们破除对一些抽象概念的迷惑。

在实验教学中,计算机的地位不断提高,我们应灵活地使用计算机,为以后应用计算机进行科学实验奠定良好的基础。本书着重介绍计算机在实时数据采集和实验数据处理方面的应用。

2.2.1　利用计算机实时采集数据

物理实验中测量的数据包括各种各样的电学量和非电学量。凡是能够转变成电学量的各种非电量,都可以利用电测技术进行测量,如热电转换、力电转换、光电转换等。

由于电测方法具有控制方便、灵敏度高、准确度高、反应速度快、测量范围广,以及可以进行动态测量和自动记录、遥测、遥控等优点,促使人们去研究如何运用物理原理以电测方法来测量非电学量。对一些非电量,例如温度、压力、流速、流量、物位等可采用相应的传感器将非电学量转换成电信号进行传输和测量(图 2.2.1)。

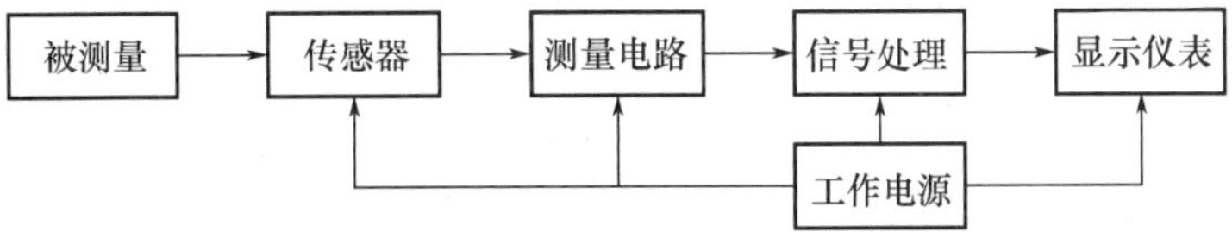

图 2.2.1　被测量之值的分散性示意图

传感器输出的电量信号为模拟信号,还需经过 A/D 转换器转换成数字信号才能被计算机接收和处理。计算机处理后的信号也可以通过 D/A 转换器转换成模拟电量输出。

1. 常用传感器简介

传感器也称换能器、探测器或变换器,是非电量电测技术的核心,它可以分为参量变换器和发电变换器两种,有很多传感器不需要单独的电源供电。它是利用物理量之间存在的各种效应与关系,将被测的非电学量转换成电学量,从而获得被测量的信息,并把获得的有关电信号输入到测量电路中去,经过放大、检波、传输、比较和记录等,再以模拟、数字或图像等形式显示出结果,它是以电子、电路技术或网络技术来实现的,如力电效应、热电效应、磁电效应和光电效应等。传感器种类很多,本书内容主要涉及以下几种传感器。

(1)光学传感器及光学组件

如光电二极管、光电三极管、光敏电阻、红外发光二极管、红外接收二极管等。另外,还有光栅组件、衍射光栅组件、超声光栅组件、光杠杆组件等。

它们可用于研究光电效应、光强分布、光的干涉、光的衍射分布,波长、微小位移或微小长度测量、报警器、遥控器、计数器等,例如,“光电效应的研究与应用”实验中的光电管。

(2)压力传感器

如压力传感器、压敏电阻等,用于压电转换、压力测量、质量测量等方面的应用,例如,微小压力实验、重力测量实验等。

(3)电磁传感器

如霍尔元件、霍尔开关集成电路、微波换能器等,可用于研究霍尔效应、测量磁场强度分布、布拉格衍射强度分布;计数器、速度表、里程表等,例如,“霍尔效应的研究与应用”实验用到的霍尔传感器等。

(4)温度传感器

如热敏电阻、热敏二极管、热敏三极管、热电偶等,用于温度、热量等方面的测量、监测、开关控制或报警等,例如,“设计用集成温度传感器测量温度”实验等。

(5)压电陶瓷及超声传感器

压电陶瓷及超声传感器,也即超声换能器,用于声电转换、遥控器、计数器、报警器等方面的应用,例如“设计测量超声波的传播速度”实验。另外,还有流量、流速传感器等传感器,如水表、电表、气表、输油表等。

2. A/D、D/A 转换器技术简介

自然界产生的信号都是模拟信号(Analog Signals),自然界能够接收的也是模拟信号;而目前人类通信、计算所使用的是数字信号(Digital Signals)。将模拟信号转换成数字信号进行处理,就需要 A/D(Analog/Digital)转换器;而将数字信号转换成模拟信号,则需要 D/A(Digital/Analog)转换器。21 世纪是信息的时代,A/D、D/A 在信息收集和处理系统中起着非常关键的作用,因此,A/D、D/A 转换器技术的水平在一定程度上也代表了模拟集成电路方面的地位和水平。随着信息技术的高速发展,对 A/D、D/A 转换器的要求也越来越高,现代通信、导航和军事电子系统要求新一代 A/D、D/A 转换器必须具有高速、高频、高保真的特性,其频率也越来越高。因此,A/D、D/A 转换器技术一直是非常具有活力和市场前景的一项综合技术。随着数字信息的发展,A/D、D/A 转换器品种越来越多,从最初单纯的 2 位发展到现在的 4 ~ 26 位(A/D 转换器)、6 ~ 24 位(D/A 转换器),有数万种产品。由于转换器结构和工艺技术的限制以及应用的需要,高速 A/D、D/A 转换器产品主要集中在 8 ~

16 位。

在国内，单片 8 位 A/D 转换器的采样率可达 500 MHz，10 位可达 210 MHz，12 位可达 210 MHz，14 位可达 40 MHz，16 位可达 5 MHz。而国外 8 位 A/D 转换器的采样率可达 1.2 GHz，其他产品的水平也远比国内产品成熟、先进、采样率更高。高速、高精度 D/A 转换器已广泛用于宽带通信发射通道的直接中频、基站、无线局域网、数字无线电链接、直接数字合成和仪器等领域。随着集成电路的深亚微米制造、设计技术的迅速发展，集成电路已进入系统芯片(System On Chip，简称 SOC)时代。作为 SOC 发展初期，需解决系列工艺兼容、关键 IP 核设计技术和设计方法、测试方法及可测性技术等技术课题。目前的 SOC 芯片有以下三种主要类型：

(1)以 MPU 为核心，集成各种存储器，A/D、D/A 转换器，时钟电路，控制电路等功能于一体的单芯片。

(2)以 DSP 为核心，集成了多功能的 SOC 芯片。

(3)上述两种的混合或者把系统算法与芯片结构有机集成为芯片。作为 SOC 关键 IP 核之一的 A/D、D/A 转换器 IP 核，为改善 SOC 的数字处理技术的性能，增强 SOC 功能发挥了重要作用，这在现代军事和民用数字通信系统的应用中尤其重要。

2.2.2　用计算机进行实验数据处理

应用计算机进行数据处理的优点是速度快、精度高，将实验数据输入相应软件中进行数据处理能快速显示出数据处理的结果，直观性强，减轻了人们处理数据的工作量。目前在大学物理实验的数据处理中，如平均值、相对误差、绝对误差、标准误差、线性回归、数据统计等的数值计算、常用函数计算、定积分计算、拟合曲线等方面都可以考虑使用计算机来处理。在具体问题中可以应用现有的软件，也可以结合具体实验要求使用高级语言编写程序进行数据处理。

目前比较流行的数据处理软件有 Excel、Origin、C 语言、Visual Basic、Advanced Grapher 和 MATLAB 等，由于这些软件都是 Windows 环境下的编程语言，设计界面与 Windows 完全一致，能达到可视化的良好效果。此外，实验中的结果和数据，也可以作为数据库来保存。在数据库方面，比较流行的工具软件是 Access 和 Sqlserver 等。本书简要介绍 Excel、Origin、Advanced Grapher 在实验数据处理中的应用。

1. 用 Excel 处理实验数据

Microsoft 公司的 Excel 软件，作为一种电子数据表程序，凭借自身携带的函数和格式化操作、图表自动生成、宏语言、数据管理诸项功能，以其简便易学、容易掌握，又不失对数据处理、误差分析方法的了解与掌握的特点，逐渐在实验数据处理领域发挥着越来越重要的作用。

(1)利用公式及函数快捷、准确地处理实验数据

在 Excel 中，用户可在表格中定义运算公式，引用单元格利用公式自动进行计算，也可利用 Excel 提供的函数功能，进行复杂的数学分析和统计，从而提高工作效率。

函数实际就是预先建立好的公式，通过使用一些称为参数的特定数值来按特定的顺序或结构执行计算，用于执行简单或复杂的计算。Excel 提供了几百个内置的函数，但在物理实验数据处理中最常用的函数是求和函数(SUM)、算术平均值函数(AVERAGE)、标准偏差函数(STDEV)、计数函数(COUNT、COUNTIF)、线性回归拟合方程的斜率函数(SLOPE)、线性回归拟合方程的截距函数(INTERCEPT)、线性回归拟合方程的预测值函数

(FORECAST)、相关系数函数(CORREL)、t 分布函数(TINV)、最大值函数(MAX),最小值函数(MIN)、近似函数(ROUND、ROUNDDOWN、ROUNDUP、INT)和一些数学函数(SIN、COS、TAN、LN、LOG10、EXP、PI、SQRT、POWER)等,各函数的具体应用格式可在 Excel 帮助菜单里予以查询。

函数以等号(=)开始,后面紧跟函数名称和左括号,然后以逗号分隔输入参数,最后是右括号。

可见,利用 Excel 处理数据,方法简便易行,结果精确度高,同时避免了烦琐的中间计算过程,由此降低了人为出错的可能性。而且在有些实验数据处理过程中,可通过单元格引用快捷、准确地完成实验数据的批量处理,大大节省实验数据处理耗费的时间。

(2)利用图表功能轻松地绘制实验图形

在数据处理中,有时要求我们将数据用坐标纸描绘出来,并根据数据点描绘出表示物理量之间函数关系的图线,进而由图线寻找相应的经验公式。对于这样的要求,利用 Excel 提供的图表功能可轻松地进行处理。

用 Excel 图表功能处理数据时,先把数据按列表法的要求列出因变量 y 和自变量 x 相对应的 y_i 与 x_i 数据表格,然后在"插入"菜单中点击"图表"选项,调出"图表向导"对话框,按提示步骤进行操作即可轻松地获得反映数据规律的图表。对于物理实验数据处理,选择图表类型时一般采取 XY 散点图。XY 散点图用来展示成对的数和它们所代表的趋势之间的关系,可以用来绘制函数曲线,从简单的三角函数、指数函数、对数函数到更复杂的混合性函数,都可以利用它快速、准确地完成绘制。

图表绘制完成后仍可对图表标题、坐标、网格、数据标志等进行精心设置,确保坐标系及坐标分度选择合理,避免因作图而引进额外的误差。如果图线未占满所选用的整个图纸,应双击相应坐标轴,正确设置坐标分度值的起始数据。

在 XY 散点图绘制的基础上,还可用"图标"菜单栏选项中"添加趋势线"选项,在图表中添加显示数据趋势的趋势线,若数据点与某种趋势线完全重合,则说明两变量之间的关系符合该类的拟合方程。如果在"添加趋势线"对话框的选项中选择"显示公式""显示 R 平方值",Excel 还将把满足所设定的拟合类型的方程及相关系数显示于图表中。

2. Origin 7.0 处理实验数据

Origin 是美国 Microcal 公司推出的基于 Windows 平台的数据分析和绘图软件,它功能强大,在各国科技工作者中使用较为普遍。该软件不仅包括计算、统计、直线和曲线拟合等各种完善的数据分析功能,而且提供了几十种二维和三维绘图模板,它采用直观的、图形化的、面向对象的窗口菜单和工具栏操作。用 Origin 处理物理实验数据不用编程,只要输入测量数据,然后再选择相应的菜单命令,点击相应的工具按钮即可。Origin 7.0 的使用方法如下。

(1)打开 Origin 7.0

双击桌面上 Origin 7.0 的图标,或从开始→程序→Origin 7.0→Origin 7.0 打开。打开 Origin 7.0 的页面如图 2.2.2 所示。

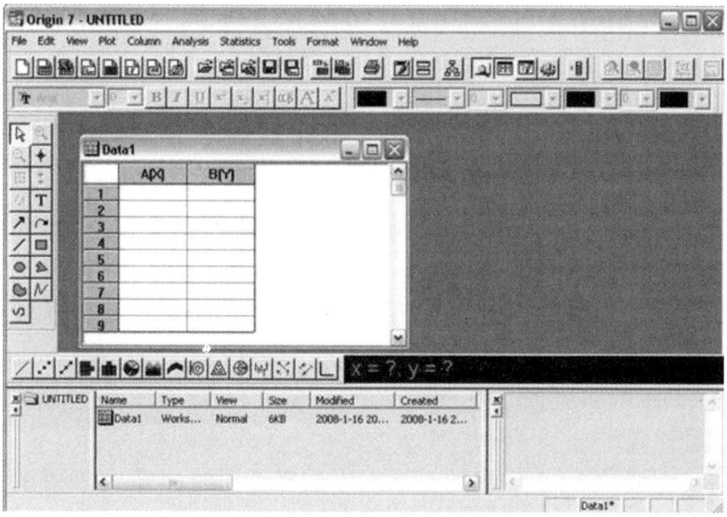

图 2.2.2　Origin 7.0 的操作界面

页面顶部是菜单栏，一般来说可以实现大部分功能；菜单栏下面是工具栏，一般最常用的功能都可以通过此处实现；中部是绘图区，所有工作表、绘图子窗口等都在此处显示；下部是项目管理器，类似资源管理器，双击即可方便切换各个窗口；底部是状态栏，标出当前的工作内容，以及鼠标指到某些菜单按钮时的说明。

(2)输入数据

在工作表单元格中直接输入数据即可，如图2.2.3 所示。

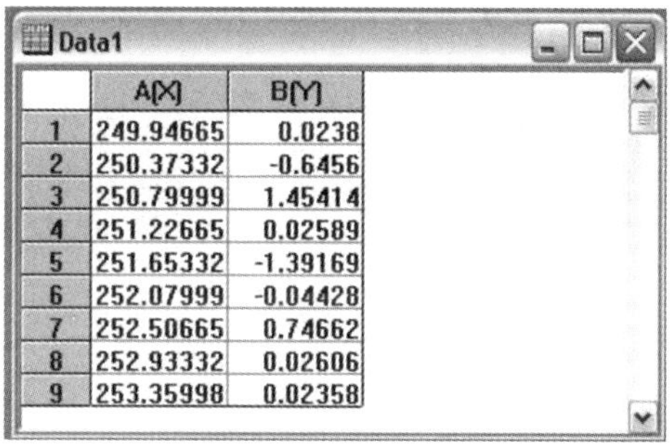

	A(X)	B(Y)
1	249.94665	0.0238
2	250.37332	-0.6456
3	250.79999	1.45414
4	251.22665	0.02589
5	251.65332	-1.39169
6	252.07999	-0.04428
7	252.50665	0.74662
8	252.93332	0.02606
9	253.35998	0.02358

图 2.2.3　数据输入

(3)设置数据列的名称

为了简单、明了地表述某一数据列的意义，可以给数据列命名。将鼠标指向 A(X)，单击右键，在下拉菜单中选择 Properties，单击鼠标左键，出现如图 2.2.4 所示的页面。

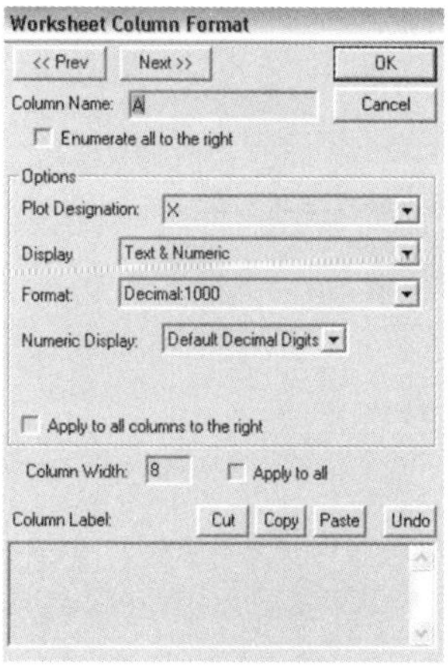

图 2.2.4　数据列的意义

将鼠标移至最下面的空栏中，单击，输入想要输入的文字，例如(wavelength/nm)。设置好之后在工作表中便会有显示。其他数据列的名称设置可参照 A(X)数据列。

(4)添加新的数据列

单击工具栏上的  图标，即可添加新的数据列。

(5)设置数据列的属性(数据的计算)

关于在 Origin 7.0 中的数据计算，可以将鼠标移至列首(例如 C(Y)处)，单击右键，选择 Set column values，单击。在弹出窗口中单击窗口左上角的 Add function、Add column 两个按钮来进行数据计算。

(6)画图表

选中任意一列或几列数据,单击绘图区下部工具栏中的任意一个图标(图 2.2.5),即可做出不同类型的图。用此方法画出的图默认以第一列数据为 X 轴。

图 2.2.5　绘图工具栏(部分)

若想自己随意设置 X 轴和 Y 轴,则先不选数据列,先点击图 2.2.5 中的任意图标,在弹出的窗口中可以设置任意数据列为 X 轴或 Y 轴。

(7)设置图表的细节

①设置坐标轴样式

用鼠标双击坐标轴,即可在弹出的对话框中选择不同的标签,改变坐标轴的样式。常用的是改变数据范围,设定数值间隔。

②设置数据点、线的样式

同样用鼠标双击数据点,在弹出的对话框中也可以选择不同的标签分别对数据点的样式、颜色和线的颜色进行设置等。

(8)设置图表的细节

在左边一列的工具栏中,单击或后,将光标移到曲线上,对准数据点击鼠标左键,即可在右下角的黑底绿字的小屏幕上看到所索取数据点的坐标。

(9)线性拟合

将鼠标移至菜单栏中的 Analysis,单击,在下拉菜单中选择 Fit linear,用鼠标左键单击即可。拟合直线为红色,拟合的方程、标准误差等一般都可在右下角的新窗口中看到。

第3章　常用实验仪器及其使用简介

3.1　长度测量的常用仪器

3.1.1　米的定义

长度是一维空间的量度，是一个基本物理量，长度单位是国际单位制（SI）七个基本单位之一。在国际单位制中，长度的单位是米（m）。

国际单位制的长度单位"米"（meter）起源于法国。1791 年法国国会批准以通过巴黎的地球子午线全长的四千万分之一作为长度单位（米），1799 年制成一根铂质米原器"档案米"并由法国档案局保管，这就是最早的米的定义。之后米的定义几经更改。1983 年 10 月在巴黎召开的第十七届国际计量大会上通过了米的新定义："米是光在真空中 1/299 792 458 秒的时间间隔内所经路程的长度"，这是目前国际单位制（SI）中长度单位米的定义。

3.1.2　长度测量的主要器具

物理学中长度的测量是最基本的测量过程，长度测量的工具种类很多，最早使用的是机械式长度测量工具，例如米尺等。19 世纪中叶以后，先后出现了类似于现代千分尺和游标卡尺的测量工具。机械测量长度技术迄今仍是工业测量中的基本测量技术之一，继机械测量长度工具出现的是光学测量长度工具，如 20 世纪 20 年代应用投影仪、显微镜、光学测微仪、干涉仪等进行长度测量。电学测量长度工具是 20 世纪 30 年代出现的，最初出现的是利用电感原理制成的测微仪。20 世纪 50 年代后期出现了以数字显示测量结果的长度测量。至 20 世纪 70 年代初，出现计算机数字控制的长度测量仪器，测量工具进入应用电子计算机的阶段。

3.1.3　物理实验中常用的长度测量器具

物理实验过程中常用的长度测量工具有米尺、游标卡尺、螺旋测微计（千分尺）和读数显微镜等。测量 10^{-3} mm 以下的微小长度时，需要用更精密的测量仪器（如阿贝比长仪）或采用其他的测量方法（如采用光的干涉或衍射法）。在实际测量中，应根据需要选择合适的实验方法和测量仪器。下面主要介绍游标卡尺、螺旋测微计和读数显微镜的使用，其他测量长度的方法将在以后的实验中陆续学到。

1. 游标卡尺的构造及使用方法

游标卡尺可以用来测量物体的长、宽、高、深和圆环的内、外直径。它的构造及其读数如图 3.1.1 所示。

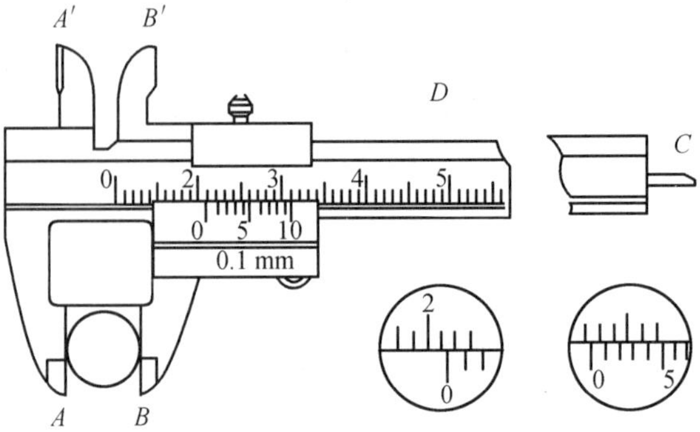

图 3.1.1　游标卡尺构造及其读数示意图

主尺是一根钢板制成的毫米分度尺,主尺头上有钳口 A 和刀口 A'。主尺上套有游标的滑框,游标尺头上装有钳口 B 及刀口 B',尾部还有尾尺 C。当滑框(游标尺)的钳口 B 与钳口 A 贴合时,刀口 A'和 B'相互对齐,且尾尺末端向主尺末端对齐,这时游标的零线刚好与主尺零线对齐,读数为零。测量物体外部尺寸时,将待测物放在钳口 A,B 之间,并轻轻夹住,可读出被测件的长度。同样可用刀口 A',B'及尾尺 C 测内径以及小孔的深度等。

掌握游标卡尺的读数原理是十分必要的。除了常用的各类游标卡尺之外,许多较精密的仪器(如分光计读数盘)亦有游标装置,它们的原理和读数方法大同小异。下面简述游标卡尺的读数原理及读数方法。

为测某一球的直径,钳口夹住待测的球,钳口 AB 所张距离(刀口 $A'B'$的距离以及尾尺 C 伸出的长度)为 L,如图 3.1.2 所示,游标的零点从主尺的零位线也移动同样的距离 L。L 等于主尺上毫米以上的 x 与毫米以下的 Δx 相加,即 $L = x + \Delta x$,x 直接从主尺上读取,在图 3.1.2 中为 12 mm,而 Δx 应从游标中读取。

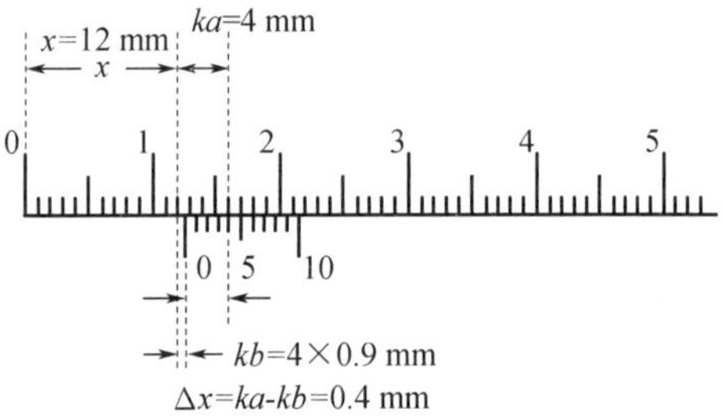

图 3.1.2　一种游标卡尺读数示意图

设主尺最小刻度间距为 a,游标最小刻度间距为 b,且制作时游标的分度数(格数)为 n,则 n 个游标最小刻度的总长等于主尺上的 $(n-1)$ 个最小刻度长,即

$$nb = (n-1)a \tag{3.1.1}$$

$$b = \frac{n-1}{n}a \tag{3.1.2}$$

在游标和主尺重叠的区域中,仔细观察可找到游标的第 k 条刻线与主尺的刻线对齐,因 n 条游标刻度数长与 $(n-1)$ 条主尺刻度数长度相同,主尺 x 之后的刻度到游标和主尺刻度对齐的主尺刻度数也是 k 条,所以

$$\Delta x = ka - kb \tag{3.1.3}$$

将式(3.1.2)代入式(3.1.3),有

$$\Delta x = ka\left(1 - \frac{n-1}{n}\right) = k\frac{a}{n} \tag{3.1.4}$$

由式(3.1.4)可知,对于任何一种游标,只要弄清它们的分度数(游标的刻度数 n)与主尺最小刻度的长度 a,就可读出 Δx。在图3.1.2中,$n=10$,$a=1$ mm,而 $k=4$,所以,$\Delta x=4\times\frac{1}{10}=0.4$ mm,球的直径为

$$L = x + \Delta x = 12 + 0.4 = 12.4 \text{ mm}$$

我们称$\frac{a}{n}$为游标的分度值(分度示值)。分度值的大小反映仪器的精密程度,分度值越小,仪器越精密。例如本实验课提供的游标卡尺,$n=50$,$a=1$ mm,则其游标的分度值为$\frac{a}{n}=\frac{1}{50}=0.02$ mm。它比上一例中$\frac{a}{n}=\frac{1}{10}=0.1$ mm 更精密。

一般为了读数方便,游标刻度的标记都按实际读数分度值标记。如实验室所提供的 $n=50$,$a=1$ mm,分度值为0.02 mm的游标卡尺,每一最小刻度的标记为0.02 mm。若游标尺上第23个刻度值(k 值)与主尺某刻度对齐,则毫米以下的值应为 $0.02\times 23=0.46$ mm。这一值可直接从游标的分度标记中读出,即游标中标记4的大刻度线后,第3个最小刻度值(最小刻度示值为0.02 mm),可直接读出0.46 mm。

游标卡尺的读法简述如下:毫米以上的整数部分,从游标零位所对应的主尺上读取,毫米以下的小数部分 Δx 应从游标和主尺对齐处的游标上读取。在读取游标(毫米以下数)时必须注意,游标的标记为分度值,可按一般尺子的读法直接从游标中读取,不必数 k 后乘$\frac{a}{n}$计算而得。

2. 千分尺的构造及使用方法

螺旋测微器(简称千分尺,结构如图3.1.3所示),由一根精密的测微螺杆5和螺母套管10(其螺距为0.5 mm)组成,测微螺杆带一个具有50个分度的微分筒8。当微分筒转过一周时,测微螺杆前进或后退0.5 mm,所以微分筒分度值为$\frac{1}{50}\times 0.5=0.01$ mm。在固定套管7毫米分度标尺中读出测微螺杆移动的毫米数。在微分筒分度值中可靠地读出百分位的毫米,再在最小刻度中估读一位,可读出千分之几毫米。然后与固定套管毫米分度标尺中读出的毫米数(或再加0.5)相加,得到最后结果。由于微分筒分度值为0.01 mm,50格刻

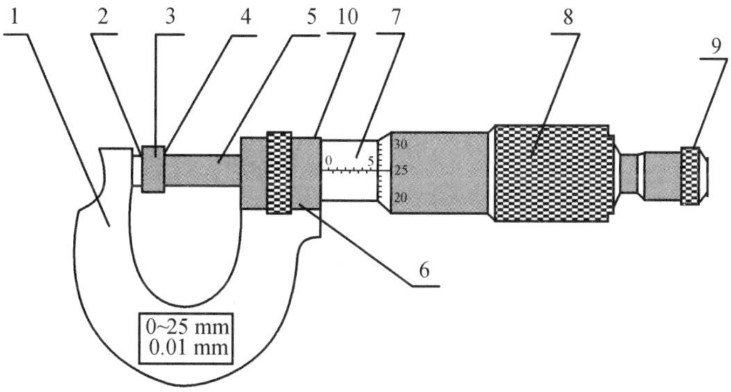

图3.1.3　千分尺结构图

1—尺架;2—尺砧;3—待测物;4—螺杆测量面;5—测微螺杆;
6—锁紧装置;7—固定套管;8—微分筒 9—测力装置;10—螺母套管

度，螺距为0.5 mm，故微分筒转两圈才走固定套管准线上刻有的1 mm。为辨认是否已过了固定套管最小刻线一半（即已转了一圈，过了0.5 mm），在固定套管准线下方标有每0.5mm的刻度值。尽管这样，如何从固定套管标尺和微分筒的数据中正确辨认数据是否已过0.5 mm刻度线是螺旋测微器读取数据中必须注意的问题。

当千分尺读数为0的状态如图3.1.4(a)所示时；图3.1.4(b)中的示值，因为没过一半应读为5.386 mm；而图3.1.4(c)中的示值，已过一半应读为5.886 mm。

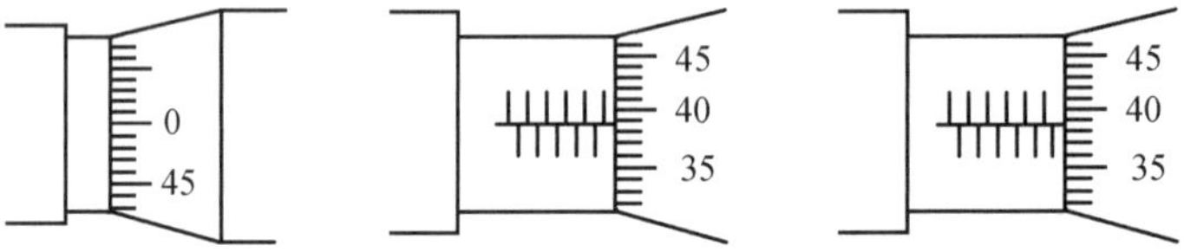

(a)　(b)　(c)

图3.1.4　千分尺读数是否过半

如图3.1.3所示，测力装置9（即棘轮）靠摩擦力转动测微螺杆，这是为了控制每次的力矩互相接近而采用的。每次测量时旋动棘轮听到"喀喀"的响声，螺杆不再前进，就开始读数。

使用千分尺应注意以下事项：

(1)测量前，要检查零点读数（注意正、负值的读取），以便对测量数据做零点修正。参见本节的知识拓展。

(2)千分尺的测微螺杆与尺砧相接触或夹持工件的力按规定应为6～10 N。因此，在逐渐推进测微螺杆，端面快要接触到物体时，只能旋转测力装置（棘轮），当听到转动小棘轮发出"喀喀"的响声时，即要停止旋进，不能再用手直接转动微分套筒。

(3)注意主尺上半毫米的刻度线的位置，判断是否需要加上0.5 mm，防止误读。

(4)手持千分尺时要握在绝热板上，以减少体温对测量仪器的影响。

(5)使用完毕后，测微螺杆与尺砧间要稍留些距离。

3. 读数显微镜的构造及使用方法

读数显微镜的结构如图3.1.5所示，主要操作步骤如下：

(1)使读数显微镜物镜对准待测物。

(2)调整45°镜，45°半反射镜对准钠光灯，并转动45°镜，使望远镜的视野足够宽。

(3)调节目镜，以看清十字叉丝。

(4)调焦（改变物到物镜间的距离），使目镜中能清晰地看到待测物体的像，并做到"当眼睛上下、左右移动时，所看到的十字叉丝与待测物像之间无相对移动"，即消除视差。

所谓视差是指当两个物体静止不动时，改变观察者的位置，出现一个物体相对于另一物体有明显位移的现象。光学仪器的视差则是指当人眼

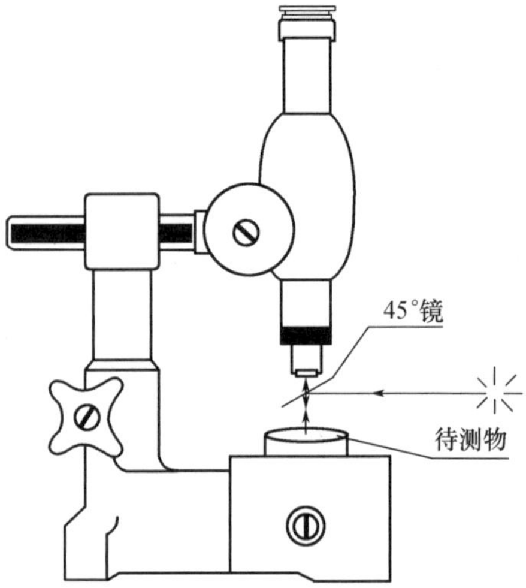

图3.1.5　读数显微镜

移动时,出现物体的像相对于十字叉丝有明显位移的现象。只有当像与叉丝不在同一平面上时才会出现视差。消除光学仪器中存在的视差只需要仔细调焦(望远镜调节物镜与目镜间的距离,显微镜则改变物到物镜间的距离),使物体通过物镜所成的像恰好与叉丝所在的平面重合。

(5)先旋转测微螺旋将十字叉丝对准待测物体上的某点(或某条线)A,记录读数 X_A,继续沿着同一方向转动测微螺旋,将十字叉丝对准待测物体上的另一点 B,记录读数 X_B,两次读数之差 $|X_A - X_B|$ 即为 AB 间的距离。在这两次读数时要注意:测微螺旋只能向同一个方向移动,以消除空回误差。

所谓空回误差是指当测微螺旋正转途中突然反转,可滑动的显微镜或载物台不能立即在支架上随之移动的现象。它是由丝杆与测微螺旋间存在的间隙引起的。

知识拓展 定值系统效应的修正

这里主要介绍如何修正因零点对不齐而带来的定值系统效应。

零点对不齐带来的定值系统效应,指的是处于使用状态的仪器,当未加入被测量的信息时,其指示不指零的情况,一般可通过调整来解决。但因某种原因未能解决,这种含有系统效应的数据已知其大小,可通过修正的方法消除。如前面所用游标卡尺刀口 AB 对齐及千分尺尺砧与测微螺杆互相接触时的零点有读数等。此零点修正值可能为正,也可能为负,或者等于零,应记录下来。测量完毕,从测量值中(更简单地,在平均值中)进行修正,即求测量值与零点修正值的代数差。

3.2 质量测量的常用仪器

物质的质量是一个基本物理量,在国际单位制中质量的单位是千克(kg),是国际单位制中七个基本单位之一。质量是一个标量,具有相加性。对物体质量的测定是标定物体性质的重要过程,要对物体质量进行测定首先要知道测量标准。通用的质量标准是"国际千克原器",其质量单位是在1889年第一届国际计量大会上确定的,由直径和高均为39 mm的铂铱合金(含铂90%、含铱10%)圆柱体构成,在温度为293.15 K时体积为46.396 cm^3。该"国际千克原器"的质量为1 kg,其他物体的质量是以该"国际千克原器"为标准来测量的。该"国际千克原器"被保存在巴黎国际计量局的原器库里。中国也有国家千克基准,成分、形状与"国际千克原器"相同,在0 ℃时,其体积为46.386 7 cm^3,质量为$(1.000 + 0.271 \times 10^{-3})$ kg。该"国际千克原器"由伦敦Stanton仪器公司加工调整,1965年由国际计量局检定,作为我国质量单位标准。

测量物质质量的仪器是天平,按天平结构可分为单盘不等臂机械天平、双盘等臂机械天平、扭力天平、电子天平等;按天平的用途可分为标准天平、分析天平、物理天平、工业天平、专业天平、托盘天平等;按天平的分度值可分为超微量天平、微量天平、半微量天平、普通天平等。

在物理实验中通常应用的是物理天平、电子天平和托盘天平,分别介绍如下。

3.2.1 物理天平

物理天平是一种双盘等臂机械天平，其构造如图 3.2.1 所示，它具有一个能调节水平的金属底座，中柱固定在其中央部位。横梁的中间和两边镶有钢制刀口，为天平的支点与受力点，两端有平衡螺母和吊耳，秤盘挂在两边的吊耳上。横梁支撑在中央刀口上，而中央刀口支撑在升降杆上端的玛瑙刀垫上。当旋转止动螺栓时，升降杆能随之上下移动，带动横梁上升或下降。横梁下降时制动架托住横梁，使刀口脱离支柱上端的玛瑙刀垫，避免刀口的磨损，该状态称为止动状态。反之，旋转止动螺栓使升降杆带动横梁上升，在平衡状态下比较左右两盘质量的状态为称量状态。

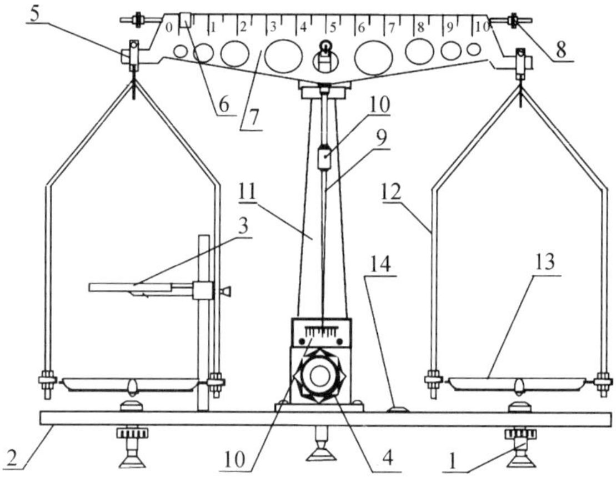

图 3.2.1 物理天平构造图

1—水平调节螺栓;2—底板;3—杯托盘;4—止动螺栓;5—吊耳;6—游码;7—横梁;8—平衡调节螺栓;9—指针;10—感量调节器;11—中柱;12—盘梁;13—秤盘;14—水平仪

在立柱的后面装有水平仪，调节底座下的两个水平调节螺栓，使气泡在圆圈刻线中间位置，即为天平的工作位置。

指针固定在横梁的下端，其末端在刻度盘前摆动，指针上装有可上下调整的感量调节器，调节其位置可使天平灵敏度改变，一般产品出厂前已把位置调好，不要擅自改变。

在立柱座左边有支杆，杯托盘固定在它的上面；当把杯托盘转至砝码盘中央位置时，可在它上面放置实验器具(如烧杯等)。放入器具内的物体可用线捆着挂在挂钩上，这与用两盘称量时的作用完全相同。如把杯托盘转到砝码盘外，则可作一般称量用。

1. 天平的两个重要物理量

(1)感量：在天平已调整好的状态下，使指针偏离一个刻度所需的质量称为感量。感量越小，天平越灵敏。对于有游码的天平，其感量为游码的最小刻度值，取感量的一半作为天平的仪器扩展不确定度。例如，感量为 0.05 g 的天平，将 ±0.025 g 作为该天平的仪器扩展不确定度(刻度的一半)，一般取 ±0.03 g。对于无游码的天平，若感量为 10 mg，则天平的仪器扩展不确定度取 ±10 mg(最小步进值)。

(2)最大称量：天平允许称量的最大质量称为最大称量。

2. 天平的调整

(1)调水平：调节底脚螺钉，使底座上的水平仪的气泡位于中心。

(2)调平衡:调节横梁两端平衡螺母,使左、右力矩相同(即指针左右偏转幅度相同)。

(3)常止动:指在调平衡、调水平的过程中拧动螺栓或者取放砝码及待测件等时,均应在"止动"的情况下进行。任何仪器在使用过程中,由于人员错误的操作,造成仪器的损坏、严重降低仪器的准确度或危及人身安全等情况都被认为不具备使用该仪器的条件(即认为不会使用)。

常止动就是为保护仪器的准确度而采用的措施,在使用天平时必须注意。

3. 天平的使用

天平称量时,先旋转止动螺栓,使横梁"止动",一般将待测物体放在左盘,砝码放在右盘,再旋转止动螺栓,缓慢地使横梁升起,观察指针是否指在中间。若不在中间,则放下横梁增减砝码,然后再升起横梁,观察指针的摆动情况,直到平衡为止。这时所放砝码的总质量就是被称量物体的质量。

4. 天平使用时的注意事项

(1)被称量物体的质量绝对不能超过天平规定的最大称量。

(2)放入或取下物体和砝码时,应在天平横梁被"止动"时进行。

(3)被称物体和砝码应放在秤盘的中央,如果同时放上大小砝码,应将大砝码放在盘的中央。

(4)不能用手直接拿取砝码,应该用镊子夹持砝码。对于微量砝码,应轻轻地夹持它翘起的一角,不能用力乱夹,以免损坏砝码。若有质量较大的砝码用镊子夹持不便,则应该用干净的软纸垫着用手拿取。从盘中取出砝码后应立即放回盒中原位。要防止砝码沾着酸、碱或油脂。砝码上有灰尘或污点时,应用软毛刷清除或用软纸擦拭,切勿用手擦抹,以免手上的汗渍腐蚀表面。

(5)不要把化学药品、湿的物体以及过冷、过热的物体直接放在秤盘上。

3.2.2　电子天平

电子天平是传感技术、电子技术和微处理器技术发展的综合产物,具有自动校准、自动显示、自动数据输出、自动故障寻迹、超载保护等多种功能,如图3.2.2所示。电子天平实际上是测量物体重力的仪器,它是利用电磁力平衡的原理进行设计的。天平空载时,电磁传感器处于平衡状态,加载(托盘上放置待测物)后,感应线圈的位置发生改变,其输出电流也改变,该变化量经微处理器处理后,控制电磁线圈的电流大小,使电磁传感器重新处于平衡状态,同时微处理器将电磁线圈的电流变化量转变为数字信号,在显示屏上显示出来。电子天平的操作规程如下。

图3.2.2　电子天平

(1)调节水平:调节底脚螺钉,使水平仪的气泡位于中心。

(2)接通电源,预热;校准天平并清零。

(3)置被测物于托盘中间位置,待天平稳定,所显示的值为被测物的质量。

(4)称量完毕后,取出待测物,天平清零。全部称量结束后,关闭显示器,并拨出电源插头。

在使用过程中,电子天平应该平稳地放置在工作台上,要求在防尘、防潮、防气流、防腐蚀的环境下工作。使用前要详细阅读使用说明书,查清天平的最大称量和感量,不能称量超过最大称量的待测物。另外,电子天平还要按规定进行周期检定。

3.2.3 托盘天平

托盘天平灵敏度较低,但因使用方便,常用于某些简单的实验中,如图3.2.3所示是它的结构图。这种天平的最大称量一般是200 g,感量为0.1 g。它没有1 g以下的微量砝码,但装有游码。

托盘天平称量时,应将天平放在平整的桌面上,使用方法、注意事项和物理天平类似。

图3.2.3 托盘天平

知识拓展 定值系统效应的修正

下边介绍一种发现、分离、补偿在测量质量时定值系统效应带来的不确定度的实验方法——交换法。

假设用天平称量某一待测物(质量为Q),把待测物放在臂长为L_1处的托盘上,在另一臂长为L_2处托盘上放砝码,示值为p,此时应有

$$QL_1 = pL_2 \tag{3.2.1}$$

若$L_1 \neq L_2$,则$Q \neq p$,因天平臂长不等而产生恒定的系统效应。现在把Q和p交换位置,使其平衡,要放砝码p'才能使其平衡,此时有

$$p'L_1 = QL_2 \tag{3.2.2}$$

由式(3.2.1)、式(3.2.2),可得

$$Q^2 = pp' \tag{3.2.3}$$

即有

$$Q = \sqrt{pp'} \tag{3.2.4}$$

从p与p'的不等可发现天平臂不等而引起的系统效应。把所称出的p和p'代入式(3.2.4),可补偿因天平臂长的不等而产生的系统效应。若$\sqrt{pp'}$展开取前两项可有$Q = \frac{1}{2}(p + p')$,这样可简单地求得其近似值,这种方法称为交换法。交换法的实质是交换待测量与标准量的位置而不改变其他条件。这种方法也可以用在其他类似的测量中。

3.3 时间测量的常用仪器

3.3.1 时间及其计量单位

时间是物理宇宙的尺度,它给出了一个非空间的连续统一体内事物发生的次序,这表现为时刻和日期,即回答“事物什么时候发生”的问题;同时,时间也是由这样的次序所确定

的瞬间,它表现为时间间隔,即回答“事物持续多久”的问题。时刻是衡量物质运动过程事件先后顺序的物理量。如果用一根带箭头的直线表示时间轴,那么轴上的任意一点就表示不同的时刻。时间间隔是两个时刻之间的间隔长短的物理量。时间具有连续性、单向性和序列性,而且总是不断逝去。

时间的量度一般以稳定的周期性运动为基础,以选定标准的周期运动的周期的某一倍数或分数为时间单位。一般来说,时间是一种能用周期性的物理现象来观察和测量的物理量。

在国际单位制(SI)中,时间的主单位为秒。用字母 s 表示。秒的最新定义是:“在零磁场下,铯－133 原子基态的两个超精细能级之间的跃迁所对应的辐射的 9 192 631 770 个周期的持续时间”。在宏观测量中,往往需要用到比秒大的单位;而在微观领域中,又常常用到比秒小的单位。所以,我们经常用秒的倍数或分数来表示时间。表 3. 3. 1 给出了表示时间的计量单位及其与秒的换算关系。

表 3.3.1 表示时间的计量单位及其与秒的换算

中文名称	国际代号	换算成秒	中文名称	国际代号	换算成秒	中文名称	国际代号	换算成秒
1 艾秒	Es	10^{18}	1 百秒	hs	10^{2}	1 纳秒	ns	10^{-9}
1 拍秒	Ps	10^{15}	1 十秒	das	10^{1}	1 皮秒	ps	10^{-12}
1 太秒	Ts	10^{12}	1 分秒	ds	10^{-1}	1 飞秒	fs	10^{-15}
1 吉秒	Gs	10^{9}	1 厘秒	cs	10^{-2}	1 阿秒	as	10^{-18}
1 兆秒	Ms	10^{6}	1 毫秒	ms	10^{-3}	1 秒	s	10^{0}
1 千秒	ks	10^{3}	1 微秒	μs	10^{-6}			

3.3.2 几种常见的测时仪器

时间的测量仪器很多,如古代的圭表,近代的机械秒钟、石英钟,现在的原子钟,等等。在古代,张衡发明的水运浑天仪被称为最古老的日历钟,它是利用漏水推动齿轮显示时间,被后人誉为世界最早的自动化机械,是现代天文钟的雏形。近代发明的摆钟(伽利略在教堂发现摆的周期性,荷兰的惠更斯发现了擒纵机构保持摆的摆动,并于 1695 年发明了第一个摆钟——自鸣钟)大大加快了测时仪的发展,下面简单介绍几种常见计时仪器的使用方法。

1. 机械式秒表

机械式秒表分为单秒针和双秒针两种,是最常用的机械计时器。该秒表是由频率较低的机械振荡系统、锚式擒纵调速器、齿轮传动装置、有分度的表盘和指针系统组成,具有操纵秒表的启动、制动和指针回零等控制功能。它是利用摆轮游丝系统的振动来计算时间的。现在常见的秒表分度值有 0. 1 s,0. 2 s,0. 01 s,0. 02 s 等。要注意是,因为机械式秒表的指针是跳跃式工作的,所以最小刻度以下的估计值无意义。对于短时间(几十秒内)的测量,其误差主要来源于按表和读数的误差,其值约为 0. 2 s。对于长时间的测量(大于 1 min),其误差主要是秒表自身存在的快慢误差,即秒表走时快慢与标准时间之差。需要长时间测量时,应用标准钟对秒表进行校准。使用完毕,要让秒表继续走动,使发条处于完全放松状态。

2. 数字毫秒计

数字毫秒计是用数字显示的电子计时仪器。它用石英晶体振荡分频作为时基脉冲,能产生稳定在 10 kHz 的电脉冲,即每秒钟内准确产生一万个脉冲,然后通过这些脉冲在开始计数和停止计数的时间间隔去推动计数器计数。一个脉冲计一个数,任何两个相邻脉冲时间间隔为万分之一秒,即 0.1 ms。所以通过计数器所计的数,就很容易测出从“计”到“停”的这段时间的长短,并在数码显示器上直接显示出来。

数字毫秒计使用的机件、机芯结构及外观都与上面提到的机械式秒表不同,其精度得到很大提高。用数字式毫秒表计时,实际上是用标准的时间单位使被测时间整数化,并把它以数字形式显示出来。它是通过传感器(如光电门)将被测时间间隔变成电脉冲信号,经放大、整形成为主控门的启动脉冲,由石英晶体振荡器产生并经过分频而得到标准时基脉冲,加到主控门的输入端直至停止脉冲使主控门关闭为止。显然,计数器的读数与被测的时间间隔成正比。显示器上的小数点和单位,可通过按转换钮(一般有 0.1 ms,1 ms 和 10 ms三个键)调整,不必换算成可读出的时间值。数字毫秒计还可将自动记录的时间值保存在机器内。测量准确度主要决定于作为时基信号的频率准确度及开关门时的触发误差,不难得到 10^{-9} 的准确度。若采用多周期同步和内插技术,测量精度可优于 10^{-10}。

3. 数字电子秒表

数字电子秒表具有精度高、功能多、功耗低、简单结构和易维修的优点。它主要由电路基板、导电橡胶、显示器和电子外壳等部分构成。数字电子秒表由石英谐振器和反相器组成,通过它们产生 32 768 Hz 的振荡信号,然后被分频电路分成 0.01 s 的脉冲信号,经过计数、译码和驱动电路去带动显示器显示出需要测量的时间值。石英晶体振荡器频率范围很宽,频率稳定度在 $10^{-12} \sim 10^{-4}$,经校准一年内可保持 10^{-9} 的准确度。高质量的石英晶体振荡器,在经常校准时,频率准确度可达 10^{-11}。数字电子秒表在时间频率精确测量中获得广泛应用。频率稳定度与选用的石英材料及恒温条件关系密切。

4. 原子钟

原子钟是利用微观粒子超精结构能级之间的跃迁产生高准确度和高稳定度的周期振荡现象制作的。由石英振荡器输出一定的频率,经过受控振荡器得到稳定性高的信号,再经放大、分频、门控电路和液晶显示器,显示所测时间,用作时间标准。原子钟按工作原理方式可分为自激型和非自激型两种,如图 3.3.1 所示。

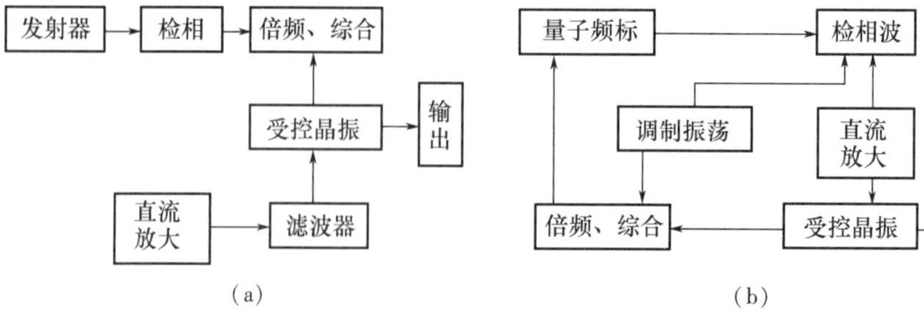

图 3.3.1 原子钟工作原理示意图

(a)自激型;(b)非自激型

此外,常用的计时方法还有示波器、高压脉冲发生器、频闪装置等,可根据测量要求的精确度选用合适的计时仪器。

3.4 电磁量测量的常用仪器

本节介绍电磁学实验中常用到的基本实验仪器及预备知识,如电源、电流测量仪器、电压测量仪器、万用表、示波器、信号发生器、磁学量测量仪器、电阻器、开关等,还将讲到电磁学实验中一般应遵循的操作规则。

3.4.1 电源

电源是能够产生和维持一定的电动势并能够提供一定电流的设备,电源分为交流电源和直流电源两类。

1. 交流电源

用符号“AC”或“∽”表示交流电。常用的交流电有380 V和220 V两种,频率为50 Hz,交流电源用符号“—⊙—”表示。

(1)调压变压器

交流电路的电压和电流,可通过加接变阻器控制变压器,从而获得连续可调的交流电源,调压变压器如图3.4.1所示。

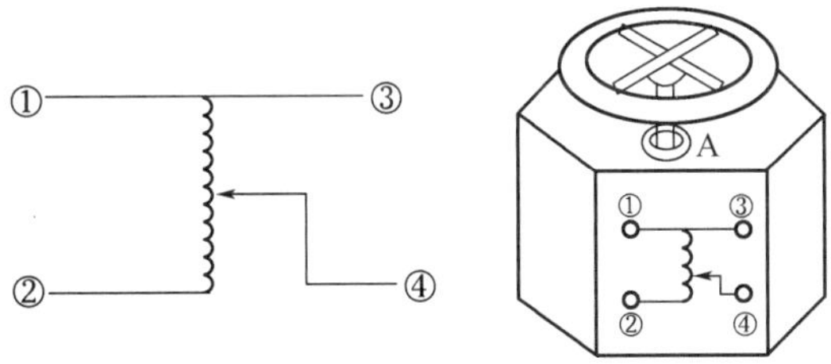

(a) (b)

图3.4.1 调压变压器

(2)信号源

如果需要其他频率或其他波形时可以使用专用的信号源(信号发生器)。实验室备有各种信号发生器,它们可以输出良好的波形。

2. 直流电源

电路中以符号“DC”或“—”表示直流电。直流电源用符号“—|⊢—”表示。

常用的直流电源有晶体管直流稳压电源、直流恒流源、蓄电池和干电池等。

(1)晶体管直流稳压电源

直流稳压电源的符号为

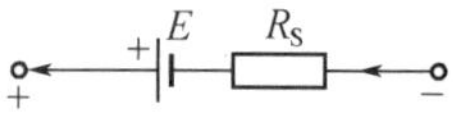

其中，R_S 为电源的内阻。

直流稳压电源的正极流出电流，经过外电路，由负极流入电流。这种电源的稳定性好、内阻小、输出连续可调、功率也比较大，使用时要注意它能输出的最大电流和电压。

（2）直流恒流源

直流恒流源的符号为

或者

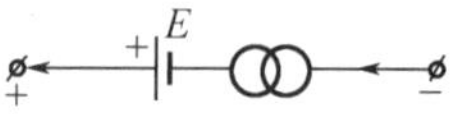

理想的恒流源其内阻为无穷大，或者其内阻远远大于外电路的电阻，这种电源有输出恒定电流的功能。注意，当外电路的阻值变化时，在一定的范围内，直流恒流源输出的电流值保持不变。

（3）蓄电池

有铅蓄电池和铁镍电池两大类。铅蓄电池的电动势为 2 V，额定电流 2 A，输出电压比较稳定。铁镍电池的电动势为 1.4 V，额定电流 10 A，输出电压的稳定性较差，要经常充电，维护较麻烦，但坚固耐用，适用于大电流下工作。

（4）干电池

电动势为 1.5 V，常用干电池的有关数据如表 3.4.1 所示。

表 3.4.1　常用干电池的有关数据

型号	容量/(A·h)	额定电流/mA
1	2	<300
2	0.5	100
5	0.2	50

（5）直流电源使用注意事项

①电源电压超过 30 V，人会麻电，电压更高且容量更大时更需要谨慎，注意安全。

②直流电源一般用“+”或红色表示正极；用“-”或黑色、与仪器同色表示负极。但干电池中央为正，边缘为负。

③稳压电源的接地端不是电源的负极。

④使用任何电源时都要注意负载的大小，电流超过其额定值时会损坏电源。特别要防止电源两极短接，除具有自动保护的稳压电源外，否则会烧断保险丝，或烧毁导线的绝缘物，或报废电池。一般稳压电源具有自动保护电路，过载时会自动切断电路；欲再启动电源时，可以按稳压电源的“启动”按钮。

⑤干电池使用后，内阻会不断升高，所提供的端电压不断降低。装有干电池的仪器应注意及时更换电池。仪器若长时间不用，应及时取出干电池，以免电池中的电解液漏出，腐蚀仪器。

使用电源时，必须检查电路正确无误后才可接上；实验结束后，应先拆除电源，再拆电路。要严防电源短路，短路时电路电阻极小，以致电流极大，使电路烧毁，电源损坏。使用高压电时,要防止触电,注意用电安全。

3.4.2　电流测量仪器

电流是物理学的基本物理量之一,在国际单位制中,电流的基本单位是安培(A),其定义如下:“安培是电流的单位。在真空中,横截面积可忽略的两根相距 1 米的无限长平行圆直导线内通以等量恒定电流时,如导线间相互作用力在每米长度上为 2×10^{-7}牛,则每根导线中的电流定义为 1 安。”这样的定义与规定真空磁导率 $4\pi\times10^{-7}$亨/米等效。电流的测量也是电学其他物理量测量的基础。电流有直流、交流之分,交流电流的测量常常转换为电压后进行测量。作为物理学的基本物理量之一,电流测量需遵从国际计量大会的规定,用于电流测量的基本器具及实现原理有电流天平、由质子磁旋比 γ_p 来复现电流单位、利用欧姆定律 $I=\dfrac{U}{R}$来实现电流测量、直流标准电流发生器等。测量电流的方法和仪器是多种多样的,这些仪器以电流的各种效应(如热效应、磁效应和电磁感应)为基础。最常见的仪器是以被测电流的磁场与仪器中的永久磁铁的磁场的相互作用为基础的磁电式电流表。

1. 磁电式仪表

磁电式仪表在电参量指示仪表中占有极其重要的地位,它可以直接测量直流电压和电流。平常物理实验中所用的电流表、电压表和万用表都是直接磁电式电表。磁电式测量机构加上整流器时,可用于多种非电量的测量,如温度、压力等;当采用特殊结构时还可以制成灵敏度高的检流计,用来测量极其微小的电流。

动圈式磁电系仪表的结构特征为载流线圈在永久磁铁磁场中发生偏转,如图 3.4.2 所示。这类仪表准确度高、灵敏度高、功耗小、刻度均匀,但过载能力差。磁电式直流电流表(即表头)可以直接作为直流电流表使用,使用时应与被测电路相串联。表头允许通过的电流很小,一般为几十微安,最多也不过几十毫安,电流过大将损坏表头。它通常用作检流计、微安表和小量程毫安表。

磁电式电流表(表头)的工作原理:磁电式测量机构是利用永久磁铁和载流线圈的相互作用的原理制成的,如图 3.4.3 所示。

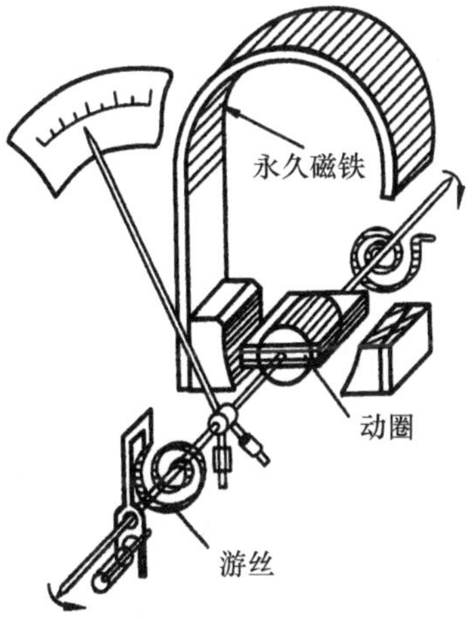

图 3.4.2　动圈式磁电系仪表

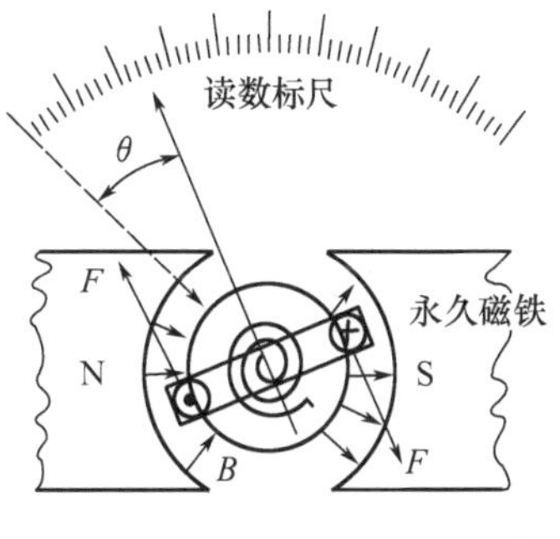

图 3.4.3　磁电式电流表工作原理图

2. 检流计

对于微弱的电流或电压,用一般的磁电式仪表很难测出。为了适应这种需要,特别设计了高灵敏度的指针式检流计。它的动圈用扭力矩较小的张丝为转轴,并适当增加线圈的匝数。微弱电流产生的电磁力矩就可以使动圈偏转,提高了电表的灵敏度。检流计的特征是标尺零点在标尺的中央,便于检测不同方向的电流,因此,它常作为电桥和电位差计的指零仪器。

(1)检流计常数

检流计指针偏转一小格时所对应的电流值称为检流计常数。实验室常用的指针式检流计一般为 10^{-6} A/DIV。

(2)内阻

内阻是指检流计两接线端的电阻值,从几十欧姆到几千欧姆不等。

图 3.4.4(a)是实验室常用检流计的面板图,图 3.4.4(b)为它的内部结构电路,其使用方法和注意事项如下:

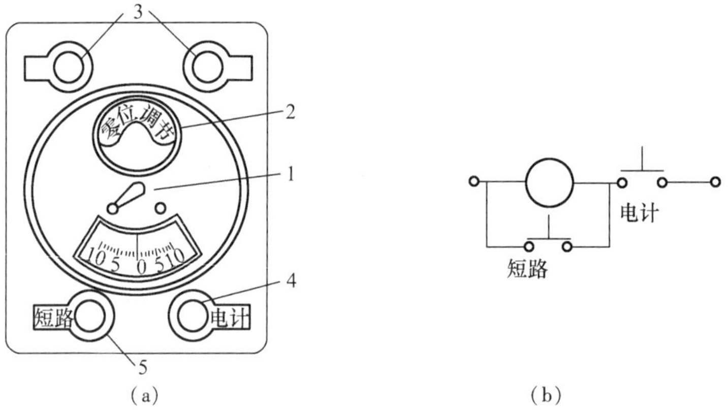

图 3.4.4 检流计

1—安全制动旋钮;2—零位调节旋钮;3—接线柱;
4—电计按钮;5—短路按钮

(1)使用时先将检流计接线柱端钮 3 按其“+”“-”标记接入电路。

(2)将安全制动旋钮 1 移向白点位置(此时仪表处于测量状态,指针可以自由偏转),并用零位调节旋钮 2 调整指针指在零位。

(3)按下电计按钮 4(按钮开关),检流计即被接入电路。如需将检流计长时间接入电路时,可以将电计按钮按下,并转一个角度即可。

(4)使用中检流计指针若是不停地摆动,待指针摆至零点附近时,迅速按下短路按钮 5(实际为一个阻尼电键),然后松开,这样可以迅速止动。

(5)检流计使用完毕后,必须将安全制动旋钮 1 移向红色圆点位置(此时指针被锁住,可以防止检流计在搬动时损坏检流计的机械结构),电计和短路按钮必须放松。

3. 直流电流表

直流电流表表头动圈的线径很细,而且电流还要通过游丝,所以允许通过的电流很小(约在几十微安到几十毫安之间),无分流器的磁电式电流表只有微安表或毫安表,仅能测直流。若进行较大电流的测量,必须在测量电路上采取措施,使被测量通过测量线路,变成测量机构所能接受的小电流。一般采用分流器扩大电流测量量程。图 3. 4. 5 是电流表扩大量程的原理图。

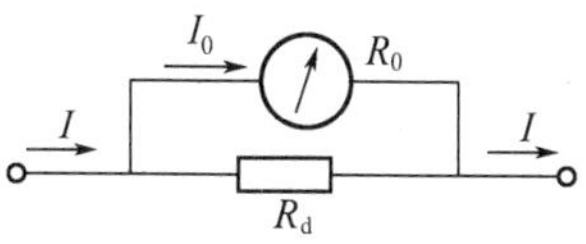

图 3.4.5　电流表扩大量程的原理图

实验室中常用到的直流电流表,可根据其量程不同分为安培表、毫安表、微安表等。

4. 数字电流表

数字式仪表与模拟式指示仪表相比具有很多优点,如数字式仪表的准确度高、灵敏度高、输入阻抗高、操作简单、测量速度快等。数字式电流表是利用欧姆定律的电流电压转换器将电流转换为电压,经数字电压表显示电流值,量程为 $10^{-8} \sim 10^{1}$ A,分辨率可小于 10^{-10} A。数字电流表和数字电压表往往集成在一台仪器上。

5. 电表的使用和注意事项

(1)量程的选择

根据待测电流或电压的大小,选择合适的电表量程。一般情况下,测量读数在电表量程的 $\frac{2}{3}$ 以上比较准确。

(2)电流方向

直流电表的指针偏转方向与所通过的电流方向有关,所以接线时必须注意电表上接线柱的“ + ”“ - ”标记,“ + ”表示电流的流入端,“ - ”表示电流的流出端,切不可接错极性,以免损坏电表的指针。对于检流计而言,其指针在中央,可以向两边偏转,“ + ”和“ - ”的矛盾并不突出,但它允许通过的电流极小,使用时应注意不要有较大的电流长期通过检流计。电流表应串联在待测电路中;电压表应以并联方式接入待测电路中。对于各种交流电表和仪器(如示波器及各种信号源等)的两个接线端中有一端标有接地符号“⏚”,称为“接地端”。实际上它表示这一端与仪器、仪表的金属外壳相连。在测试工作中,应该正确设计,使得它们的“接地端”能够在屏蔽外来干扰信号后恰当地(如直接或仅通过无感电阻)接在一起,否则由于外界交流信号干扰,将影响测量结果,甚至使测量无法进行。

(3)电表的性能标志

对于不同的电表而言,它们具有不同的性能。例如,是直流电表还是交流电表,耐压值是多少,使用时是平放还是竖放,电表的级别等。这一类性能标志,一般而言,在电表的右下角或左下角标出,在使用前应对照电表性能标志表(表 3. 4. 2 至表 3. 4. 9)及电表上的标志做进一步了解。

表 3.4.2　仪表名称的符号

名称	符号	名称	符号	名称	符号
指示仪表一般名称	O	微安表	(μA)	欧姆表	Ω
检流计	(G)	电压表	(V)	兆欧表	MΩ
电流表	(A)	毫伏表	(mV)		
毫安表	(mA)	千伏表	(kV)		

表 3.4.3　仪表工作原理的图形符号

名称	符号	名称	符号	名称	符号
磁电型仪表	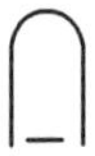	铁磁电动型仪表		磁电型比率表	
铁磁电动型比率表		电磁型仪表		感应型仪表	
电磁型比率表	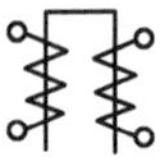	静电型仪表		电动型仪表	
整流型仪表		电动型比率表		热电型仪表	

表 3.4.4　电流种类的符号

名称	符号	名称	符号
直流	—	直流和交流	$\overline{\sim}$
交流	～	具有单元件的三相平衡负载交流	≋

表 3.4.5　准确度等级的符号

名称	符号	名称	符号	名称	符号
以标度尺量程百分数表示的准确度等级，例如 1.5 级	1.5	以标度尺长度百分数表示的准确度等级，例如 1.5 级		以指示值的百分数表示的准确度等级，例如 1.5 级	

表 3.4.6　工作位置的符号

名称	符号	名称	符号	名称	符号
标度尺位置垂直放置	⊥	标度尺位置水平放置		标度尺位置与水平面倾斜成一角度，例如 60°	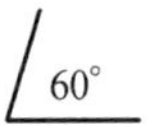

表 3.4.7　绝缘强度的符号

名称	符号	名称	符号
不进行绝缘强度测试		绝缘强度试验电压为 2 kV	

表3.4.8　端钮、调零器的符号

名称	符号	名称	符号	名称	符号
负端钮	—	正端钮	+	公共端钮	
接地用的端钮		与外壳相连接的端钮		与屏蔽相连接的端钮	
调零器					

表3.4.9　按外界条件分组的符号

名称	符号	名称	符号	名称	符号
Ⅰ级防外磁场（例如磁电型）		Ⅰ级防外磁场（例如静电型）	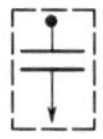	Ⅱ级防外磁场及电场	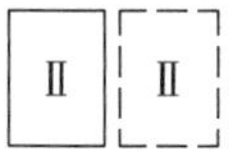
Ⅲ级防外磁场及电场	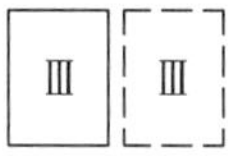	Ⅳ级防外磁场及电场			

（4）视差问题

读数时应正确判断指针的位置。为了减少视差，必须在视线垂直刻度表面后才能读数。精密电表的刻度尺旁附有镜面，当指针在镜中的像与指针重合时，所对准的刻度才是电表的正确读数。

（5）读数问题

使用前应检查电表指针是否与零刻度线重合，若不重合可以调节电表外壳上的零点调整螺丝，使指针指零。对于多量程电表，由于其表面刻度一般只可能为1～2种，所以一般读数时要进行换算，换算方法如下：

①确定所用电表的量程 I_g（或 V_g）。

②根据电表面板上总的格数计算出换算系数，即

$$k = \frac{I_g}{N_0}\left(或\ k = \frac{V_g}{N_0}\right) \tag{3.4.1}$$

③电表的读数。读出电表指针在表面的位置格数 N_1（必须进行估读，测量结果的可疑位主要由估计的格数决定），则有

$$I(或\ V) = kN_1 \tag{3.4.2}$$

如图3.4.6所示，毫安表面板刻度为50格，量程分别为1 mA和50 mA，则换算系数为

$$k_1 = \frac{1}{50} = 0.02\ \text{mA/格},\ k_2 = \frac{50}{50} = 1\ \text{mA/格}$$

测量时，指针的位置为 $N_1 = 42.3$ 格，毫安表不同量程的读数分别为

$$I_1 = k_1N_1 = 0.02 \times 42.3 = 0.846\ \text{mA}$$

$$I_2 = k_2N_1 = 1 \times 42.3 = 42.3\ \text{mA}$$

仪表格数的换算应以最小刻度的估计数来定位,换算后的读数与该精度相对应。如上例中最小刻度估计数为0.1格,则有

0.1格×0.02 mA/格=0.002 mA

0.1格×1 mA/格=0.1 mA

当量程为1 mA时,其可疑位应取到小数点后第三位;当量程为50 mA时,其可疑位应取到小数点后第一位。

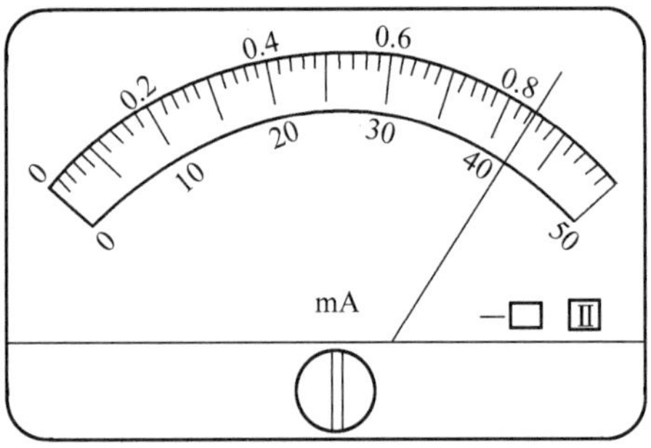

图3.4.6　毫安表读数示例

(6)电表等级

根据中华人民共和国国家标准GB/T 776—76《电气测量指示仪表通用技术条件》规定,仪表的准确度等级S分为0.1,0.2,0.5,1.0,1.5,2.5和5.0共七个等级,旧的仪表还会出现4.0的级别,其中数字越小的准确度就越高。仪表出厂时一般已将级别标在表盘上,由仪表的准确度等级与所用量程可以计算出其仪器误差限为

$$\Delta_e = \pm (B_m \cdot S\%) \tag{3.4.3}$$

式中,B_m为量程;S为仪表的准确度等级。

3.4.3　电压测量仪器

电压也称电位差、电势差。在SI的单位中电压的单位是伏特(Volt),记作V,是电磁学的重要导出单位。它的定义是:在载有1 A恒定电流导线的两点间消耗的功率为1 W时,这两点间的电压为1 V。许多实验和工程技术测量中都会遇到电压的测量。

实验中常用来测量电压的仪表有磁电式电压表、数字式电压表和电位差计等。

1. 磁电式电压表

在电流测量仪器中我们已经介绍了磁电系测量机构,并用磁电系测量机构构造了电流表,磁电系测量机构同时也是一个简单的电压表。磁电系电压表准确度高,功率小,但过载能力低,内阻一般为$10^3 \sim 10^4\ \Omega \cdot V^{-1}$量级,量程一般小于$10^3$ V。

磁电系表头的内阻是不变的。若在表头两端施加一允许电压,表头将有与施加电压成正比的电流流过引起指针偏转。如果在标尺上用电压单位来刻度,就变成了电压表,指针偏转角与被测电压成正比。因表头允许通过的电流很小,容许加在表头两端的电压也很小,所以一般只能做成毫伏表。为了扩大其电压量程,必须与表头串联一较大的电阻,称为附加电阻,如图3.4.7所示。电压表的使用详见本书3.4.2中电表的使用和注意事项。

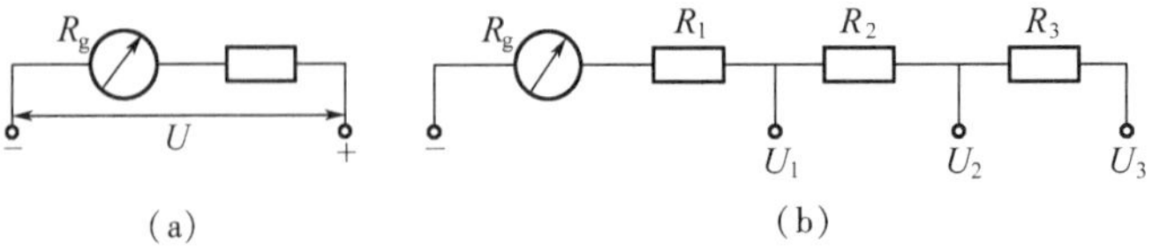

图3.4.7　直流电压表

2. 数字式电压表

电子技术的进步与发展,使数字式仪表和数字测量技术进入了一个蓬勃发展的新时

期。将被测量对象作离散化数据处理后以数字形式显示的仪表称为“数字式仪表”。

物理实验室常用的有数字式电表和数字式频率计或电子计数器。图 3. 4. 8 是直流数字式电压表(DVM)的基本结构图。

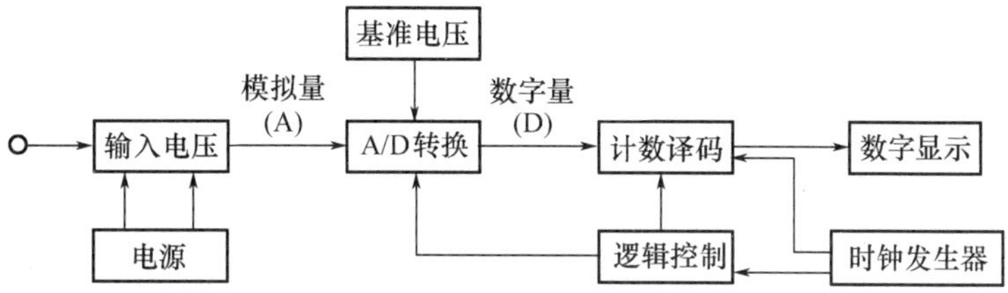

图 3.4.8　直流数字式电压表的基本结构图

数字式仪表的显示位数一般分为 3 ~ 8 位，具体有 3 位、$3\frac{1}{2}$位、$3\frac{2}{3}$位、$3\frac{3}{4}$位、$5\frac{1}{2}$位、$6\frac{1}{2}$位、$7\frac{1}{2}$位、$8\frac{1}{2}$位，共 8 种。按以下原则定义：整数值为能够显示 0 ~ 9 所有数字的位的个数；分数值的分子是最大显示值的最高位值，分母为满度值的最高位值。例如，最大显示值 1 999，满度值为 2 000 的数字式仪表是 $3\frac{1}{2}$位，其最高位只能显示 0 或 1。

3. 电位差计

电位差计是利用其内部的电压与待测电压相互比较的方法来测量电压的较精密的仪器。它基本不消耗(或扰动)待测源，在微弱电压和电动势的精密测量中具有较重要的应用。用电位差计可以直接测量电动势(电压)，还可间接测量电阻、电流，校正电表，在非电量的电测法中具有广泛的应用。

3.4.4　万用电表

万用电表又称“三用表”，或“多用表”。它用来测量电学中最常遇到的三个基本量——电流、电压和电阻。万用表可分为模拟式和数字式两大类。

1. 模拟式万用表

模拟式万用表主要由磁电型测量机构(亦称表头)和转换开关控制的测量电路组成。如图 3. 4. 9 所示，测量时可通过转换开关实现对不同测量线路的选择，以适应各种测量的需要。

使用万用表时应注意以下几点：

(1) 首先要搞清楚需要测量什么物理量，切勿用电流挡、电阻挡测量电压。

(2) 正确选择量程。如果被测量的大小无法估计，应选择量程最大的一挡，以防仪表过载，若偏转过小，则将量程调小，根据已测量的大致值，选择指针偏转$\frac{1}{3}$ ~ $\frac{2}{3}$满偏的量程为宜。

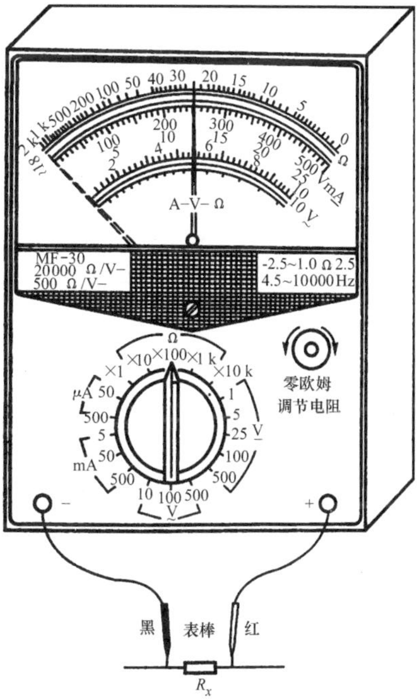

图 3.4.9　MF－30 型万用电表外形图

(3)测量电路中的电阻时,应将被测电路的电源切断。

(4)用万用电表测量电阻时,应在测量前先校正电阻挡的零点,在换量程后也需重新调零,否则读数不准确。

(5)万用电表用毕,应将旋钮调到交流电压最大一挡或调到空挡(有的万用表旋钮调至空挡“·”处),以免下次使用时不慎损坏。特别注意不要停在电阻各挡,以免表棒两端短路,致使电池长时间通电。

常用万用电表检查电路故障。检查电路的故障,就是找出故障的原因,首先应检查电路设计图有否错误,其次检查电路是否有接错、漏接和多接的情况。有时电路接线正确,单电路还存在故障,如电表或元件损坏而导致断路或短路,又如导线断路或焊接点假焊、开关的接触不良均会造成断路,这些故障往往无法从外观发现,排除这种故障往往要借助于仪器进行检查,通常是用万用电表。

2. 数字式万用表

数字式万用表由于它的测量准确度较高,使用方便、直观、功能多等优点,而被广泛使用。数字式万用表的使用和模拟式万用表基本相同,一般来说比模拟式万用表更容易、方便些,如图 3.4.10 所示。

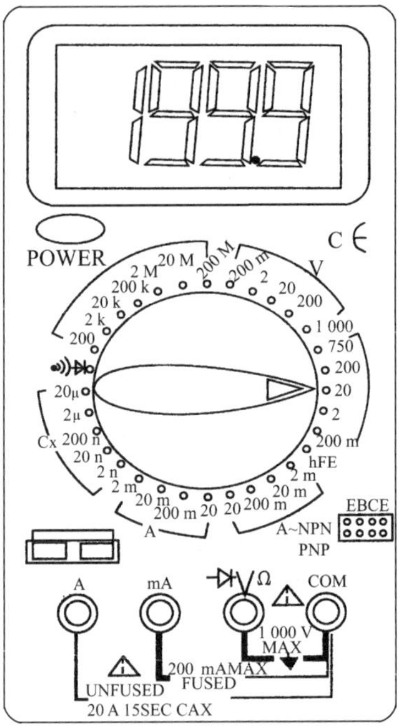

图 3.4.10　数字式万用表

3.4.5　示波器

示波器是以图像形式在阴极射线管荧光屏上显示两个或两个以上参数间的函数关系的电子测量仪器。示波器根据对不同时域测量的要求分为通用示波器、存储示波器和取样示波器三类。

1. 通用示波器

通用示波器通常采用 80 mm × 100 mm 矩形荧光屏(带内刻度和后加速电极)的示波管。时基发生器产生一电压随时间做线性变化的锯齿波,其重复频率在很大范围内可变,起始扫描时间受来自触发电路的触发脉冲控制。

2. 存储示波器

存储示波器又称记忆示波器,它能将波形记忆下来,显示在荧光屏上。存储示波器采用特殊的阴极射线管,有栅网型和双稳态型荧光膜两类。存储示波管和普通示波管不同,它有写入电子枪和读出电子枪(见示波器)。数字型存储示波器是集数字记录装置和普通示波器于一体,将集成组件的记忆存储器内容由示波器显示,其优点是可进行数据处理,示波管寿命长,不易烧毁。

3. 取样示波器

取样示波器用抽样法将频率压缩,将快速重复的现象变成低速重复的现象,用普通示波器显示波形。取样示波器适用于观察周期性现象,其上限频率已达 18 GHz。

3.4.6　信号发生器

产生所需参数的电测试信号的仪器称为信号发生器。按信号波形可分为正弦信号发生器、函数(波形)信号发生器、脉冲信号发生器和随机信号发生器四大类。

1. 正弦信号发生器

正弦信号主要用于测量电路和系统的频率特性、非线性失真、增益及灵敏度等。按频率覆盖范围分为低频信号发生器、高频信号发生器和微波信号发生器;按输出电平可调节范围和稳定度分为简易信号发生器(即信号源)、标准信号发生器(输出功率能准确地衰减到 -100 dBm① 以下)和功率信号发生器(输出功率达数十毫瓦以上);按频率改变的方式分为调谐式信号发生器、扫频式信号发生器、程控式信号发生器和频率合成式信号发生器等。

2. 函数(波形)信号发生器

函数信号发生器又称波形信号发生器。它能产生某些特定的周期性时间函数波形(主要是正弦波、方波、三角波、锯齿波和脉冲波等)信号。频率范围可从几毫赫兹甚至几微赫兹的超低频直到几十兆赫。除供通信、仪表和自动控制系统测试用外,还广泛用于其他非电测量领域。

3. 脉冲信号发生器

脉冲信号发生器是能够产生宽度、幅度和重复频率可调的矩形脉冲的发生器,可用以测试线性系统的瞬态响应,或用模拟信号来测试雷达、多路通信和其他脉冲数字系统的性能。

4. 随机信号发生器

随机信号发生器分为噪声信号发生器和伪随机信号发生器两类。

3.4.7　磁测量仪器及磁学量测量

1. 磁测量仪器

磁测量仪器是指对宏观磁场和磁性材料进行磁学量测量的仪器,通常按测量对象不同分为以下两大类。

第一类仪器用于测量磁场强度、磁通密度、磁通量、磁矩等表征磁场特征的物理量。典型的仪器有磁通计、磁强计(如特斯拉计)、磁位计等。这类仪器的工作原理可分为三种:第一种是利用磁的力效应,用于测量地磁场强度和检验磁性材料;第二种根据法拉第的电磁感应定律,由感应电动势求出磁通的变化,再导出各种待求的磁场量;第三种利用磁致物理效应(如霍尔效应等)来测量磁通密度,对静止的或变动的磁场量均适用,这类仪器的准确度可达 $10^{-3}\sim10^{-4}$ 量级。

第二类仪器用于测量磁导率、磁化强度、磁化曲线、磁滞回线、交流损耗等磁性材料的特性,例如磁导计、爱泼斯坦仪等。这类仪器所依据的原理与第一类相似,但所能达到的准确度受到材料样品的几何尺寸及磁特性的一致性等因素的影响,为 $10^{-2}\sim10^{-3}$ 量级。由于磁性材料的应用极为广泛,第二类仪器的使用比第一类更为普遍。

2. 磁场测量

空间或磁性材料中磁通、磁通密度、磁通势、磁场强度等的测量,是磁学量测量的内容

---

① dBm 分贝毫瓦的简写,用 dB 表示测量功率 P 与 1 mW 的比值,计算公式为 $x = 10\lg(P/1\ \text{mW})$。

之一。空间的磁通密度与磁场强度成比例关系，空间磁场强度的测量，实质上也是磁通密度的测量，因而实际上用磁强计测量的是磁通密度。

磁场测量主要利用磁测量仪器进行，按照被测磁场的性质，磁场测量分为恒定磁场测量和变化磁场测量。

3.4.8 电阻器

电阻器可以分为固定电阻、可变电阻和标准电阻器。电阻器的主要技术指标有阻值、准确度及额定功率等。实验中常用可变电阻——电阻箱和滑线变阻器等来改变电路中的电阻、电流和电压。

1. 固定电阻

根据准确度、功率、材料等不同，可有不同种类、不同系列的电阻，实验室常用的是碳膜电阻和金属膜电阻，表 3.4.10 给出了常用固定电阻器的结构和特点。

表 3.4.10 常用固定电阻器

名称	线绕电阻	薄膜电阻	实心电阻
品种与符号	被釉(RXY) 被漆(RX)	碳膜(RT) 金属膜(RJ) 硅碳膜(RU) 合成膜(RH) 氧化膜(RY)	碳质(RS) 金刚石(RG)
构造	镍铬或康铜线绕在瓷管上，外涂保护层。其阻值由电阻丝的粗细、长短和电阻率数值大小来决定	磁棒外面覆盖一层薄膜(如碳膜、硅碳膜、合成膜或氧化膜)，刻上槽纹。其阻值决定于薄膜的电阻系数、厚度及槽纹的多少	由炭黑、石墨、黏土、石棉等按比例混合压成的，其阻值由各种成分比例及几何形状来决定
阻值	较小，一般在几万欧姆以下	较大，从几欧到几十兆欧	较大，从几十欧到几十兆欧
额定功率	较大，可以从几分之一瓦到几百瓦	较小，一般在几瓦以下	更小，一般在两瓦以下
准确性 稳定性	较高，可达 ±0.001% ~ ±0.1%	较好，可达 ±10%	较差，一般在 ±5% ~ ±20%

2. 可变电阻

可变电阻也有各式各样的，在实验室常用的有滑线式变阻器和旋转式电阻箱。

(1)滑线式变阻器

滑线式变阻器可以连续改变电阻值，其外形和结构如图 3.4.11 所示。电阻丝绕在瓷筒上，两端分别与接线柱 A，B 相接，在瓷筒上方有铜质的滑块 C 可在粗铜棒上移动，铜棒的两端装有接线柱 C' 和 C''，用来代替 C 连线。滑块 C 位置的改变，使 AC 间，BC 间的阻值改变，而 AB 间总电阻不会变化。滑线变阻器在电路中的连接方法主要有以下两种：

①限流器

用来改变电路中电流的大小，其接法为限流接法。任选固定端 A，B 中的一个(例如 A)

和滑动端 C 串联于电路中，如图 3.4.12 所示，移动 C 的位置就相应地改变了串联于电路部分的电阻 R_{AC}，从而达到了改变电路中电流的作用。但应注意，在接通电源前应将滑动端 C 滑至本电路的 B 端，使 R_{AC} 最大，这样接通电源后，电流最小。

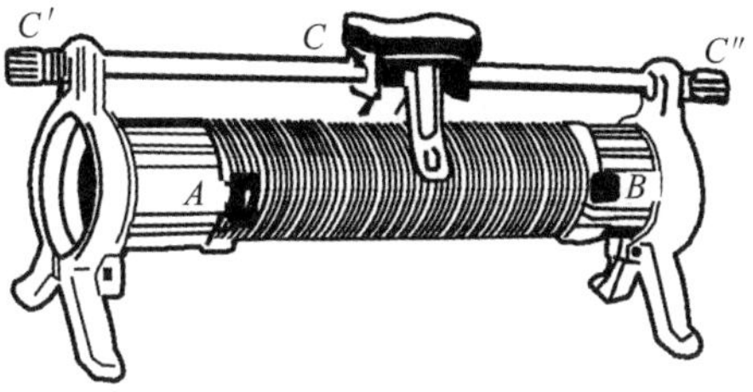

图 3.4.11　滑线变阻器

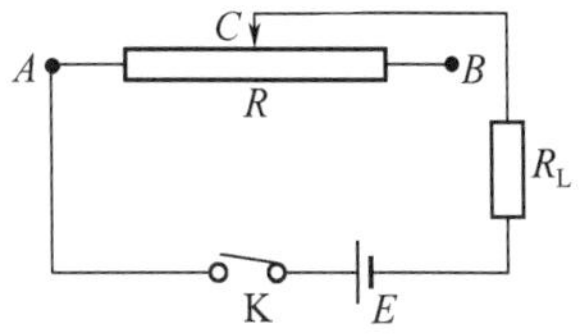

图 3.4.12　滑线变阻器限流接法

②分压器

用来改变电路中电压的大小，其接法为分压接法。将变阻器两端 A，B 分别与电源两极相接，如图 3.4.13 所示。从滑动端 C 和一个固定端（图中为 A）输出至负载 R_L 上，输出电压 U_{AC} 在 $0 \leqslant U_{AC} \leqslant U_{AB}$ 范围内连续变化。应注意，在接通电源前，须将滑动端 C 移至 A 端处，这样接通电源后，$U_{AC}=0$。

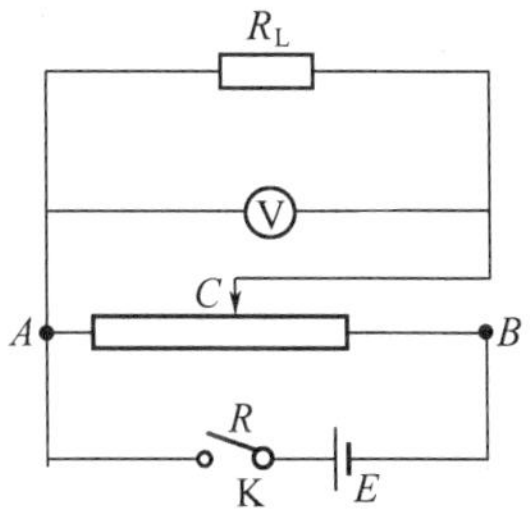

图 3.4.13　滑线变阻器分压接法

欲用变阻器控制电路，变阻器的选择除了要考虑其阻值与额定电流外，还要考虑其阻值与负载 R_L 的配比，以及控制要求等技术指标。

（2）旋转式电阻箱

旋转式电阻箱是由几个准确度很高的固定电阻按照一定组合接在变换开关上构成的。图 3.4.14 是其电路图，图 3.4.15 是面板示意图。电阻箱实际上是一种可以读数的可变电阻，根据实际需要，可以选择 0～0.9 Ω，0～9.9 Ω 和 0～99 999.9 Ω 挡位，通过调整旋钮的倍率选择所需要的电阻，其优点是可直接读出所选的电阻值。

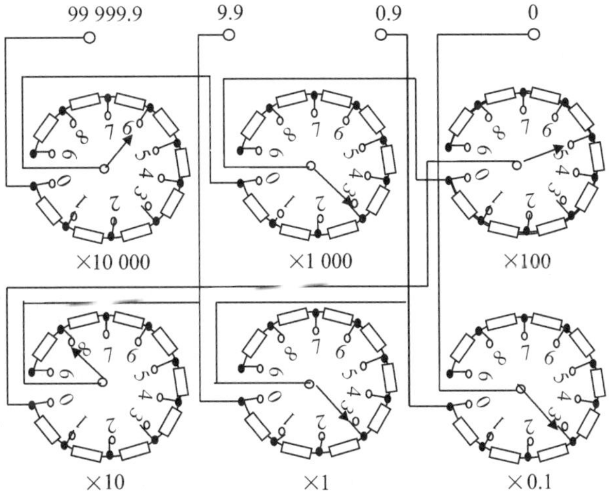

图 3.4.14　旋转式电阻箱电路图

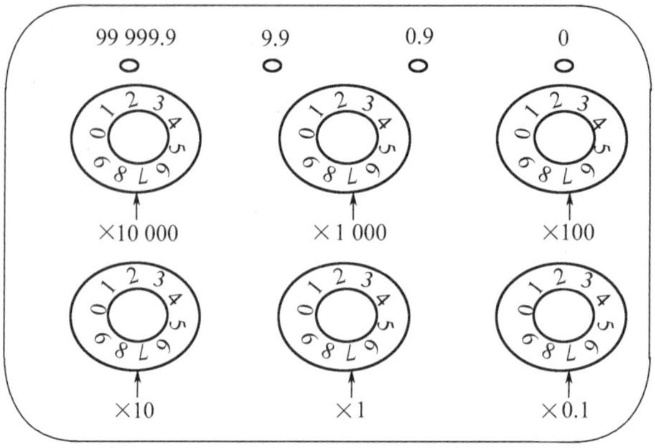

图 3.4.15　旋转式电阻箱面板示意图

电阻箱的主要参数有如下几个。

①总电阻

电阻箱所能够提供的最大电阻称为总电阻。ZX21 型直流电阻箱有 4 个接线柱,6 个旋钮,每个旋钮周围都标有数字 0,1,…,9,并标有倍率 ×0. 1, ×1, ×10, ×100, ×1 000, ×10 000。4 个接线柱标有数字 0,0.9 Ω,9.9 Ω,99 999.9 Ω,如果用 0 与 0.9 Ω 两接线柱,表示阻值调整范围为 0.1 ~9 ×0.1 Ω,如果用 0 与 9.9 Ω 两接线柱,同样不论各个旋钮如何调整,阻值变化的范围为 0.1 ~9 ×(0.1 +1) Ω;同理 0 与 99 999.9 Ω 两接线柱表示阻值调整范围为0.1 ~9 ×(0.1 +1 +10 +100 +1 000 +10 000)Ω。在使用时,根据所需电阻阻值选择合适的接线柱,尤其在使用低电阻时,这样做可以避免把电阻箱的其他部分连接进去,增加接触电阻和导线电阻对低阻值的影响。

②额定电流

电阻箱所允许通过的最大电流称为额定电流。电阻箱的各个挡电阻允许通过的电流是不同的,现以 ZX21 型电阻箱为例,如表 3.4.11 所示。

表 3.4.11　电阻箱各个挡的电阻允许通过的电流

旋钮倍率	×0. 1	×1	×10	×100	×1 000	×10 000
允许负载电流 / A	1. 5	0. 5	0. 15	0. 015	0. 015	0. 005

③准确度等级

准确度等级是依据其标称阻值的允许误差百分数来划分的。一般分为 0. 01,0. 02,0. 05,0. 1,0. 2,0. 5,1. 0 等几个级别。

3. 标准电阻器

用于保存电磁单位制中电阻单位(欧姆)量值的标准量具。其特点是电阻值非常准确和稳定,常用作计量标准,或装在电测量仪器内作为标准电阻元件。

标准电阻器通常为十进制。其阻值范围一般为 1 mΩ 至 100 kΩ,特殊情况下也可做成更小或更大的量值,或非十进制量值。标准电阻器如图 3.4.16 所示。

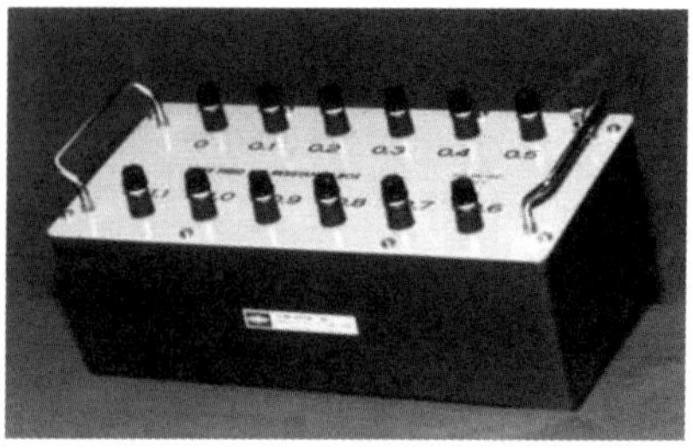

图 3.4.16　标准电阻器

3.4.9　开关

电路中常用开关接通和切断电源，或变换电路。实验中常用的开关有单刀单向、单刀双向、双刀双向、双刀换向等各种开关。在电路中分别用图 3.4.17 所示的各种符号表示。

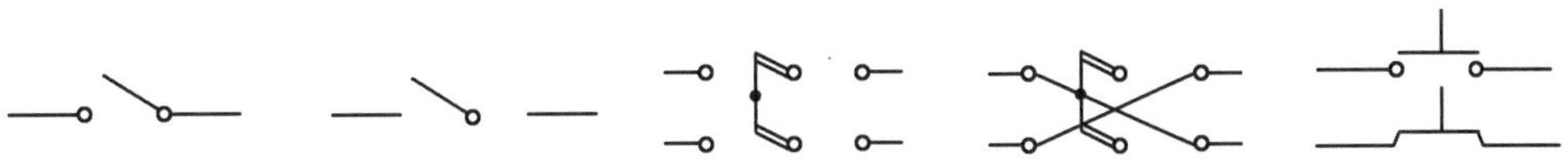

(a)　(b)　(c)　(d)　(e)

图 3.4.17　各种开关符号

(a)单刀单向；(b)单刀双向；(c)双刀双向；(d)双刀换向；(e)按钮开关

双刀双向开关在电路中的作用可由图 3.4.18(a)来说明。开关的双刀 CC' 拨向 AA' 时，电源 E_1 向负载 R_L 供电；CC' 拨向 BB' 处时，电源 E_2 向负载 R_L 供电。双刀换向开关在电路中的作用，可由图 3.4.18(b)来说明。开关的双刀 CC' 拨向 AA' 时，电流沿 $CAB'NMBA'C'$ 流动，R_L 中电流方向为从 N 到 M；双刀 CC' 拨向 BB' 时，电流沿 $CBMNB'C'$ 流动，R_L 中电流方向变成从 M 到 N。

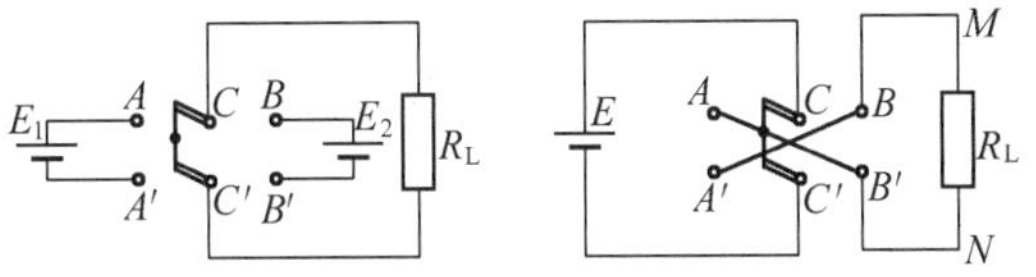

(a)　(b)

图 3.4.18　双刀双向和双刀换向开关在电路中的作用

常用电器元件的符号如表 3.4.12 所示。

表 3.4.12　常用电器元件符号

名称	符号	名称	符号	名称	符号
直流电源	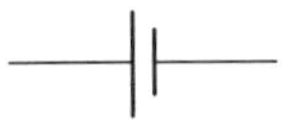	电解电容器	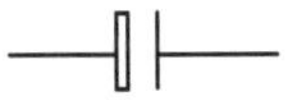	220 V 交流电源	
可变电容器		可变电阻	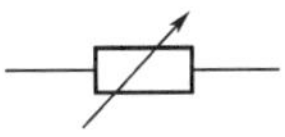	单刀开关	
固定电阻	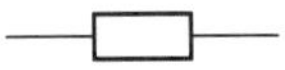	双刀双向开关	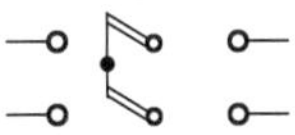	滑线式变阻器	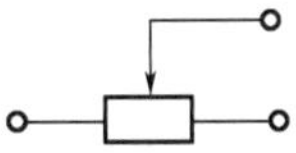
双刀换向开关	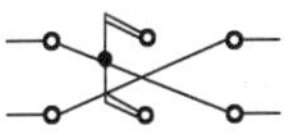	电容		按钮开关	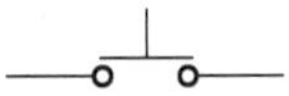
二极管		电感线圈		稳压管	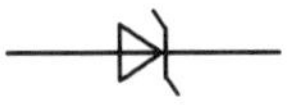
有铁芯电感线圈		导线交叉联结		变压器	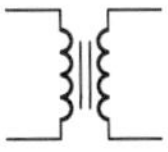
导线交叉不联结		调压变压器	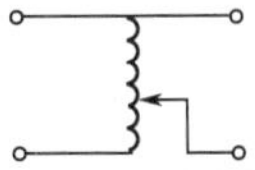		

3.4.10 电磁学实验操作规程

1. 注意安全

电磁学实验使用的电源通常是220 V的交流电和0 ~ 24 V直流电，但有的实验电压高达10^4 V以上。一般人体接触36 V以上的电压时就有危险，所以在做电磁学实验的过程中要特别注意人身安全，谨防触电事故发生。实验者要做到以下几点：

(1)接、拆线路，必须在断电状态下进行；

(2)操作时，人体不能接触仪器的高压带电部位；

(3)高压部分的接线柱或导线，一般要用红色标志，以示危险。

2. 接线正确，布局合理

(1)仪器布局要合理

实验仪器和装置可以基本参照实验电路图的次序摆放，以便对照电路图接线，同时要将需要经常控制和读数的仪器置于操作者前面，开关一定要放在最易操作的地方。

(2)接线

在理解实验电路图的基础上，根据电路图的顺序按回路接线。一般从电源的一个电极开始，按照电路图的顺序，一个仪器接着一个仪器接线，直至电源的另一个极。电路如有分支回路，可先接完主回路，再连接分支回路。查线时也要这样按回路查线。接线时电源电键应断开，接线柱要拧得松紧适中，以保证良好的电气接触。此外，在接线时还应注意利用不同颜色的导线，一般以红色接电源正极或高电势，黑色接电源负极或低电势，这样便于检查。

(3)电路中各器件要处于正确使用状态

电路接好后，应对照电路图逐一认真检查。电源的电键是否断开，电表和电源的正负极是否正确无误，电表的量程选择是否合适，电阻箱的电阻是否符合实验的要求，滑线变阻器的滑动端是否已经置于安全位置(就是使电路中电流最小、电压最低的位置)，等等。

3. 检查线路，通电

电路接完后，要仔细自查，确保无误后，经教师复查同意，方能接通电源进行操作，合上电源开关时，要密切注意各仪表是否正常工作，若有反常，立即切断电源，排除故障，并报告指导教师。电路调整正常后才能接通电源，进行实验。

实验过程中如需暂停，应断开有关的电源电键。若需要更换电池，应将电路中的各个仪器调到安全位置后，断开电源电键，才能更换电池。电池更换后，仍需认真检查，确认无误后方可接通电源继续实验。

4. 实验完毕，须归整实验仪器

实验完毕，先切断电源，实验结果经教师认可后，方可拆除线路，最后应将所有实验仪器归整好，按要求放置，导线扎齐。

3.5 温度测量的常用仪器

温度是表示物体(系统)冷热程度的物理量，微观上是物体(系统)内部分子无规则热运动的剧烈程度。任何一种与温度有关的物理效应，如热胀冷缩、电阻变化、焰色变化等，都可用来测量温度变化。温度的数值表示法称为温标，它规定了温度的读数起点(零点)和测量温度的基本单位。目前国际上用得较多的温标有华氏温标(℉)、摄氏温标(℃)、热力学温标(K)。温度在国际单位制(SI)中是七个基本单位之一,单位是开尔文(K)。

1927 年第七届国际计量大会决议采用铂电阻温度计等作为温标的内插仪器,并规定在氧的凝固点(-182.97 ℃)到金凝固点(1 063 ℃)之间确定一系列可重复的温度或固定点。1988 年第 77 届国际计量委员会做出决议:从 1990 年 1 月 1 日起开始在全世界范围内采用重新修订的国际温标,取名为 1990 年国际温标,代号为 ITS—90,其中规定标准状态(1 个大气压)下水的沸点是 99.974 ℃。

温度的测量根据测温方式不同可分为接触式测量和非接触式测量,接触式测温根据测温原理可分为膨胀式(如玻璃液体温度计、压力式温度计、双金属温度计)、热阻式(铂热电阻、铜热电阻、热敏电阻)、热电式(热电偶)、半导体温度传感器(集成温度传感器)等。接触式测温的特点是测温精度相对较高、直观可靠、仪器价格相对较低。本学科中涉及的温度测量以接触式温度测量为主。非接触式测温是感温元件不与被测对象直接接触,而是通过接收被测物体的热辐射并据此测出被测对象温度的测温方式。非接触式温度测量具有不改变被测对象温度分布、响应速度快、测温上限高等优点。

本节简要介绍水银温度计、热电偶、集成温度传感器等的使用。

3.5.1　水银温度计

玻璃液体温度计简称玻璃温度计,是一种直读仪器,水银是玻璃温度计最常用的液体,其凝固点为 -38.9 ℃,沸点为 356.7 ℃,测温上限为 538 ℃。

实验室中常用的水银温度计,是由一个盛有水银的玻璃泡、毛细管、刻度和温标组成的。水银温度计的使用方法如下:

(1)使用前应进行校验;

(2)水银温度计应与被测工质流动方向相垂直,温度计的液泡应与被测物体充分接触;

(3)温度计有热惯性,应在温度计达到稳定状态后读数;

(4)读数时应在温度凸形弯月面的最高切线方向读取,目光直视,读取数据应读到最小分度值的后一位,即估读一位有效数字。

【注意事项】

(1)使用温度计时,首先要看清它的量程和最小分度值。要选择适当的温度计测量被测物体的温度。不允许出现测量过程中温度超过温度计的最大刻度值的现象。

(2)测量时温度计的液泡应与被测物体充分接触,如果被测物是液体时玻璃泡不能碰到盛装被测物体容器的侧壁或底部。

(3)读数时,温度计不要离开被测物体,且眼睛的视线应与温度计内的液面相平。

(4)水银温度计常常发生水银柱断裂的情况,有如下几个消除方法。

①冷修法

将温度计的液泡插入干冰和酒精混合液中(温度不得低于 -38 ℃)进行冷缩,使毛细管中的水银全部收缩到液泡中。

②热修法

将温度计缓慢插入温度略高于测量上限的恒温槽中,使水银断裂部分与整个水银柱连接起来,再缓慢取出温度计,在空气中逐渐冷至室温。

3.5.2 热电偶

热电偶是工业上最常用的温度检测元件之一,热电偶的工作原理是基于热电效应:将两种不同成分的金属导体(称为热电偶丝材或热电极)两端分别焊接到一起,构成闭合回路,当两个接点处的温度不同时,在回路中就会产生电动势,这种现象称为热电效应,这种电动势称为热电势。由于这种热电效应现象是1821年塞贝克最先发现的,所以这种热电效应也称塞贝克效应。热电偶就是利用这种原理进行温度测量的,其中直接用作测量待测对象温度的一端叫作工作端(也称为测量端),另一端叫作冷端(也称为补偿端);冷端与显示仪表或配套仪表连接,显示仪表会指出热电偶所产生的热电势。

热电偶按结构可以分为普通型热电偶和铠装型热电偶两种。普通型热电偶一般由热电极、绝缘管、保护套管和接线盒等部分组成;铠装型热电偶则是将热电偶丝、绝缘材料和金属保护套管三者组合装配后,经过加工而成的一种坚实的组合体。热电偶的基本结构如图 3.5.1 所示。

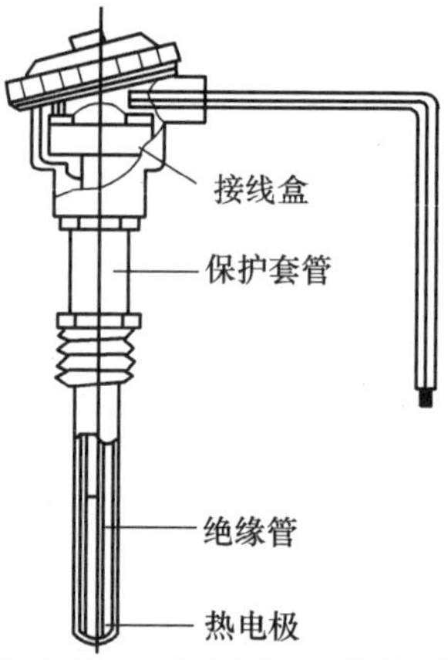

图 3.5.1 热电偶基本结构图

工业上应用热电偶测量温度具有结构简单、制造方便、测量范围广、精度高、惯性小和输出信号便于远距离传输等许多优点,所以近一个世纪以来,各国先后生产的热电偶种类达几百种,应用广泛的有几十种。目前国际电工委员会(IEC)推荐的工业用标准热电偶有八种(我国的国家标准已与国际标准统一),其分度号为 B,R,S,K,N,E,J 和 T,其测量温度范围最低为零下 270 ℃,最高可达 1 800 ℃,其中 B,R,S 属于铂系列的热电偶,由于铂属于贵重金属,所以它们被称为贵金属热电偶,其余则称为廉价金属热电偶,这八种热电偶的测温范围如表 3.5.1 所示。

表 3.5.1 工业用标准热电偶测温范围

名称	分度号	测温范围/℃	适用气氛	说明
铂铑$_{10}$ - 铂	S	-40 ~ 1 600	O,N	<1 400 ℃,优
铂铑$_{13}$ - 铂	R	-40 ~ 1 600	O,N	<1 400 ℃,优
铂铑$_{30}$ - 铂铑$_{6}$	B	200 ~ 1 800	O,N	<1 500 ℃,优
镍铬 - 镍硅	K	-270 ~ 1 300	O,N	中等
铜 - 铜镍	T	-270 ~ 350	O,N,R,V	-170 ~ 200 ℃,优
铁 - 铜镍	J	-40 ~ 750	O,N,R,V	<500 ℃,良
镍铬 - 铜镍	E	0 ~ 900	O,N	中等
镍铬硅 - 镍硅	N	-270 ~ 1 260	O,N,R	良

注:O 为氧化气氛,N 为中性气氛,R 为还原气氛,V 为真空。

热电偶的使用方法具体如下:

(1)正确安装热电偶测量端,使热电偶测量端温度能够与待测对象温度保持一致;

(2)按照说明书接线图连接接线盒导线;

(3)按照说明书接线图连接对应的显示仪表;

(4)按照说明书校正仪器读数;

(5)读取数据,记录或计算待测对象温度。

【注意事项】

(1)按照使用环境、用途和温度测量范围选用适当的热电偶。

(2)应防止热电偶引线间发生短路,最好于两金属接点间安装绝缘附件。

(3)安装使用时应考虑热电偶抗热、耐蚀、抗震性、抗干扰等因素,以选择适当的保护套管。

(4)热电偶接线(包括补偿导线)的正负极要连接正确,不能接反。

(5)热电偶使用过程中要按说明书定期校正。

3.5.3 集成温度传感器

集成温度传感器是采用硅半导体集成工艺制成的,因此也称硅传感器或单片集成温度传感器。模拟集成温度传感器是在20世纪80年代问世的,它将温度传感器集成在一个芯片上,是一种可完成温度测量及模拟信号输出功能的专用集成电路。这类集成电路测温器件有以下几个优点:

(1)温度变化引起输出量的变化呈现良好的线性关系;

(2)不像热电偶那样需要参考点;

(3)抗干扰能力强;

(4)互换性好,使用简单方便。

因此,这类传感器已在科学研究、工业和家用电器等方面被广泛用于温度的精确测量及控制。

集成温度传感器根据输出形式可以分为模拟输出型、逻辑输出型和数字输出型。模拟输出型温度传感器根据输出电压或电流随温度变化呈线性变化关系又分为电流型和电压型集成温度传感器。模拟输出型温度传感器可很好地取代热电偶类温度传感器,常用于温度测量、温度补偿等系统,例如液晶显示器(LCD)的对比度通常随温度的变化而改变,为保持恒定的对比度,可采用温度传感器的测量值对LCD的偏置电压加以调整,另外,在数码相机中常用模拟输出温度传感器补偿自动聚焦参数随温度的变化量。逻辑输出型温度传感器结构比较简单,且成本较低,主要用于温度控制系统,如风扇控制、电源监视、温度报警等。数字输出型温度传感器一般带有串行接口(I2CSPI/QSPI或SMBUS),可以与微处理器或其他数字系统直接进行数据交换,用于CPU智能电池的监测和其他温度测量系统。本课程中用到集成温度传感器AD590。

集成温度传感器是利用晶体管PN结的正向电压随温度升高而降低的原理制成的,美国AD公司于20世纪70年代末率先推出集成化半导体温度传感器AD590。集成温度传感器AD590是利用晶体管PN结的电压与温度有关的原理制成的,利用集成温度传感器AD590的特性,可以制成各种用途的温度计。采用非平衡电桥线路,可以制作一台数字式摄氏温度计,即AD590器件在0℃时,数字电压显示值为“0”,而当AD590器件处于θ℃时,数字电压表显示值为“θ”。

AD590为两端式集成电路温度传感器,它的管脚引出端有两个,如图3.5.2所示,序号

1 接电源正端(红色引线),序号 2 接电源负端(黑色引线),序号 3 连接外壳,它可以接地,有时也可以不用。AD590 的工作电压为4 ~ 30 V,通常工作在 6 ~ 15 V,但不能小于 4 V,当小于 4 V时,输出电流与温度呈现非线性关系。

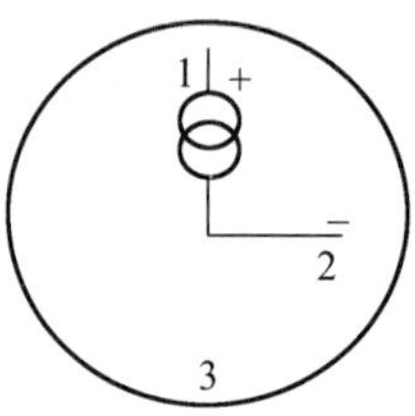

图 3.5.2　AD590 各管脚接线图

集成温度传感器 AD590 具有如下特点:

(1)外接线简单(两根);

(2)内有稳压和恒流电路,对外接电压要求低(4 ~ 30 V);

(3)非线性误差小(小于 2%);

(4)具有良好的互换性。

【注意事项】

(1)AD590 集成温度传感器的正负极性不能接错。

(2)AD590 集成温度传感器不能放入水等导电液体中直接测量温度,以防止短路,可以插到加有少量油的玻璃管内,再插入水中或其他导电液体中。

3.6　光学量测量的常用仪器

3.6.1　光学量的计量单位

辐射量度学是对红外光、紫外光、X 光以及其他电磁辐射能量的计量研究。光度学是对可见光能量的计量研究,在光度学中把光看作是沿光线进行的能量流,并且遵从能量守恒定律,即光束的任一截面在单位时间内所通过的能量为一常数。通常,用下列一些基本参量来描述光源的辐射特性。

1. 辐射通量(辐射功率)ε

①面元 dS 的辐射通量

在单位时间内通过某一面积元 dS 辐射的所有波长的光能量。

②分布函数(光谱辐射通量密度)

在单位时间内通过光源面积元的某一波长附近的单位波长间隔内的光能量。用 $e(\lambda)$ 表示,是波长的函数。

③总辐射通量

因为从光源面积元 dS 辐射出来的波长在 $\lambda \sim \lambda + \mathrm{d}\lambda$ 间的辐射通量为

$$\mathrm{d}\varepsilon_{\lambda,\lambda+\mathrm{d}\lambda} = e(\lambda)\mathrm{d}\lambda \tag{3.6.1}$$

所以从光源面积元 dS 发出的各种波长光的总辐射通量为

$$\varepsilon = \int_0^\infty e(\lambda)\mathrm{d}\lambda \tag{3.6.2}$$

2. 光度量

(1)视见函数(光见度函数)$v(\lambda)$

为了表示人眼对不同波长辐射的敏感度差别,定义了一个描述人眼对于各种波长光的相对敏感度的函数,即视见函数 $v(\lambda)$。

设任何一种波长为 λ 的光与 $\lambda = 555$ nm 的黄绿光产生同样明、暗感觉所需的辐射通量分别为 Φ_λ 和 Φ_{555},其比值 $v(\lambda) = \dfrac{\Phi_{555}}{\Phi_\lambda}$,$v(\lambda)$就称为人眼的视见函数。$v(\lambda)$值的大小与照度条件有关,人眼对波长为 555 nm 的黄绿色光最为灵敏,$v(\lambda) = 1$;对于不可见光,$v(\lambda) = 0$;对于其他波长,$0 < v(\lambda) < 1$。

(2)光通量(Φ)

光通量表示光源表面的客观辐射通量对人眼所引起的视觉强度,它正比于辐射通量和视觉函数。

在某一波长附近对于波长间隔为 $d\lambda$ 的单色光来讲,其光通量为

$$d\Phi_\lambda \propto v(\lambda)d\varepsilon \qquad (3.6.3)$$

$$d\Phi_\lambda = k_m v(\lambda)d\varepsilon_\lambda = k_m e(\lambda)d\lambda = k(\lambda)e(\lambda)d\lambda \qquad (3.6.4)$$

式中,$k(\lambda)$称为光谱光视效能,且 $k(\lambda) = k_m v(\lambda)$;$k_m$ 为最大光视效能,也称为最大光效率。

光通量的单位是流明(lumen),简称流,符号为 lm。

流明定义为:绝对黑体在铂的凝固温度下,从 5.305×10^3 cm^2 面积上辐射出来的光通量为 1 lm。为表明发光强度和光通量的关系,发光强度为 1 坎德拉的点光源在单位立体角(1 球面度)内发出的光通量为 1 lm。

另外,$k(\lambda) = \dfrac{d\Phi}{d\varepsilon_\lambda}$,称为光谱光能效率,表示波长为 λ 的辐射的功光当量,即波长为 λ 的 1 W 辐射通量($d\varepsilon_\lambda = 1$ W)相当于 $k(\lambda)$的光通量。k_m 是波长为 555 nm 的功光当量,即最大功光当量。在 SI 制中,$k_m = 683$ lm/W,所以单色光光通量的表示式为

$$d\Phi_\lambda = 683v(\lambda)d\varepsilon_\lambda \qquad (3.6.5)$$

复色光光通量的表示式为

$$\Phi = \int d\Phi_\lambda = 683\int_0^\infty v(\lambda)e(\lambda)d\lambda \qquad (3.6.6)$$

(3)发光强度(I)

发光强度是表征光源在一定方向范围内发出的光通量的空间分布的物理量,在数值上等于点光源在单位立体角中发出的光通量,即

$$I = \frac{d\Phi}{d\Omega} \qquad (3.6.7)$$

式中,$d\Omega$ 是点光源在某一方向上所张开的立体角元。

如图 3.6.1 所示,在球坐标系中,因为 $d\Omega = \sin\theta d\theta d\varphi$,得

$$d\Phi = I_{\theta,\varphi}d\Phi = I_{\theta,\varphi}d\Omega = I_{\theta,\varphi}\sin\theta d\theta d\varphi$$

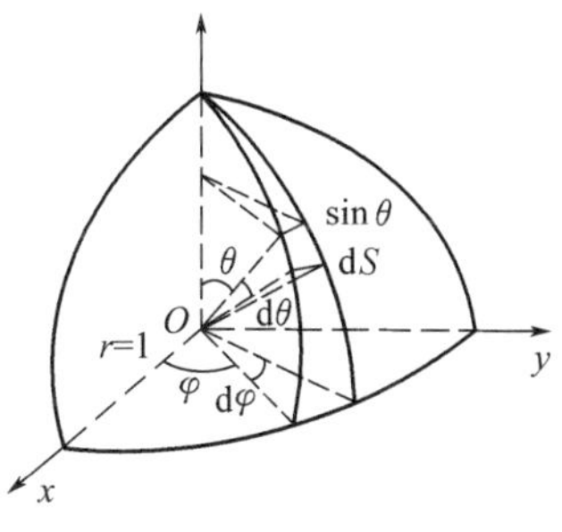

图 3.6.1　立体角元示意图

所以由点光源所发出的总光通量为

$$\Phi = \int \mathrm{d}\Phi = \int_0^{2\pi} \mathrm{d}\varphi \int_0^{\pi} I_{\theta,\varphi} \sin\theta \mathrm{d}\theta \tag{3.6.8}$$

对于均匀发光体，I 不随 θ,φ 而变化，则有

$$\Phi = \int \mathrm{d}\Phi = I\int_0^{2\pi} \mathrm{d}\varphi \int_0^{\pi} \sin\theta \mathrm{d}\theta = I \cdot 2\pi \cdot 2 = 4\pi I \tag{3.6.9}$$

总光通量 Φ 表征光源的特性，对于指定的发光体，光具组是不能增加光通量的，它只能起到把光通量重新分配的作用。

发光强度的单位是坎德拉(candela)，是国际单位制中七个基本单位之一，代号是坎(cd)。1979 年第 16 届国际计量大会规定坎德拉的定义为：坎德拉是一光源在给定方向上的发光强度，该光源发出频率为 5.40×10^{14} Hz 的单色辐射，而且在此方向上的辐射强度为 $\frac{1}{683}$W/sr(即瓦特每球面度，sr 为球面度)。因此，1 cd = 1 lm/sr。

(4)光照度(E)

照度是表征受照面被照明程度的物理量，它可用落在受照物体单位面积上的光通量的数值来量度，即

$$E = \frac{\mathrm{d}\Phi}{\mathrm{d}\sigma} \quad (\mathrm{d}\sigma \text{ 是受照物体的面元})$$

照度的单位为勒克斯(lux)，代号为勒(lx)；辐透(phot)，代号为辐透(ph)。以上各个量的关系为

$$1\ \mathrm{lx} = 1\ \mathrm{lm/m^2};\quad 1\ \mathrm{ph} = 1\ \mathrm{lm/cm^2};\quad 1\ \mathrm{ph} = 10^4\ \mathrm{lx}$$

3.6.2 常用的光学元件及其作用

1. 透镜

透镜是光学成像系统和光学信息处理系统中最基本的元件，其作用是改变光线的聚散度或波前的曲率；在几何光学范畴，它能使光聚集于某一位置，具有成像作用；在波动光学范围内，在一定条件下，它具有傅里叶变换作用，是光信息处理技术的理论基础。

透镜是根据光的折射规律，由透明物质(如玻璃、水晶等)制成的一种光学元件。透镜是折射镜，其折射面是两个球面(球面一部分)，或一个球面(球面一部分)、一个平面的透明体。透镜一般可以分为凸透镜和凹透镜两大类。

(1)凸透镜

凸透镜具有会聚光线的作用，亦称为“会聚透镜”“正透镜”。

凸透镜成像规律是将物体放在焦点之外，在凸透镜另一侧成倒立的实像，实像有缩小、等大、放大三种。在光学中，由实际光线汇聚成的像，称为实像，能用光屏呈现；反之，则称为虚像，只能由眼睛感觉。另外，只有凸透镜(正透镜)具有傅里叶变换性质。

(2)凹透镜

在透镜中，镜片的中央薄，周边厚，呈凹形，对光有发散作用，亦称为“凹透镜”“负球透镜”。光线通过凹透镜后，成正立虚像。平行光线通过凹形球面透镜发生偏折后，光线发散，成为发散光线，不可能形成实性焦点，沿着散开光线的反向延长线，在投射光线的同一侧交于 F 点，形成的是一虚焦点。其两面曲率中心的连线称为主轴，其中央点 O 称为光心。通过光心的光线，无论来自何方均不折射。凹透镜所成的像总小于物体。

2. 扩束镜

扩束镜是能够改变激光光束直径尺寸和发散(收敛)角度的镜头组件,其核心是一片焦距很小的凸透镜,能使入射的平行光会聚,经过焦点后发散成光锥。

(1)伽利略扩束镜

最通用的扩束镜类型起源于伽利略望远镜,通常包括一个输入的凹透镜和一个输出的凸透镜。输入镜将一个虚焦距光束传送给输出镜。一般低倍数的扩束镜都用该原理制造,因为它简单、体积小、价格也低。它的局限性在于不能容纳空间滤波或进行大倍率扩束。

(2)开普勒扩束镜

在需要空间滤波或进行大倍率扩束时,人们一般使用开普勒设计的望远镜。开普勒望远镜一般有一个凸透镜作为输入镜片,把实焦距聚焦的光束发送到输出元件上。另外,可以通过在第一个透镜的焦点上放置小孔来实现空间滤波。

在光学实验中,常把光束扩大或产生点光源来满足具体的实验要求,图 3.6.2、图 3.6.3 表示两种扩束的方法,它们分别提供球面光波和平面光波。

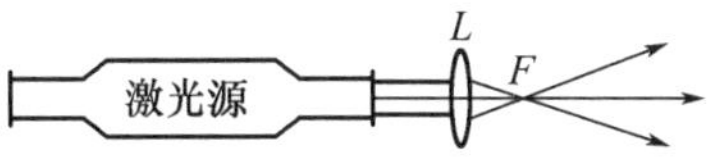

图 3.6.2　激光扩束方法一

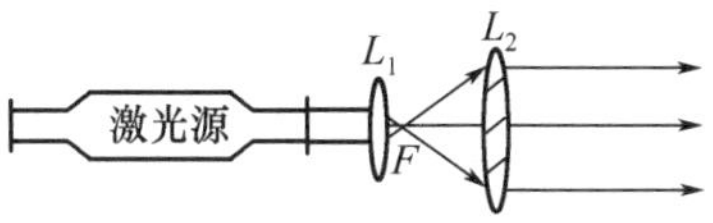

图 3.6.3　激光扩束方法二

3. 分束镜

在光学玻璃表面镀上一层或多层薄膜,当一束光投射到镀膜玻璃上后,经反射和折射,光就被分为两束或多束,这种镀膜玻璃称为分束镜。

分束镜有固定分束比和可变分束比两类。可变分束比分束镜又有阶跃和连续暂变之分。分束镜主要用于将入射光束分成具有一定光强比的透射与反射两束光。

4. 平面镜

表面平的、光滑的反射面称为平面镜,平面镜可以反射光线,是镜面反射,还可以用来在光路中改变光的传播方向,并调整光的角度。

平面镜的主要作用是成像。平面镜成的像是来自物体的光经平面镜反射后,由反射光线的反向延长线形成的。平静的水面、抛光的金属表面等都相当于平面镜。

平面镜所成的像是虚像,像与物等大且正立,像、物与镜面的距离相等,像与物的连线与镜面垂直,像与物关于镜面对称。

3.6.3　各类光源

能发光的物体统称为光源。实验室中常用的是将电能转换为光能的光源,称为电光源,常见的有热辐射光源、气体放电光源及激光光源三类。

1. 热辐射光源

常用的热辐射光源是白炽灯。白炽灯有下列几种。

(1)普通灯泡

普通灯泡作为白色光源,可用在光具座、分光仪、读数显微镜等仪器上。应按其额定电压及其要求使用。

(2)标准灯泡

标准灯泡常用的有碘钨灯和溴钨灯,是在灯泡内加入碘或溴元素制成的。碘或溴原子在灯泡内与经蒸发而沉积在泡壳上的钨化合,生成易挥发的碘化钨或溴化钨。这种卤化物扩散到灯丝附近时,因温度高而分解,分解出来的钨重新沉积在钨丝上,形成卤钨循环。因此碘钨灯或溴钨灯的寿命比普通灯长得多,发光效率高,光色也较好。注意:要按其额定电压及其要求使用,以免出现危险或火灾。

2. 气体放电光源

(1)钠灯和汞灯

实验室常用的钠灯和汞灯(又称水银灯)作为单色光源,它们是分别以金属 Na 或 Hg 蒸气在强电场中发生的游离放电现象为基础的弧光放电灯。

钠光在可见光范围内有 589.59 nm 和 588.99 nm 两条波长很接近的特强光谱线,实验室通常取其平均值,以 589.3 nm(D 线)的波长直接当近似单色光使用。此时其他的弱谱线实际上被忽略。充有金属钠和辅助气体氖气的玻璃泡是用抗钠玻璃吹制的,通电后先是氖气放电呈现红光,待金属钠滴受热蒸发产生低压蒸气,很快取代氖气放电,经几分钟后发光稳定,射出强烈的黄光。

汞灯可按其气压的高低,分为低压汞灯、高压汞灯和超高压汞灯。低压汞灯最为常用,其玻璃管胆内的汞蒸气压很低(几十到几百帕),发光效率不高,是小强度的弧光放电光源,其电源电压与管端工作电压分别为 220 V 和 20 V。正常点燃时发出青紫色光,其中主要包括七种可见的单色光,它们的波长分别是 612.35 nm(橙)、579.07 nm(黄)、576.96 nm(黄)、546.07 nm(绿)、491.60 nm(蓝绿)、435.84 nm(蓝紫)和 404.66 nm(紫)。

在使用钠灯和汞灯时,灯管必须与一定规格的镇流器(限流器)串联后才能接到电源上,以稳定工作电流,否则会烧断灯丝。它们在点燃后一般要预热 3 ~4 min 才能正常工作,熄灭后也需冷却 3 ~4 min 后,方可重新开启。为了保护眼睛,不要直接注视强光源。

(2)氢放电管(氢灯)

它是一种高压气体放电光源,它的两个玻璃管中间用弯曲的毛细管连通,管内充氢气。在管子两端加上高电压后,氢气放电发出粉红色的光。氢灯的工作电流约为 115 mA,起辉电压约为 8 000 V,当 220 V 交流电输入调压变压器后,调压变压器输出的可变电压接到氢灯变压器的输入端,再由氢灯变压器的输出端向氢灯供电。在可见光范围内,氢灯发射的原子光谱线主要有三条,其波长分别为 656.28 nm(红)、486.13 nm(青)、434.05 nm(蓝紫)。在使用氢灯时,应注意不要超过额定电压,轻拿轻放,谨慎小心,避免受震、碰撞,更要避免跌落地面。

3. 激光光源

各种激光器产生激光的条件是粒子数反转和增益大过损耗,所以装置中必不可少的组成部分有激励(或抽运)源、具有亚稳态能级的工作物质两个部分,常见的组成部分还有谐振腔。

激光工作物质是指用来实现粒子数反转并产生光的受激辐射放大作用的物质体系,它们是具有合适的能级结构和跃迁特性的固体、气体、半导体和液体;激励(泵浦)系统是指为使激光工作物质实现并维持粒子数反转而提供能量来源的机构或装置,常见的有光学激励(光泵)、气体放电激励、化学激励、核能激励四种;光学谐振腔是由具有一定几何形状和光学反射特性的两块反射镜按特定的方式组合而成的,其作用一是提供光学反馈能力,使受激辐射光子在腔内形成相干的持续振荡;二是可使腔内的光子有一致的频率、相位和运行方向,从而使激光具有良好的方向性和相干性。

这里列出了在实验中最常用的几种激光器。

(1)氦－氖(He－Ne)激光器

氦、氖激光器发出的光束方向性和单色性好，可以连续工作，所以这种激光器是当今使用最多的激光器，可用于精密测量、准直、定位等方面。在本书的“全息照相的研究与设计”实验中，用于准直、等高的调节并作为实验的光源。

(2)氩离子激光器

氩离子激光器可以发出鲜艳的蓝绿色光，能连续工作，输出功率可达100多瓦。这种激光器是在可见光区域内输出功率最高的一种激光器。

(3)液体激光器

液体激光器也称染料激光器，激活物质是某些有机染料溶解在乙醇、甲醇或水等液体中形成的溶液。液体激光器一般采用高速闪光灯作为激励源，或者由其他激光器发出很短的光脉冲，通常用于光谱分析、激光化学和其他科学研究。

(4)固体激光器

固体激光器以固体为工作物质。它的激励方式除了光激励外，还有放电激励、热激励和化学激励等。1960年，T. H. 梅曼发明的红宝石激光器就是一种固体激光器。另外，钇铝石榴石激光器也是一种固体激光器，它的工作物质是氧化铝和氧化钇合成的晶体，并掺有氧化钕。激光由晶体中的钕离子放出，是人眼看不见的红外光，能以连续方式工作，也能以脉冲方式工作。这种激光器的输出功率比较大，可广泛用于科学研究等领域。

(5)半导体激光器

半导体激光器以一定的半导体材料为工作物质。此种激光器的激励方式主要有三种：电注入式、光泵式和高能电子束激励式。它的体积小、使用寿命长、阈值电流低、易于规模化生产，因而被广泛应用于光通信(如光纤通信)、光存储和读取(即光盘和光驱)、光开关、光逻辑器件等方面；也可作为光源，如用在“晶体电光调制的研究与应用”实验中。

第 4 章　探究型基础实验

实验 1　频率、电压、相移的测量

示波器是一种具有多种用途的电信号特性测试仪器，可用于观察电信号的波形、幅度、周期、频率和相位，测量脉冲信号的宽度，前、后沿时间，以及观察脉冲的上冲、下冲、阻尼振荡等现象。若配上各种传感器(换能器)，示波器还可用来测量温度、压力、张力、振动、速度、加速度等各种非电物理量。示波器是一种应用范围极广的电子测量仪器。

示波器的种类很多，按频率划分，有用于频率很低的超低频示波器，也有用于频率极高、响应速度极快的高速采样示波器；按通道划分，有单通道显示的，也有双通道和多通道显示的示波器；等等。当前配有电脑的智能示波器的应用也日趋广泛。

【实验目的】

1. 了解双通道示波器显示波形的工作原理。
2. 学会利用双通道示波器观测电压信号。
3. 掌握利用双通道示波器观察李萨如图形的方法，并利用其测量正弦信号的频率、电压、相移。

【问题探索】

1. 如果打开示波器电源后，看不到扫描线也看不到光点，有哪些原因？
2. 当 Y 轴输入端有信号，但屏上只有一条水平线时，是什么原因？应如何调节才能使波形沿 Y 轴展开？
3. 为何“断续”方式适用于观察低频信号而“交替”方式只适于观察频率较高的信号？
4. 观察李萨如图形时，能否用示波器的“同步”把图形稳定下来？为什么李萨如图形一般会轻微地抖动？主要原因是什么？

【实验原理】

1. 示波器基本原理

电子示波器(简称示波器)能够简便地显示各种电信号的波形，一切可以转化为电压的电学量和非电学量及它们随时间做周期性变化的过程都可以用示波器来观测，示波器是一种用途十分广泛的测量仪器。

示波器的主要部分有示波管、带衰减器的 Y 轴放大器、带衰减器的 X 轴放大器、扫描发生器(锯齿波发生器)、触发同步和电源等，其结构如图 4. 1. 1 所示。为了适应各种测量的要求，示波器的电路组成是多样而复杂的，这里仅就主要部分加以介绍。

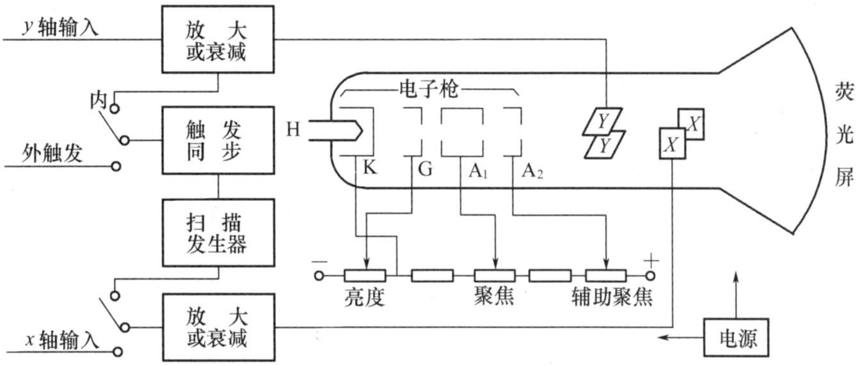

图4.1.1　示波器的结构方框图

(1)示波管

如图4.1.1所示，示波管主要包括电子枪、偏转系统和荧光屏三部分，全都密封在玻璃外壳内，里面抽成高真空。下面分别说明各部分的作用。

①荧光屏

它是示波器的显示部分，当加速聚焦后的电子打到荧光屏上时，屏上涂的荧光物质就会发光，从而显示出电子束的位置。当电子停止作用后，荧光剂的发光需经一定时间才会停止，称为余晖效应。

②电子枪

它由灯丝H、阴极K、控制栅极G、第一阳极A_1、第二阳极A_2五部分组成。灯丝通电后加热阴极，阴极是一个表面涂有氧化物的金属筒，被加热后发射电子。控制栅极是一个顶端有小孔的圆筒，套在阴极外面，它的电位比阴极低，对阴极发射出来的电子起控制作用，只有初速度较大的电子才能穿过栅极顶端的小孔，然后在阳极加速下奔向荧光屏。示波器面板上的“亮度”调整就是通过调节电位以控制射向荧光屏的电子流密度，从而改变了屏上的光斑亮度。阳极电位比阴极电位高很多，电子被它们之间的电场加速形成射线。当控制栅极、第一阳极、第二阳极之间的电位调节合适时，电子枪内的电场对电子射线有聚焦作用，所以第一阳极也称聚焦阳极。第二阳极电位更高，又称加速阳极。面板上的“聚焦”调节，就是调第一阳极电位，使荧光屏上的光斑成为明亮、清晰的小圆点。有的示波器还有“辅助聚焦”，实际是调节第二阳极电位。

③偏转系统

它由两对相互垂直的偏转板组成，一对垂直偏转板Y，一对水平偏转板X。在偏转板上加适当电压，当电子束通过时，其运动方向发生偏转，从而使电子束在荧光屏上的光斑位置也发生改变。

容易证明，光点在荧光屏上偏移的距离与偏转板上所加的电压成正比，因而可将电压的测量转化为屏上光点偏移距离的测量，这就是示波器测量电压的原理。

(2)信号放大器和衰减器

示波管本身相当于一个多量程电压表，这一作用是靠信号放大器和衰减器来实现的。由于示波管本身的x轴及与y轴偏转板的灵敏度不高(0.1～1 mm/V)，当加在偏转板的信号过小时，要预先将小的信号电压放大后再加到偏转板上，为此设置 x 轴及 y 轴电压放大器。衰减器的作用是使过大的输入信号电压变小以适应放大器的要求，否则放大器不能正常工作，使输入信号发生畸变，甚至使仪器受损。对一般示波器来说，x 轴及 y 轴都设置衰减器，以满足各种测量的需要。

(3)扫描系统

扫描系统也称时基电路，用来产生一个随时间做线性变化的扫描电压，这种扫描电压随时间变化的关系如同锯齿，故称锯齿波电压，这个电压经 x 轴放大器放大后加到示波管的水平偏转板上，使电子束产生水平扫描。这样，屏上的水平坐标变成时间坐标，y 轴输入的被测信号波形就可以在时间轴上展开。扫描系统是示波器显示被测电压波形必需的重要组成部分。

2. RC 电路

若 U_i 为源电压，U_R 为电阻 R 两端电压，U_o 为电容两端电压，则 U_o 与 U_i 间相位差 φ 满足式(4.1.1)，RC 电路图及其电压的相位关系如图 4.1.2 所示。

$$\tan\varphi=\omega CR,\frac{U_o}{U_i}=\cos\varphi \tag{4.1.1}$$

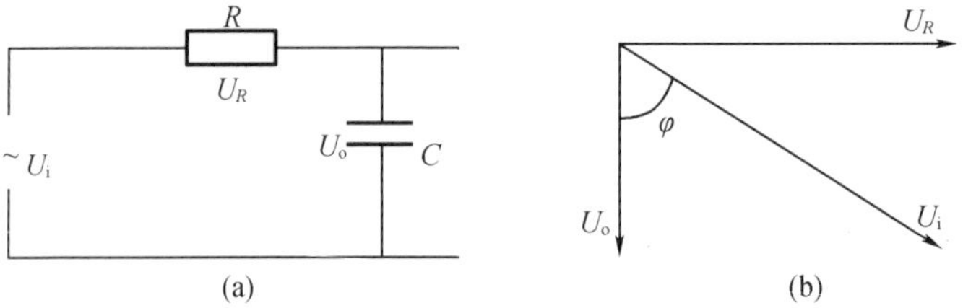

图 4.1.2　RC 电路图及其电压的相位关系

(a)RC 电路图；(b)电压的相位关系

3. RL 电路

若 U_i 为源电压，U_L 为电感 L 两端电压，U_o 为电阻 R 两端电压，则 U_o 与 U_i 间相位差 φ 满足式(4.1.2)，RL 电路图及其电压的相位关系如图 4.1.3 所示。

$$\tan\varphi=\omega L/R,\frac{U_o}{U_i}=\cos\varphi \tag{4.1.2}$$

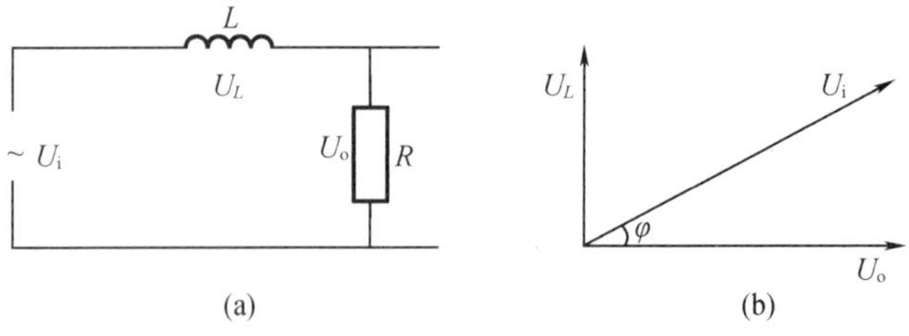

图 4.1.3　RL 电路图及其电压的相位关系

(a)RL 电路图；(b)电压的相位关系

【实验方案】

1. 用示波器显示波形

如果只在竖直偏转板上加一交变的正弦电压，则电子束的亮点将随电压的变化在竖直方向来回运动，如果电压频率较高，则看到的是一条竖直亮线，如图 4. 1. 4 所示。

图 4.1.4　正弦波

要能显示波形，必须同时在水平偏转板上加一扫描电压，使电子束的亮点沿水平方向拉开。这种扫描电压的特点是电压随时间呈线性关系增加到最大值，最后突然回到最小值，此后再重复变化，这种扫描电压即前面所说的锯齿波电压，如图 4. 1. 5 所示。当只有锯齿波电压加在水平偏转板上时，如果频率足够高，则荧光屏上只显示一条水平亮线。

如果在竖直偏转板上（简称 y 轴）加正弦电压，同时在水平偏转板上（简称 x 轴）加锯齿波电压，电子受竖直、水平两个方向力的作用，电子的运动就是两相互垂直的运动的合成。当锯齿波电压比正弦电压变化周期稍大时，在荧光屏上将能显示出完整周期的所加正弦电压的波形图，如图 4. 1. 6 所示。

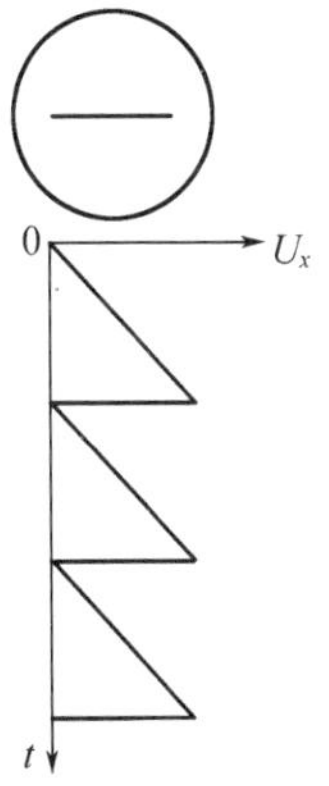

图 4.1.5　锯齿波

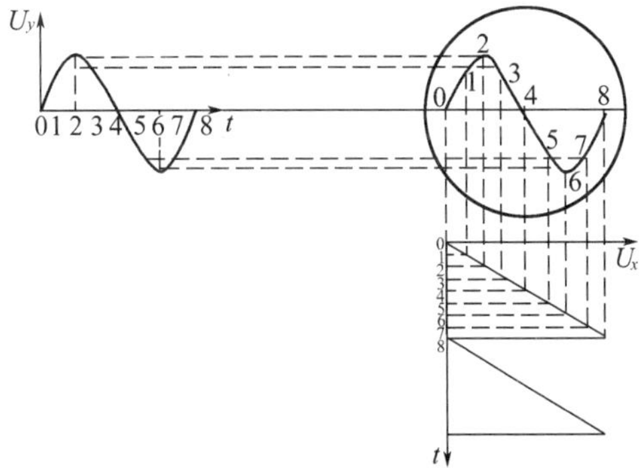

图 4.1.6　完整波形

2. 同步的概念

如果正弦波和锯齿波电压的周期稍微不同，屏上出现的是一移动着的不稳定图形，这种情形可用图 4. 1. 7 说明。设锯齿波电压的周期 T_x 比正弦波电压周期 T_y 稍小，比方说 $T_x/T_y=7/8$。在第一扫描周期内，屏上显示正弦信号 0 ~ 4 点的曲线段；在第二周期内，显示 4 ~ 8 点的曲线段，起点在 4 处；第三周期内，显示 8 ~ 11 点的曲线段，起点在 8 处。这样，屏上显示的波形每次都不重叠，好像波形在向右移动。同理，如果 T_x 比 T_y 稍大，则波形好像在向左移动。以上描述的情况在示波器使用过程中经常会出现，其原因是扫描电压的周期与被测信号的周期不相等或不成整数倍，以致每次扫描开始时波形曲线上的起点均不一样。为了使屏上的图形稳定，必须使 $T_x/T_y=n(n=1,2,3,\cdots)$，$n$ 是屏上显示完整波形的个数。

为了获得一定数量的波形，示波器上设有“扫描时间”（或“扫描范围”）、“扫描微调”旋钮，用来调节锯齿波电压的周期 T_x（或频率 f_x），使之与被测信号的周期 T_y（或频率 f_y）成合适的关系，从而在示波器屏上得到所需数目的完整的被测波形。输入 y 轴的被测信号与示波器内部的锯齿波电压是互相独立的。由于环境或其他因素的影响，它们的周期（或频率）可能发生微小的改变，这时虽然可通过调节扫描旋钮将周期调到整数倍的关系，但过一会儿又变了，波形又移动起来。在观察高频信号时这种问题尤为突出。为此示波器内装有扫描同步装置，让锯齿波电压的扫描起点自动跟着被测信号改变，这就是整步（或同步）。有的示波器需要让扫描电压与外部某一信号同步，因此设有“触发选择”键，可选择外触发工作状态，相应设有“外触发”信号输入端。

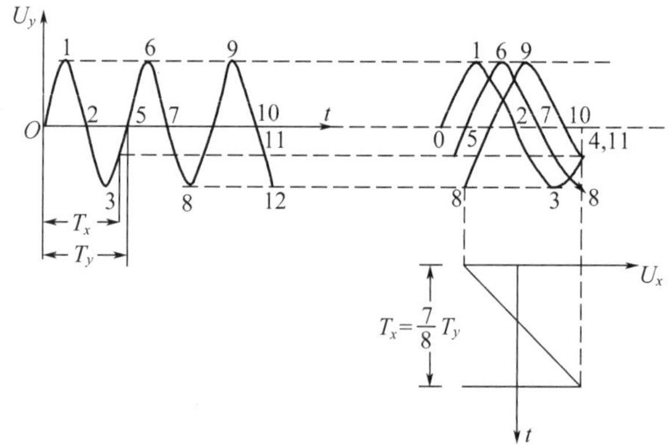

图 4.1.7　不稳定波形

3. 双通道显示

在测量工作中常常希望把两个不同的信号同时显示在一个荧光屏上，以便比较它们之间在波形、幅度、相位（或时间）等方面的差异，为此可采用双通道示波器。

双通道示波器工作原理如图 4.1.8 所示，图 4.1.8(a) 为其组成图，它有 Y_A 和 Y_B 两个前置输入通道。当电子开关 S 接通 Y_A 时，示波管电子束受信号电压 A 控制，描绘信号 A 的波形；当电子开关 S 接通 Y_B 时，示波管电子束受信号电压 B 控制，描绘信号 B 的波形。若电子开关 S 不停地变换接通方向，荧光屏上可同时得到电压 A 和电压 B 的波形。

根据电子开关转换的控制方法不同，双通道显示有以下两种工作方式。

(1)“断续”式

电子开关受自激振荡器控制，转换频率即自激振荡器的频率有固定的数值，描出的波形由一个个间断点组成，如图 4.1.8(b) 右图所示。当开关转换频率远高于被测信号频率时，间断点靠得很近，成为“连续”波形。故“断续”方式适用于观察低频信号。

(2)“交替”式

电子开关受扫描电压控制，每扫描一次，开关转换一次，即 Y_A 输入信号自左至右扫描显示后，在扫描电压回扫时，开关转换至 Y_B，接着 Y_B 输入信号自左至右扫描一次，回扫时，开关又转换至 Y_A，如此形成交替扫描，波形如图 4.1.8(b) 左图所示。此种工作方式在观察低频信号时，由于扫描信号频率很低，以至出现不能同时观察到两个通道的被测信号的情况，故“交替”方式只适于观察频率较高的信号。

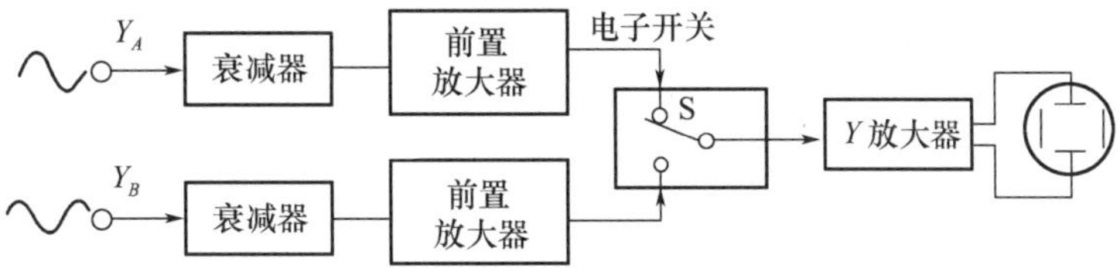

(a)

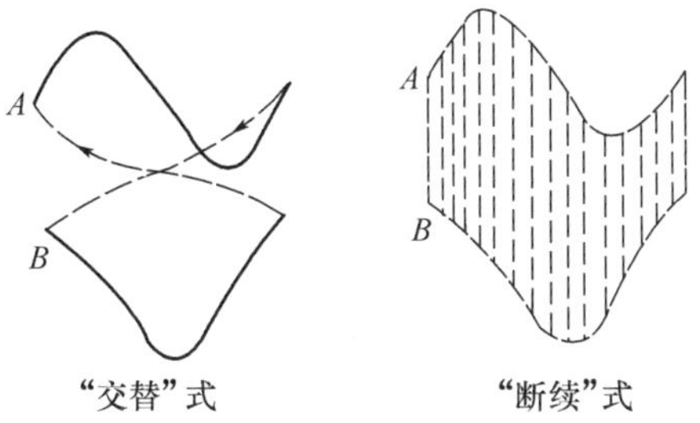

(b)

图 4.1.8　双通道显示的两种工作方式

(a)组成图;(b)显示图形

不论是“断续”式还是“交替”式显示,为了提高显示清晰度,在电子开关转换的瞬间,都同时产生一个消隐脉冲加于示波管控制栅,以消除开关转换期间电子束扫出的亮线,如图 4.1.8(b)中所示虚线。

4. 用双通道示波器显示李萨如图形

如果在示波器的 y 偏转板加上正弦波,在示波器的 x 偏转板加上另一正弦波,则当两正弦波信号的频率比值为简单整数比时,在荧光屏上将得到李萨如图形。这些李萨如图形是两个相互垂直的简谐振动合成的结果,它们满足$\dfrac{f_y}{f_x}=\dfrac{n_x}{n_y}$,其中 f_x 代表 x 偏转板上正弦波信号的频率,f_y 代表 y 偏转板上正弦波信号的频率,n_x 代表李萨如图形与假想水平线的切点数目,n_y 代表李萨如图形与假想垂直线的切点数目,如图 4.1.9 所示。

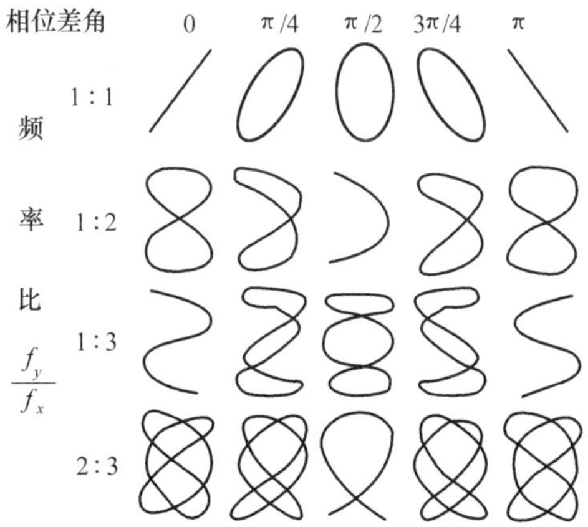

图 4.1.9　李萨如图形

5. 测量 RC 电路、RL 电路的相移

(1)波形比较法

波形比较法测相移的示意图如图 4.1.10 所示,依据的公式为

$$\varphi=2\pi\frac{A}{B} \tag{4.1.3}$$

(2)椭圆法

椭圆法测相移的示意图如图 4.1.11 所示,依据的公式为

$$\varphi=\arcsin\left(\frac{y_0}{Y_m}\right) \tag{4.1.4}$$

【实验仪器】

双通道示波器、信号发生器、实验电路板、电阻(510 Ω)、电容(0.47 μF)、电感(0.1 H)、导线等。

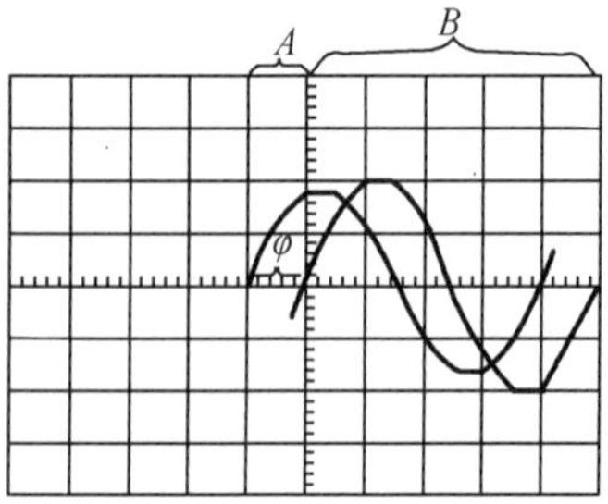

图 4.1.10 波形比较法测相移

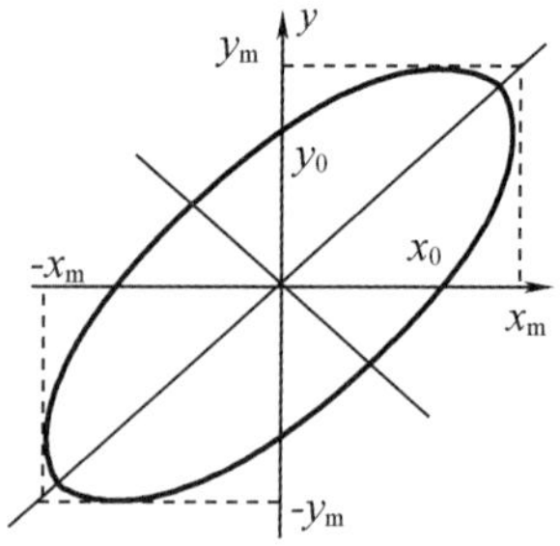

图 4.1.11 椭圆法测相移

【实验内容】

1. 观察信号发生器波形

(1)将信号发生器的输出端连接到示波器 y 轴输入端上。

(2)开启信号发生器,调节示波器(注意信号发生器频率与扫描频率),观察正弦波形,并使其稳定。

2. 测量正弦波电压

在示波器上调出大小适中、稳定的正弦波形,选择其中一个完整的波形,先测算出正弦波电压峰-峰值 U_{p-p},即

$$U_{p-p} = (\text{垂直距离 DIV}) \times (\text{挡位 V/DIV}) \times (\text{探头衰减率})$$

然后求出正弦波电压有效值 U 为

$$U = \frac{0.71 \times U_{p-p}}{2}$$

3. 测量正弦波周期和频率

在示波器上调节出大小适中、稳定的正弦波形,选择其中一个完整的波形,先测算出正弦波的周期 T,即

$$T = (\text{水平距离 DIV}) \times (\text{挡位 t/DIV})$$

然后求出正弦波的频率为

$$f = \frac{1}{T}$$

4. 利用李萨如图形测量频率

(1)将信号发生器后面板的固定输出端连接到示波器 CH_2 输入端(y 轴输入端),该输出电压的频率约为 50 Hz,作为待测频率的信号。把此信号发生器前面板的输出端连接到示波器 CH_1 输入端(x 轴输入端),作为能够经测量得到的频率信号。

(2)分别调节与示波器 CH_1 端相连的信号发生器,使输出的正弦波的频率 f_x 约为 25 Hz,50 Hz,100 Hz,150 Hz,200 Hz 等。观察各种李萨如图形,慢慢地调节信号发生器上的频率微调旋钮,使李萨如图形稳定,记录信号发生器上 f_x 的确切值,再分别读出水平线和垂直线与图形的切点数,记录于表 4.1.1 中。

表 4.1.1　李萨如图形测量频率数据表格

	1	2	3	4	5
李萨如图形(稳定时)					
频率比 $\frac{f_y}{f_x}=\frac{水平线切点数\ n_x}{垂直线切点数\ n_y}$					
用信号发生器测量所得到的电压频率 f_x 的确切值/Hz					

(3)观察的图形大小不适合时,可调节"V/DIV"、与 y 轴相连的信号发生器输出电压等旋钮。

5. 测量 RC 电路、RL 电路的相移

(1)RC 电路

取 $R=510\ \Omega$,$C=0.47\ \mu F$,利用示波器等仪器,并利用双通道波形和李萨如图形两种方法测量输入交流正弦波电压的频率 $f=500$ Hz,2 000 Hz,10 kHz 时,RC 电路中电容器两端电压与输入电压的相位差,并将其与理论值进行比较。

(2)RL 电路

取 $L=0.1$ H, $R=3\ 000\ \Omega$,利用示波器等仪器,并利用双通道波形和李萨如图形两种方法测量输入交流正弦波电压的频率 $f=500$ Hz,2 000 Hz,10 kHz 时,RL 电路中电感器两端电压与输入电压的相位差,并将其与理论值进行比较。

【数据处理】

利用李萨如图形测量频率可采用一元线性最小二乘法计算未知频率 f_y,评定 f_y 的不确定度并表示测量结果。由 $f_x/f_y=n_y/n_x$,可设 $y=b_0+bx$,其中 $x=n_y/n_x$,$y=f_x$,$b=f_y$。通过表 4.1.1 测得的 x 和 y 数据,利用最小二乘法公式求得斜率 b,即求得了待测频率 f_y。

知识拓展　YB4328 型示波器面板介绍

YB4328 型示波器的前、后面板如图 4.1.12 和图 4.1.13 所示,面板上各控制件的作用如表 4.1.2 所示。

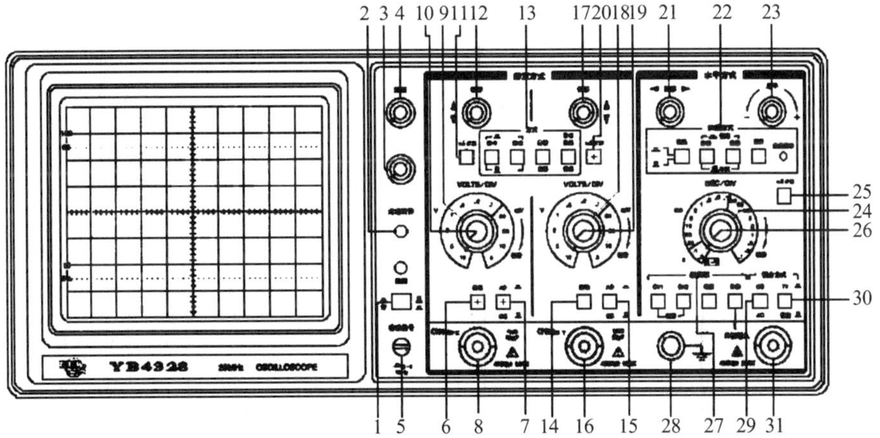

图 4.1.12　YB4328 前面板控制件的位置图

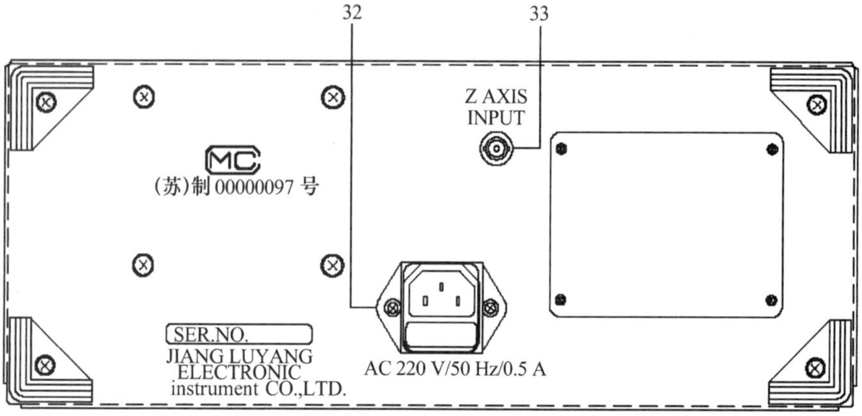

图 4.1.13 YB4328 后面板控制件的位置图

表 4.1.2 面板上各控制件的作用

序号	控制件名称	控制件作用
1	电源开关(POWER)	按入此开关仪器电源接通指示灯亮
2	亮度(INTENSITY)	光迹亮度调节,顺时针旋转光迹增亮
3	聚焦(FOCUS)	用以调节示波管电子束的焦点,使显示的光点成为细而清晰的圆点
4	光迹旋转(TRACE ROTATION)	调节光迹与水平线平行
5	探极校准信号(PROBE ADJUST)	此端口输出幅度为 0.5 V、频率为 1 kHz 的方波信号,用以校准 y 轴偏转系数和扫描时间系数
6	耦合方式(AC GND DC)	垂直通道 1 的输入耦合方式。 AC: 信号中的直流分量被隔开,用以观察信号的交流成分。 DC: 信号与仪器通道直接耦合,当需要观察信号的直流分量或被测信号的频率较低时应选用此方式。 GND: 输入端处于接地状态,用以确定输入端为零电位时光迹所在位置
7	通道扩展开关(PULL ×5)	按入此开关增益扩展 5 倍
8	通道 1 输入插座[CH1(X)]	双功能端口在常规使用时此端口作为垂直通道 1 的输入口,当仪器工作在 $x-y$ 方式时此端口作为水平轴信号输入口
9	通道 1 灵敏度选择开关(VOLTS/DIV)	选择垂直轴的偏转系数从 5 mV/DIV 到 10 V/DIV,分 11 个挡级调整,可根据被测信号的电压幅度选择合适的挡级

表 4.1.2(续)

序号	控制件名称	控制件作用
10	微调(VARIABLE)	用以连续调节垂直轴的偏转系数,调节范围为 1 ~2.5 倍,该旋钮顺时针旋足时为校准位置,此时可根据 VOLTS DIV 开关度盘位置和屏幕显示幅度读取该信号的电压值
11	极性(SLOPE)	用以选择被测信号在上升沿或下降沿触发扫描
12	垂直位移(POSITION)	用以调节光迹在垂直方向的位置
13	垂直方式(MODE)	选择垂直系统的工作方式。 CH_1: 只显示 CH_1 通道的信号 CH_2: 只显示 CH_2 通道的信号 交替: 用于同时观察两路信号,此时两路信号交替显示,该方式适合于在扫描速率较快时使用。 断续: 两路信号断续工作,适合于在扫描速率较慢时同时观察两路信号。 叠加: 用于显示两路信号相加的结果,当 CH_2 极性开关被按入时则两信号相减。 CH_2 反相: 此按键未按入时 CH_2 的信号为常态显示,按入此键时 CH_2 的信号被反相
14	耦合方式(AC GND DC)	作用于 CH_2,其功能与控制件 6 相同
15	通道 2 扩展(×5)	功能同 7
16	通道 2 输入插座	垂直通道 2 的输入端口,在 $x-y$ 方式时作为 y 轴输入口
17	水平位移(POSITION)	用以调节光迹在水平方向的位置
18	通道 2 灵敏度选择开关	功能同 9
19	微调	功能同 10
20	极性(SLOPE)	用以选择被测信号在上升沿或下降沿触发扫描
21	电平(LEVEL)	用以调节被测信号在变化至某一电平时触发扫描

表 4.1.2(续)

序号	控制件名称	控制件作用
22	扫描方式(SWEEP MODE)	选择产生扫描的方式。 自动(AUTO): 当无触发信号输入时,屏幕上显示扫描光迹,一旦有触发信号输入,电路自动转换为触发扫描状态,调节电平可使波形稳定地显示在屏幕上,此方式适合观察频率在 50 Hz 以上的信号。 常态(NORM): 无信号输入时,屏幕上无光迹显示,有信号输入时,且触发电平旋钮在合适位置上,电路被触发扫描,当被测信号频率低于 50 Hz 时必须选择该方式。 锁定: 仪器工作在锁定状态后无须调节电平即可使波形稳定地显示在屏幕上。 单次: 用于产生单次扫描,进入单次状态后,按动复位键,电路工作在单次扫描方式,扫描电路处于等待状态,当触发信号输入时,扫描只产生一次,下次扫描需再次按动复位按键
23	触发指示(TRIGD READY)	该指示灯具有两种功能指示,当仪器工作在非单次扫描方式时,该灯亮表示扫描电路工作在被触发状态,当仪器工作在单次扫描方式时,该灯亮表示扫描电路在准备状态,此时若有信号输入将产生一次扫描,指示灯随之熄灭
24	扫描速率(SEC/DIV)	根据被测信号的频率高低,选择合适的挡级,当该旋钮左旋到底时示波器工作在 $x-y$ 方式
25	扫描扩展开关(×5)	按入此按键水平速率扩展 5 倍
26	微调(VARIABLE)	用于连续调节扫描速率,调节范围≥2.5 倍顺时针旋转到底为校准位置。当该旋转钮置于校准位置时,可根据扫描速率旋钮度盘的位置和波形在水平轴的距离读出被测信号的时间参数
27	触发源(TRIGGER SOURCE)	用于选择不同的触发源。 CH_1: 在双通道显示时触发信号来自 CH_1 通道,单踪显示时触发信号则来自被显示的通道。 CH_2: 在双通道显示时触发信号来自 CH_2 通道,单踪显示时触发信号则来自被显示的通道。 交替: 在双通道交替显示时触发信号交替来自两个 y 通道,此方式用于同时观察两路不相关的信号。 电源: 触发信号来自市电。 外接: 触发信号来自触发输入端口

表 4.1.2(续)

序号	控制件名称	控制件作用
28	接地	机壳接地端
29	AC/DC	外触发信号的耦合方式,当选择“外触发源”且信号频率很低时,应将开关置 DC 位置
30	常态/TV　NORM/TV	对于一般测量,此开关置常态位置;当需观察电视信号时,应将此开关置 TV 位置
31	外触发输入(EXT INPUT)	当选择外触发方式时,触发信号由此端口输入
32	带保险丝电源插座	仪器电源进线插口
33	z 轴输入	亮度调制信号输入端口

实验 2　霍尔效应的研究与应用

霍尔效应是美国科学家霍尔于 1879 年发现的,它揭示了运动的带电粒子在外磁场中因受洛伦兹力的作用而偏转,从而在垂直于电流和磁场的方向上产生电势差的规律。霍尔效应是电磁基本现象之一,在科学技术的许多领域(测量技术、电子技术、自动化技术等)都有着广泛的用途。利用这种现象人们制成了各种霍尔元件,且这些元件在自动化和信息技术中得到了广泛的应用。本实验所用霍尔元件是由半导体材料制成的。

【实验目的】

1. 认识霍尔效应,理解产生霍尔效应的机理。
2. 研究霍尔电压与工作电流的关系。
3. 学会用霍尔元件测量磁感应强度的方法,研究霍尔电压与磁场的关系。
4. 了解霍尔效应的副效应及消除方法。

【问题探索】

1. 什么是霍尔效应?
2. 霍尔效应的产生机理是什么?
3. 如何测量霍尔电压?
4. 如何消除测量霍尔电压时产生的副效应?

【实验原理】

1. 霍尔效应

一块长方形金属薄片或半导体薄片，若在某方向上通入电流 I_S，在其垂直方向上加一磁场 $\boldsymbol{B}$，则在垂直于电流和磁场的方向上将产生电势差 U_H，这个现象称为“霍尔效应”，U_H 称为“霍尔电压”。霍尔发现这个电势差 U_H 与电流强度 I_S 及磁感应强度 B 成正比，与薄片的厚度 d 成反比，即

$$U_H = R_H \frac{I_S B}{d} \tag{4.2.1}$$

式中，R_H 称为霍尔系数，它表示该材料产生霍尔效应能力的大小。

2. 霍尔效应产生机理

如图 4.2.1 所示，将一块厚度为 d、宽度为 b、长度为 L 的半导体薄片（霍尔元件）放置在磁场 $\boldsymbol{B}$ 中，磁场 $\boldsymbol{B}$ 沿 z 轴正方向。当电流沿 x 轴正方向通过半导体时，若薄片中的载流子（设为自由电子）以平均速度 v 沿 x 轴负方向做定向运动，则所受的洛伦兹力为

$$f_B = evB \tag{4.2.2}$$

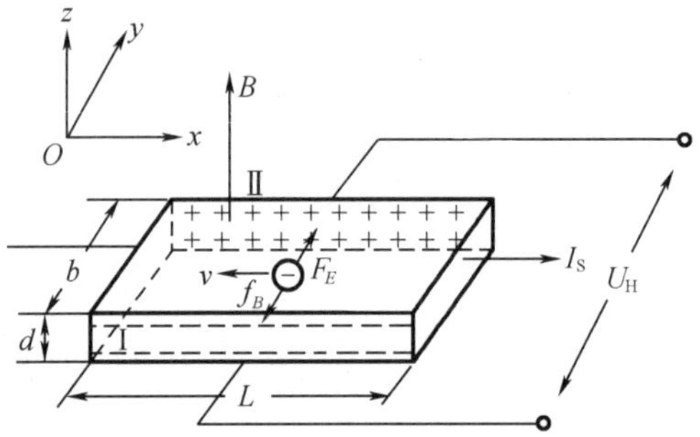

图 4.2.1　霍尔效应原理图

在 f_B 的作用下自由电子受力偏转，且向板面Ⅰ积聚，同时在板面Ⅱ上出现数量相同的正电荷。这样就形成了一个沿 y 轴负方向上的横向电场，使自由电子在受沿 y 轴负方向上的洛伦兹力 f_B 的同时，也受到一个沿 y 轴正方向的电场力 F_E。设 E 为电场强度，U_H 为霍尔片Ⅰ，Ⅱ面之间的电势差（即霍尔电压），则

$$F_E = eE = e\frac{U_H}{b} \tag{4.2.3}$$

F_E 将阻碍电荷的积聚，最后达到稳定平衡状态时有

$$f_B = F_E \tag{4.2.4}$$

即

$$evB = e\frac{U_H}{b}$$

或

$$U_H = vBb \tag{4.2.5}$$

设载流子浓度为 n，单位时间内体积为 vdb 里的载流子全部通过横截面，则电流强度 I_S 与载流子平均速度 v 的关系为

$$I_S = vdbne \quad 或 \quad v = \frac{I_S}{dbne} \tag{4.2.6}$$

将式(4.2.6)代入式(4.2.5)，得

$$U_H = \frac{1}{ne}\frac{I_S B}{d} = R_H \frac{I_S B}{d} \tag{4.2.7}$$

其中霍尔系数 R_H 为

$$R_{\mathrm{H}}=\frac{1}{ne}=\frac{U_{\mathrm{H}}d}{I_{\mathrm{S}}B} \tag{4.2.8}$$

式中,U_{H} 的单位为 V;d 的单位为 cm;I_{S} 的单位为 A;B 的单位为 Gs(高斯);霍尔系数 R_{H} 的单位为 cm^3/C。

改写式(4.2.7)为 $U_{\mathrm{H}}=K_{\mathrm{H}}I_{\mathrm{S}}B$,式中 K_{H} 称为霍尔灵敏度,$K_{\mathrm{H}}=\frac{R_{\mathrm{H}}}{d}$,$K_{\mathrm{H}}$ 是一个重要参数,表示该元件在单位磁感应强度和单位控制电流时的霍尔电压。它的大小与材料性质、薄片的几何尺寸有关。对一定的霍尔元件,在温度和磁场变化不大时,可认为 K_{H} 基本上是常数。

半导体材料有 N 型(电子型)和 P 型(空穴型)两种。小型半导体的载流子为电子,带负电;P 型半导体的载流子为空穴,相当于带正电的粒子。由图 4.2.1 可以看出,若载流子为 N 型,则Ⅰ面电势低于Ⅱ面,$U_{\mathrm{H}}<0$;若载流子为 P 型,则Ⅰ面电势高于Ⅱ面,$U_{\mathrm{H}}>0$。因此,知道了载流子类型,可以根据 U_{H} 的正负确定待测磁场的方向;反之,知道了磁场方向亦可以确定载流子的类型。

3. 霍尔电压的特性及测量

由关系式 $U_{\mathrm{H}}=K_{\mathrm{H}}I_{\mathrm{S}}B$ 可知霍尔电压 U_{H} 的特性如下:

(1)在一定的工作电流 I_{S} 下,霍尔电压 U_{H} 与外磁场磁感应强度大小 B 成正比,这就是利用霍尔效应检测磁场的原理,即

$$B=\frac{U_{\mathrm{H}}}{K_{\mathrm{H}}I_{\mathrm{S}}} \tag{4.2.9}$$

(2)在一定的外磁场中,霍尔电压 U_{H} 与通过霍尔元件的电流强度 I_{S}(工作电流)成正比,即

$$I_{\mathrm{S}}=\frac{U_{\mathrm{H}}}{K_{\mathrm{H}}B} \tag{4.2.10}$$

4. 霍尔元件副效应的影响及其消除

(1)霍尔元件的副效应

在研究固体导电过程中,继霍尔效应之后不久又发现了埃廷斯豪森(Ettingshausen)效应、能斯特(Nernst)效应和里吉 – 勒迪克(Righi – Leduc)效应,它们都归属于热磁效应。

①埃廷斯豪森效应

1887 年埃廷斯豪森发现,由于霍尔元件内部的载流子速度服从统计分布,即 $F_E=f_B$,也存在速度大于或小于 v 的电子,于是它们在磁场中受到的洛伦兹力 f'_B 或 f''_B 不同,则轨道偏转也不同。速度大于 v 的电子具有较大的动能,由于 $f'_B>F_E$ 而聚积到霍尔元件的Ⅰ面;而速度小于 v 的电子具有较小的动能,由于 $f'_B<F_E$ 而聚积到霍尔元件的Ⅱ面。随着载流子的动能转化为热能,两侧的温度不同,形成一个横向温度梯度,引起温差电压 U_E,U_E 的大小与 I_SB 乘积成正比,方向与 U_H 始终同向,并随 I_S,B 换向而改变。这种由温度梯度而引起温差电压的效应 U_E 称为埃廷斯豪森效应。

②能斯特效应

由于霍尔元件的电流引出线焊点的接触电阻不同,当有电流通过时,发热程度不同,根据帕尔贴效应,一端吸热,温度升高;另一端放热,温度降低。于是出现温度差,在 x 方向引起热扩散电流。加入磁场后,会在Ⅰ,Ⅱ面之间建立一个横向电场 E_{N},因而产生附加电压 U_{N},U_{N} 的方向与磁场 $\boldsymbol{B}$ 的方向有关,与电流 I_{S} 的方向无关。这种由霍尔元件的引出线焊点

的接触电阻不同而引起温度差，产生电压 U_N 的效应称为能斯特效应。

③里吉 - 勒迪克效应

里吉 - 勒迪克效应是指由能斯特效应产生的热扩散电流的载流子的迁移率不同，类似于埃廷斯豪森效应中载流子速度不同一样，也将形成一个横向的温度梯度而产生相应的温度电压 U_{RL}，U_{RL}的方向与磁场 $\boldsymbol{B}$ 的方向有关，与电流 I_S 方向无关。

(2)不等势电压

不等势电压 U_0 是因霍尔元件的材料本身不均匀，以及电压输入端引线在制作时不可能绝对对称地焊接在霍尔元件的两侧，使横向引出的两个电极很难处在同一个等势面上而引起的。因此，即使不加磁场，只要霍尔元件上通过电流，两电极引线间就有一个电势差 U_0。U_0 的方向与电流方向有关，与磁场方向无关。U_0 的大小与霍尔电压 U_H 同数量级或更大，在所有附加电压中居首位。

(3)附加效应的消除

附加效应总是伴随着霍尔效应一起出现，实际测量的电压值只不过是综合效应的结果，即 U_H，U_E，U_N，U_{RL}，U_0 的和，并不只是 U_H。在测量时应考虑这些附加效应，并消除这些附加效应引入的误差。在本实验中，对各种附加效应的消除方法很巧妙：通过改变 I_S 和 B 的方向，使 U_N，U_{RL}，U_0 从计算中消失。而 U_E 的方向始终与 U_H 的方向保持一致，在实验中无法消除，但一般 U_E 比 U_H 小得多，由它带来的误差可以忽略不计(或将工作电流 I_S 改为交流电，因为 U_E 的建立需要一定的时间，而交流电变化快，使得 U_E 效应来不及建立，可以减小测量误差)。

综上所述，在确定磁场 $\boldsymbol{B}$ 和工作电流 I_S 的条件下，实验时需测量以下四组数据。

①当 B 为正，I_S 为正时，测得电压为

$$U_1 = U_H + U_E + U_N + U_{RL} + U_0$$

②当 B 为正，I_S 为负时，测得电压为

$$U_2 = -U_H - U_E + U_N + U_{RL} - U_0$$

③当 B 为负，I_S 为负时，测得电压为

$$U_3 = U_H + U_E - U_N - U_{RL} - U_0$$

④当 B 为负，I_S 为正时，测得电压为

$$U_4 = -U_H - U_E - U_N - U_{RL} + U_0$$

从上述四组结果可得

$$U_H = \frac{1}{4}(U_1 - U_2 + U_3 - U_4) - U_E$$

因为 $U_E \ll U_H$，可以忽略不计，所以霍尔电压为

$$U_H = \frac{1}{4}(U_1 - U_2 + U_3 - U_4)$$

这种消除附加效应的办法，是消除系统误差的一种常用方法。采取了上述消除系统误差的措施后，可使测量准确度达 0.1% 以上。

【实验方案】

在本实验中，通过给定励磁电流，研究霍尔电压与工作电流的关系，测量磁场的磁感应强度；通过给定工作电流，研究霍尔电压与磁场的关系；通过改变励磁电流和工作电流的极

性，研究消除附加效应的方法。

【实验仪器】

霍尔效应仪(含霍尔元件、电磁铁、换向开关)、稳压电源、直流安培表、直流毫安表、单刀单掷开关、干电池、50 Ω 滑线变阻器、导线若干。

【实验内容】

1. 测量电磁铁磁极间的磁感应强度

按图 4.2.2 连接电路，工作电流采用直流电。建议实验时给定励磁电流 I_M 为 0.20 A，工作电流依次取 2.00 mA，4.00 mA，6.00 mA，8.00 mA，分别改变磁感应强度 B 和工作电流 I_S 的极性，消除附加效应的影响，测出相应的霍尔电压 U_H，考查霍尔电压 U_H 与工作电流 I_S 是否为线性变化关系，并作 U_H-I_S 曲线。根据给定的 K_H 算出磁感应强度的大小。数据记录表格参见表 4.2.1。

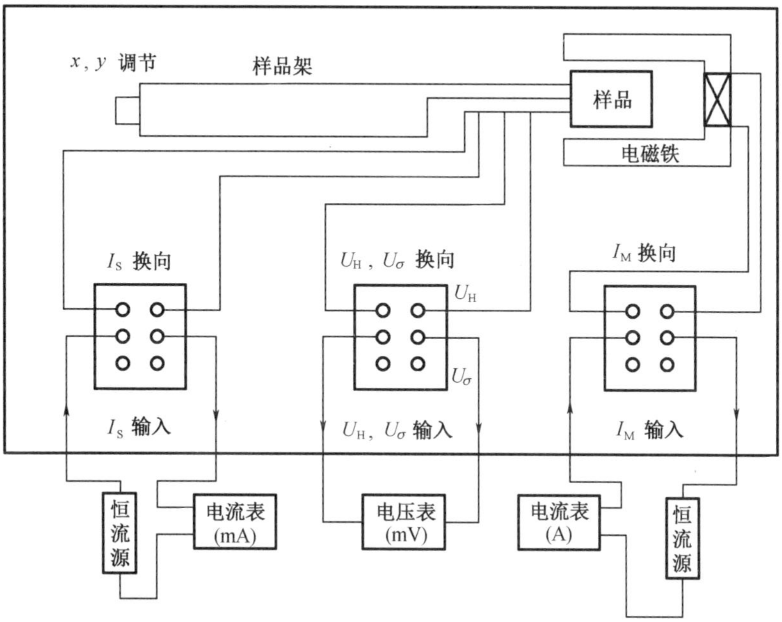

图 4.2.2　霍尔效应实验电路图

表 4.2.1　U_H-I_S 特性曲线的数据表

工作电流 I_S/mA	2.00	4.00	6.00	8.00
霍尔电压 $U_1(+I,+B)$				
霍尔电压 $U_2(-I,+B)$				
霍尔电压 $U_3(-I,-B)$				
霍尔电压 $U_4(+I,-B)$				
霍尔电压 U_H				

2. 在标尺适当范围内，研究磁场的横向变化关系。数据表格自拟。

3. 利用霍尔元件，研究磁感应强度 B 与励磁电流 I_M 的关系。

建议实验时给定工作电流 I_S 为 6.00 mA，励磁电流 I_M 依次取 0.30 A，0.40 A，0.50 A，0.60 A，分别改变磁感应强度 B 和工作电流 I_S 的极性，消除附加效应的影响，测出相应的霍尔电压 U_H，考查霍尔电压 U_H 与励磁电流 I_M 的关系，并作 $U_H - I_M$ 曲线。数据记录表格参见表 4.2.2。

表 4.2.2　$U_H - I_M$ 特性曲线的数据表

工作电流 I_S/mA	2.00	4.00	6.00	8.00
励磁电流 I_M/A	0.30	0.40	0.50	0.60
霍尔电压 $U_1(+I, +B)$				
霍尔电压 $U_2(-I, +B)$				
霍尔电压 $U_3(-I, -B)$				
霍尔电压 $U_4(+I, -B)$				
霍尔电压 U_H				

【注意事项】

1. 接线前，请先检查霍尔效应仪上的电极接线是否正确。
2. 霍尔片又薄又脆，引线接头细，是易损元件，测量时不可挤压、碰撞或扭曲。
3. 霍尔元件的工作电流不得超过额定值 10 mA，否则会因过热而损坏。
4. 电磁铁通电时间不宜过长，励磁电流不能长时间调节在 0.90 A 位置上。

【数据处理】

1. 计算某点的磁感应强度。
2. 用作图法或直线拟合法研究 $U_H - I_M$ 关系，并分析。
3. 作出磁场横向 $B - x$ 曲线，分析磁场分布。
4. 总结实验规律。

【思考题】

1. 试分析霍尔效应法测量磁感应强度的不确定度的来源。
2. 怎样利用霍尔效应确定载流子电荷的正负，并测量载流子的浓度？
3. 除了换向法外，还有没有其他方法能消除霍尔效应附加效应的影响？
4. 用霍尔元件测量交变磁场时，仪器和装置应做哪些改动？
5. 霍尔元件还有哪些用途？

知识拓展 1　一种定值系统效应的修正方法——抵消法

在测量霍尔电压时，附加的电压 U_E，U_N，U_{RL}，U_0 与系统效应引起的修正量叠加在 U_H 上。除可忽略 U_E 外，当工作电流 I_S 和磁感应强度 B 不变时，这些电压的大小都是恒定不变的，只是随 I_S 或者 B 的方向而改变其极性。在实验中设法使其一正一负地出现，然后在求平均值的运算中相互抵消，这是补偿定值系统效应的又一典型的实验方法，称为抵消法。希望同学们将其与其他两种定值系统效应的补偿方法——交换法、置换法一同掌握。

知识拓展2 霍尔效应在磁流体发电中的应用

当今世界随着社会生产力的发展，对能源的需求量越来越大，传统的燃料资源煤和石油日趋枯竭，而电能最主要的获取方式——火力发电是一种间接发电方式，即通过燃烧将燃料的化学能转变为加热锅炉的热能，然后通过锅炉产生蒸汽推动汽轮机，从而把热能转化为机械能，最后发电机把机械能转化为电能。这种间接转变浪费了大量的能源，这种火力发电的热效率一般在30%～40%，而本实验所介绍的霍尔效应将为热能利用效率的提高提供一个很好的途径，就是利用霍尔效应进行磁流体发电。

磁流体发电的基本原理就是等离子体的霍尔效应，利用燃料的热能将工作气体加热到高温，这时气体分子将离解为电子和正离子，处于这种状态的气体叫作等离子体，等离子体由于具有大量的电子和正离子而成为良导体。当等离子体以很高的速度通过垂直于等离子体运动方向的磁场时，在磁场力作用下，等离子体中的正负载荷子将分别偏转到等离子体两侧的电极上，使两极之间产生霍尔电势差，霍尔电势差就是电源电动势，这样形成的电源称为磁流体发电机。

磁流体发电是一种直接发电方式，作为一项发电新技术，它比一般的火力发电具有更大的优越性，主要表现在以下几个方面：

1. 热效率高。磁流体的热效率可以从火力发电的30%～40%提高到50%～60%，预计将来还会再提高。

2. 启动快。在几秒的时间内，磁流体发电就能达到满功率运行，这是其他任何发电装置无法相比的，因此，磁流体发电不仅可作为大功率民用电源，而且还可以作为高峰负荷电源，尤其是在军事上有巨大的应用价值。

3. 去硫方便，对环境污染少。磁流体发电虽然也使用煤炭、石油等燃料，但由于它使用的是细煤粉，而且高温气体还掺杂着少量的钾、钠和铯的化合物等，易与硫发生化学反应，生成硫化物，在发电后回收这些金属的同时也将硫回收了。

4. 没有高速旋转的部件，噪音小，设备结构简单，体积和质量也大大减小。

虽然磁流体发电具有广阔的应用前景，但由于技术方面的原因，目前磁流体发电机仍处于研制阶段。

知识拓展3 量子霍尔效应的发现——克利青的耕耘

1980年，德国物理学家冯·克利青(Klaus von Klitzing)在国际精密电磁测量会议上发表了关于量子霍尔效应的文章。这个效应既考虑到霍尔电压效应，又考虑到二维电子气(薄层电子)能量的量子特性，即这种电子气具有以量子(能包)方式增加或减少能量的倾向是阶跃式的而不是渐变式的。

他利用金属氧化物半导体场效应晶体管表面的电子作为电子气，接通电流，并将晶体管置于极强磁场和极低的温度下，当通过电流的电压增大时，霍尔电压是阶跃式下降而不是线性下降。将测得的霍尔电压和电流数值代入计算精细结构常数的方程，能够得到很精确的数值。由于量子霍尔效应的发现，克利青于1985年获得诺贝尔物理学奖。

克利青的成功在于持之以恒。任何人做任何事，都需要积累知识、积累经验，因此在某一领域内坚持不懈地努力是十分必要的。克利青说:“我们测量了大量的不同样品,不断变化载流子浓度,将磁场从零扫面变化到最强磁场……尽管这些都是令人乏味的工作”,他还说:“这些测量曲线,无时不在我的脑子里盘旋……终于,我们发现了这个基本规律。”

知识拓展 4　分数量子霍尔效应的发现——华裔科学家崔琦

1982 年,崔琦和施莫特把两片半导体晶片压在一起,这样电子就在两种晶片的交界处大量聚集。然后,他们把晶片放在仅比绝对零度高 0.1 ℃的超低温环境中,再加上比地球磁场强度高 1 007 倍的超强磁场。他们发现,在这种极端环境下,大量电子形成了一种新的量子流体,这种量子流体具有特殊的性质,并像液氢那样具有超流动性,该效应称为分数量子霍尔效应。次年,劳克林提出准粒子模型对分数量子霍尔效应进行解释,并且被各国研究小组成功验证,三人因此在 1998 年共同获得诺贝尔物理学奖。

实验 3　用分光计测量三棱镜的折射率

光线在传播过程中,遇到不同介质的分界面时会发生反射和折射,光线将改变传播的方向,在入射光与反射光或折射光之间就形成一定的夹角。通过对某些角度的测量,可以测定折射率、光栅常数、光波波长、色散率等许多物理量,因而精确测量这些角度,在光学实验中显得十分重要。

分光计是一种能够较精确测量上述要求角度的典型光学仪器,经常用来测量材料的折射率、色散率、光波波长和进行光谱观测等。由于该装置比较精密,控制部件较多而且操作复杂,所以使用时必须严格按照一定的规则和程序,方能获得较高精度的测量结果。

分光计的调整思想、方法与技巧在光学仪器中有一定的代表性,学会对它的调节和使用方法,有助于掌握操作更为复杂的光学仪器。初次使用者往往会遇到一些困难,但只要在实验调整观察中,弄清调整要求,注意观察出现的现象,并努力运用已有的理论知识去分析、指导操作,在反复练习之后才开始正式实验,一般也能掌握分光计的使用方法,并顺利完成实验任务。

实验 3.1　分光计的调整

【实验目的】

1. 了解分光计的构造。
2. 学会分光计的调整方法。

【问题探索】

1. 分光计的构造是怎样的?分光计在使用前为什么必须调整?
2. 分光计的调整方法是什么?

【实验仪器】

分光计由望远镜、载物台、读数装置及平行光管四个主要部分组成，装置如图4.3.1所示。

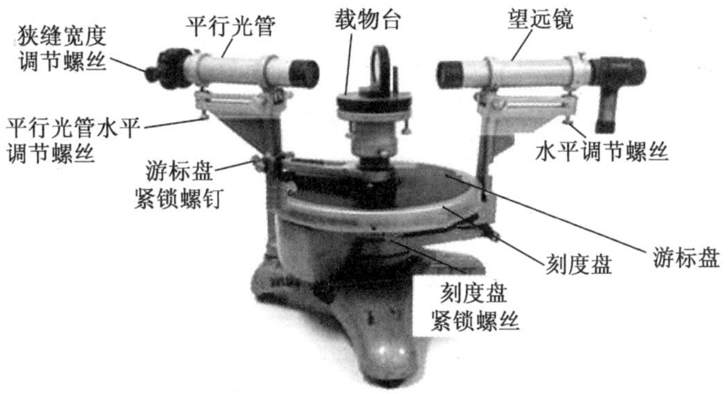

图4.3.1　分光计装置图

1. 望远镜(名称后的号码为图4.3.2中的代号，以下同)

望远镜4由物镜、自准目镜和叉丝组成的圆筒构成。自准镜为高斯目镜。小灯泡照射的光自望远镜筒底部小孔射入，通过与镜轴成45°的全反射镜反射照亮叉丝。叉丝与物镜、目镜间的距离皆可调节。望远镜支架18和刻度盘16固定在一起，可以绕分光计中心轴旋转，旋转角度可通过游标系统读出。用望远镜固定螺丝20固定望远镜后可借助望远镜微调螺丝19准确对准狭缝(或像)。望远镜的水平调节可用望远镜水平调节螺丝14调节(注意先打开锁紧螺丝12)。

2. 载物台

载物台6是用来放待测件的。台面下装有三个调整台面水平状态的螺丝5(S_1，S_2，S_3)，螺丝11是固定载物台的螺丝。

3. 读数装置

读数装置由刻度盘16和游标盘17组成。刻度圆盘分为360°，最小刻度为半度，即30′。游标上刻有30个小格，每一格对应1′。游标读数的方法与游标卡尺类似；游标0对应的主尺上读到“度”，游标和主尺对齐处在游标上读到“分”，如图4.3.3所示的位置应读为115°40′。注意：游标的“零”刻度对齐的主尺刻度过了半度，应加30′。

刻度盘的转轴(望远镜筒的转轴)与分光计中心轴应重合。但由于制造中的加工误差，转动轴与仪器的中心轴偏离。偏心引起的系统效应服从正弦分布。相差180°处误差大小相等，方向相反。为补偿偏心引起的系统效应在相隔180°处双游标读数。这是在带有转动系统的仪器，补偿因偏心引起的系统效应的重要措施(可参看本节的知识拓展2)。

4. 平行光管

在柱形圆筒一端装有一个套筒，套筒末端有一狭缝，柱形圆筒另一端装有消色差透镜组，用鼓轮(有些仪器有固定螺丝，如图4.3.2中的8，应松开，可前后拔插)移动套筒，使狭缝位于透镜的焦平面，平行光管7射出平行光束。缝宽可用螺旋9调节(注意拧进螺丝，狭缝变宽)，平行光管的水平可用平行管水平调节螺丝15进行调节(先打开锁紧螺丝13)，使平行光管的光轴和分光计的中心轴垂直。

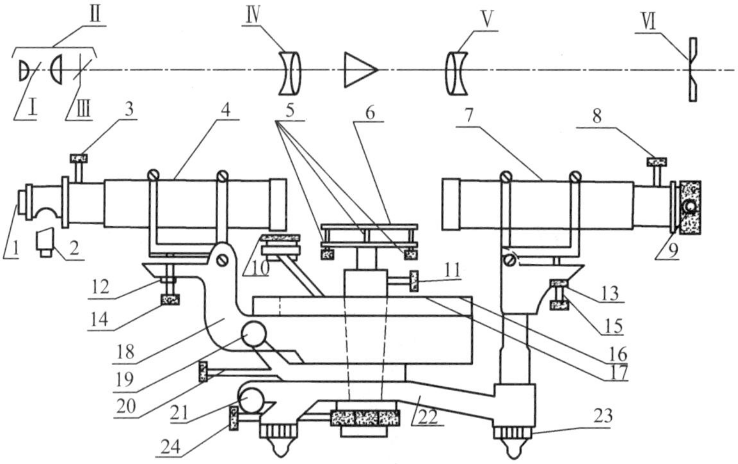

图 4.3.2　分光计装置图

Ⅰ—45°全反射镜；Ⅱ—目镜组；Ⅲ—十字叉丝；Ⅳ—物镜；Ⅴ—透镜；Ⅵ—狭缝

1—目镜；2—小灯；3—固定目镜螺丝；4—望远镜；5—调载物台水平螺丝；6—载物台；7—平行光管；8—固定狭缝螺丝；9—狭缝；10—放大镜；11—固定载物台螺丝；12—锁紧螺丝；13—锁紧螺丝；14—望远镜水平调节螺丝；15—平行光管水平调节螺丝；16—刻度盘；17—游标盘；18—望远镜支架；19—望远镜微调螺丝；20—望远镜固定螺丝；21—游标盘微调螺丝；22—底座；23—水平调节螺丝；24—游标盘固定螺丝

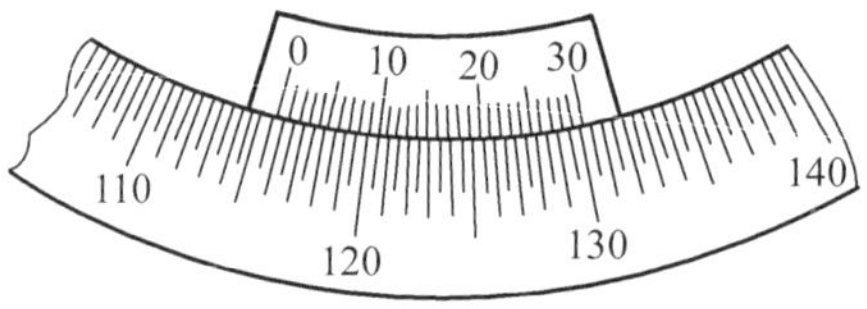

图 4.3.3　读数装置示意图

【实验内容】

使用分光计时必须满足以下两个要求：

(1) 入射光和出射光应当是平行光，即平行光管射出的光和望远镜接收的光都应是平行光。

(2) 入射线、出射线所在的平面以及反射面（或折射面）的法线所在的平面应当与分光计的刻度圆盘面平行。为此，分光计的中心轴必须与望远镜光轴、平行光管光轴相垂直，且与待测件的光学面相平行。

所以，分光计必须进行调整才可以使用。

通常仪器的调整都要先进行目视粗调。目视粗调，顾名思义，就是直接用眼睛观察仪器，应该水平的就要水平，应该垂直的就要垂直。如分光计中平行光管和望远镜（的光轴）以及载物台都要水平。

调整分光计要依次调节望远镜、载物台、待测件及平行光管。

1. 望远镜的调节

调节要求：望远镜光轴（望远镜的中心线）与分光计中心轴垂直。为实现这一要求，先将平镜放在载物台上，如图 4.3.4 所示。平镜的一端对准载物台下面的一个螺丝（图 4.3.4 中的 S_2），平镜的两个面垂直于另外两个螺丝（图 4.3.4 中的 S_1 与 S_3）的连线。为了后面说明的方便，我们将平镜的任意一个面定义为 A 面，另一个面为 B 面。

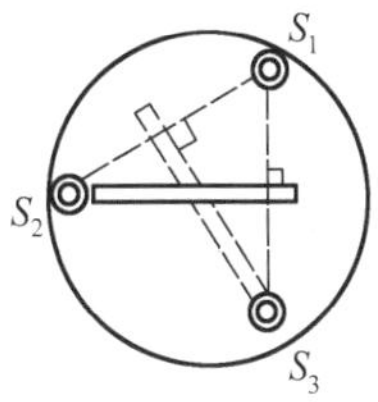

图 4.3.4　平镜在载物台上的位置示意图

自准直法：当仪器接通电源，小灯泡发出的光通过望远镜底部小窗口射入望远镜镜筒时，被筒内 45°镜全反射照亮十字叉丝，调节目镜组的位置，使叉丝位于望远镜物镜的焦平面上，出射的光将成为平行光，该平行光从望远镜射入载物台上的平面镜，若这一平行光与平面镜垂直，据光路的可逆性，反射光将沿原入射线返回、聚焦并成像，在望远镜中看到物与像（叉丝与叉丝像）重合的现象（实际上是轴对称位置）。这种调节光路时，以物与像是否重合为依据调节光轴与镜面垂直的方法称为自准直法。

（1）粗调

按照图 4.3.4 所示的实线位置放好平镜（S_1，S_3连线垂直于平镜镜面，S_2 通过镜面），转动载物台，当平镜的两个面（A 面和 B 面）各自对准望远镜时，在望远镜视野中都能看到反射回来的叉丝像，即可达到粗调的要求。粗调是否顺利，是调节分光计快慢的关键。

一般做好目视粗调后，当转动载物台，平镜的 A，B 两面各对准望远镜时，其中一面（如 A 面）能看到反射回来的光斑（叉丝像），而另一面（如 B 面）往往看不到。若两个面都看不到，可转动载物台和拧动螺丝 S_3 来实现。

望远镜对准已出现反射叉丝像的面（A 面），看着反射的叉丝像：

①拧动 S_3，使叉丝像位于望远镜视野上方，如图 4.3.5 所示。

②拧动望远镜水平调节螺丝 14 使叉丝像回到视野的中心。

③将载物台转动 180°对准 B 面，查看 B 面是否已出现叉丝像。按上面①②③的顺序可反复进行实验 2～3 次，若仍看不到反射的叉丝像，就会发现原来的目视粗调已被严重破坏（如载物台明显倾斜），应沿相反的方向进行调节，即用螺丝 14 使叉丝像位于上方；用 S_3 使叉丝像位于望远镜视野中心；转动 180°对准 B 面查看是否出现反射的叉丝像。

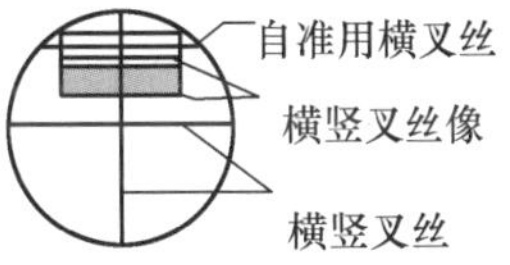

图 4.3.5　叉丝像在望远镜视野中的位置示意图

注意　在粗调中，始终是对着已出现反射像的面（如 A 面），看着叉丝像进行调节，而转到 B 面只是查验是否出现反射叉丝像。在调节过程中，一直保持从 A 面看到的反射像不丢失，而使 B 面的反射像相对望远镜，或者徐徐上升或者徐徐下降，总能出现在望远镜视野中，这样就达到了粗调的要求。

（2）细调

平镜的一面（A 面）对准望远镜，转动载物台，使竖直叉丝与竖直叉丝像对齐。拧动载物台水平调节螺丝 S_3，横叉丝与横叉丝像的距离（图 4.3.6 中的 d）缩小一半（至 $d/2$），再拧动望远镜水平调节螺丝 14，使横叉丝与横叉丝像完全重合，进行各半调节（用 S_3 和螺丝 14）。对另一面（如 B 面）重复上面的调节，即用水平调节螺丝 S_3 和望远镜水平调节螺丝 14

进行各半调节使叉丝与叉丝像重合。各半调节的物理实质是:对一面(如 A 面),只要采用各半调节,那么另一面(B 面)叉丝像相对于望远镜的位置不变。因此采用各半调节 A 面时,B 面对准望远镜的叉丝像,仍保持粗调后能看到反射叉丝像的原来状态。同样若调节完 A 面之后再用各半调节调 B 面,A 面调好的物与像重合的状态应保持不变,但是"各半"只是用眼睛大约估计的,因此调 B 面,重新观测原来已调好的 A 面时,重合在一起的叉丝与叉丝像稍有分开,仍须再补充做一两次的各半调节,才会得到非常满意的效果。

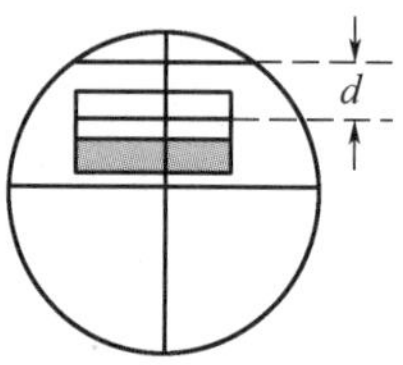

图 4.3.6　细调时叉丝像在望远镜视野中的位置示意图

2. 载物台的调整

这一步的调整是为了更加顺利地进行下一步待测件的调节而做的。在上一步的调节中,通过 S_3(或 S_1),使 S_1 处和 S_3 处的高度相同,即 S_1S_3 的连线平行于望远镜轴,但含镜面的 S_2 没有调。为了调节 S_2,将平镜转动一个小角度,放在如图 4.3.7 所示的虚线位置,使 S_1 和 S_2 的连线垂直于平面镜镜面,S_3 含在平面镜镜面。只调 S_2,使平镜与望远镜自准(叉丝与叉丝像重合)即可。(注意:不是各半调节)。

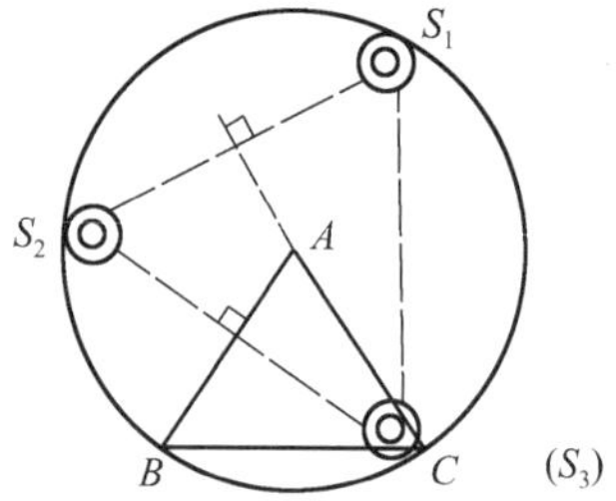

图 4.3.7　三棱镜载物台的调整位置示意图

3. 待测件——三棱镜的调节

如图 4.3.7 放好三棱镜,使三棱镜顶(顶角 α 处)A 位于接近载物台中心,C 位于任一载物台水平调节螺丝(S_3)上方。因 $\triangle ABC$ 与 $\triangle S_1S_2S_3$ 都是正三角形,因此光学面 AB 垂直于 S_2,S_3 的连线,另一光学面 AC 垂直于 S_1,S_2 连线。也就是说 AB 面可通过 S_2 和 S_3 进行自准(物像重合),AC 面通过 S_1 和 S_2 进行自准。

值得注意的是,调整载物台水平螺丝 S_2,既可调 AC 面,又可调 AB 面,这反而限制住了它的使用,成为不准动的螺丝。待测件——三棱镜的调节可简述如下:如图 4.3.7 放好三棱镜,AB 面只用 S_3,AC 面只用 S_1,可使各自达到自准状态。

另外要说明的是,由于不同生产厂家生产的仪器不同,有的仪器在调节时看到的叉丝像与图 4.3.5 和图 4.3.6 所示的情况不同,而是如图 4.3.8 所示的情况,但对应的调节方法及叉丝像的位置相同。

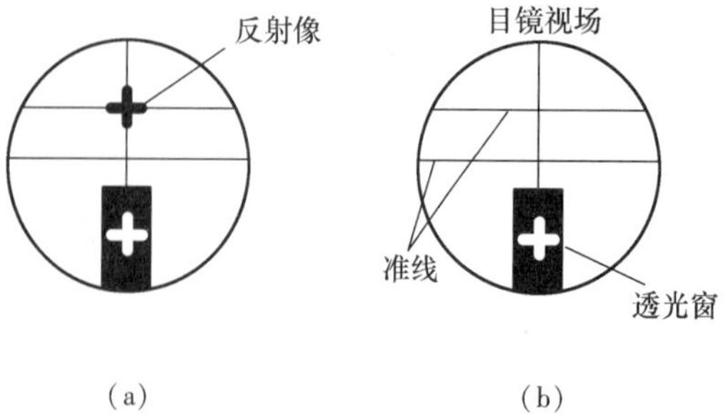

图 4.3.8　三棱镜载物台的调整位置示意图

4. 平行光管的调整

打开钠光灯光源，用狭缝调节螺丝 9 可使狭缝适合（在视野中约 0.5 mm 左右），转动狭缝 90°，使狭缝平行于望远镜横叉丝。调节平行光管水平调节螺丝 15，使狭缝与中间横叉丝重合，再把狭缝竖过来。

在测量之前必须使叉丝、叉丝像和狭缝清晰：

（1）转动目镜使叉丝清晰；

（2）移动（或用调焦鼓轮）目镜组相对物镜的位置使反射像清晰；

（3）在做完前两步后，移动（或用调狭缝焦距鼓轮）狭缝使狭缝清晰，这样平行光管射出平行光，望远镜可接受平行光，可重复调节直到满意为止（适当补充进行自准调节）。

望远镜的视差可以通过反复旋转自准目镜Ⅱ、调焦鼓轮直至移动眼睛看叉丝和叉丝像都没有相对移动来消除。

5. 三棱镜的补充调节

有的分光计仪器，从三棱镜光面反射回的叉丝像非常模糊，不容易找到叉丝像，特别是打开钠光灯后，由于受外面钠光灯光线的干扰，叉丝像变得更加模糊，在操作中比较难找到叉丝像。此时可以利用外部钠光灯光源的光线调节三棱镜。

前提条件　望远镜和平行光管已经调好，特别是将光线狭缝横置时，狭缝与望远镜中间横叉丝重合。

调节方法　当三棱镜对应图 4.3.7 所示的位置时，转动载物台和望远镜，先找到从三棱镜的 AC 面反射回的狭缝，调节螺丝 S_1 使反射狭缝与望远镜中间横叉丝重合，则 AC 面调好。用同样的方法调节螺丝 S_3 可调好 AB 面。

调节要求　从三棱镜两光面反射回来的狭缝的像与望远镜中间横叉丝重合。

实验 3.2　测量三棱镜的折射率

【实验目的】

1. 学会使用分光计测量角度。
2. 掌握用分光计测量三棱镜折射率的方法。

【问题探索】

1. 怎样用分光计测量角度？
2. 为什么每次测量都采取双游标读数？
3. 如何测量三棱镜的顶角？
4. 怎样找到最小偏向角出射光的位置？

【实验仪器】

分光计和三棱镜。

【实验原理】

三棱镜如图 4.3.9 所示，AB 和 AC 是透光的光学表面，又称折射面，其夹角 α 称为三棱镜的顶角；BC 为毛玻璃面，称为三棱镜的底面。

用反射法测量三棱镜顶角的原理如下：

如图4.3.10所示，一束平行光入射于三棱镜，经过AB面和AC面有两条反射光线，它们分别沿AB和AC方位射出，两条反射线的夹角记为φ，由几何学关系可知

$$\alpha=\frac{1}{2}\varphi \tag{4.3.1}$$

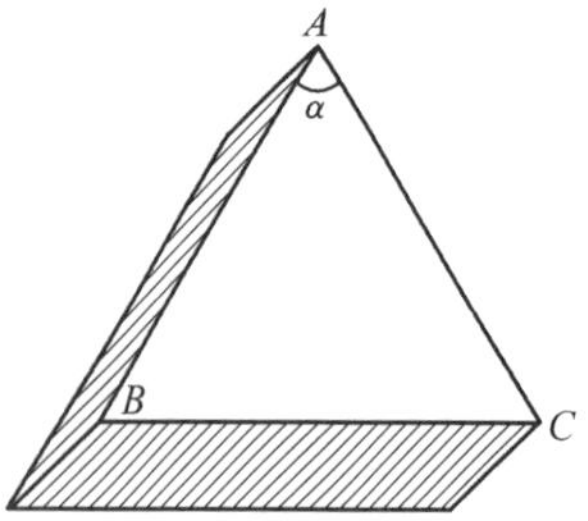

图4.3.9　三棱镜示意图

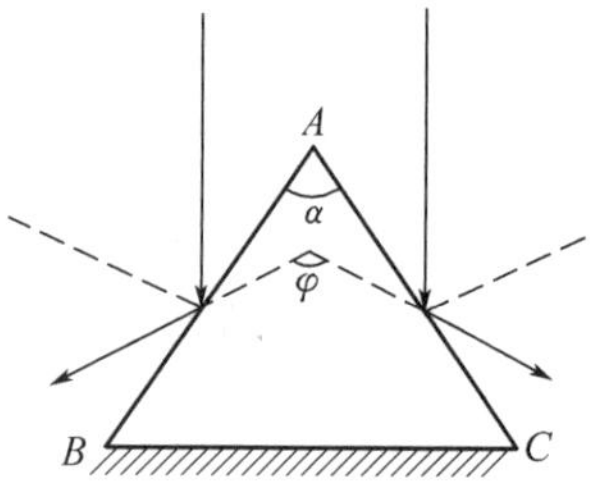

图4.3.10　反射法测顶角

图4.3.11为测三棱镜折射率的光路图。BC为三棱镜底面，为毛玻璃面，毛玻璃面对应的角α为三棱镜的顶角。当一束平行光L射入AB面，在AB面、AC面两次折射，以R的方向射出。入射线L与出射线R之间的夹角δ为偏向角。

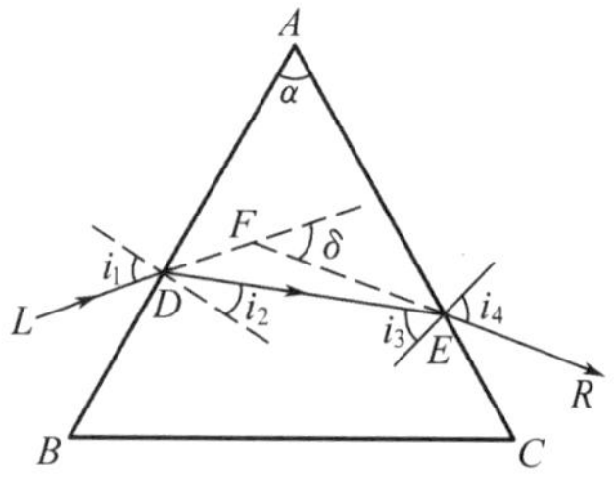

图4.3.11　测三棱镜折射率的光路图

随载物台的转动，入射角i_1发生变化，继而引起i_2，i_3及i_4的变化，因此偏向角δ也要改变。根据在AB面和AC面的折射定律，各角的几何关系以及$\frac{\mathrm{d}\delta}{\mathrm{d}i_1}=0$，$\frac{\mathrm{d}^2\delta}{\mathrm{d}i_1^2}>0$的极值条件，可以证明（参看本实验的知识拓展1），当$i_1=i_4$，$i_2=i_3$时偏向角δ取最小值，称此角为最小偏向角，以$\delta_{\min}$表示，此时有

$$n=\frac{\sin i_1}{\sin i_2}=\frac{\sin\frac{1}{2}(\delta_{\min}+\alpha)}{\sin\frac{\alpha}{2}} \tag{4.3.2}$$

对三棱镜折射率n的测量转换成对顶角α及最小偏向角$\delta_{\min}$的测量。

【实验方案】

分光计是一种能够较精确测量各种角度的光学仪器，这些角度包括入射角、反射角、折射角和衍射角等。实际上，分光计直接测量的是各种光线，虽然读数得到的是角度。

本实验首先利用自准直法对分光计进行调节，以达到分光计可正确测量的状态；然后根据式(4.3.2)，用分光计测量三棱镜顶角两侧的反射线、光源的入射线和对应最小偏向角的折射线，进而求得顶角α及最小偏向角$\delta_{\min}$，最终计算出三棱镜的折射率n。在测量角度时，采用双孔读数以消除由偏心引起的正弦规律系统效应（参见本实验的知识拓展1）。

【实验内容】

1. 三棱镜顶角的测定

转动载物台,使已调好的三棱镜顶角对准平行光管(图4.3.10),使平行光管射出来的光束照在棱镜的两个光学表面 AB 和 AC 面,转动望远镜在 AB 面一侧,找出从 AB 面反射的狭缝像并对准竖叉丝,在左右游标中读出 φ_1,φ_1',再转动望远镜至 AC 面一侧,用同样方法在左右游标中读出 φ_2,φ_2'。因而,三棱镜的顶角为

$$\alpha=\frac{\varphi}{2}=\frac{1}{4}(|\varphi_2-\varphi_1|+|\varphi_2'-\varphi_1'|) \tag{4.3.3}$$

稍微转动载物台再重复测量,共测5次,求出顶角并表示测量结果。

在计算望远镜转过的角度时要注意转动望远镜时游标零位是否经过刻度盘的零点。若从 AB 面的反射光线读数是 $\varphi_1=175°45'$,$\varphi_1'=355°45'$,从 AC 面的读数为 $\varphi_2=295°43'$,$\varphi_2'=115°43'$。则左游标读数(φ_1',φ_2)没过零点,故 $\varphi=\varphi_2-\varphi_1=195°58'$。但右游标的读数($\varphi_1',\varphi_2'$)过零点,夹角应为 $\varphi=360°+\varphi_2'-\varphi_1'=119°58'$。

由于很难发现游标零位是否经过刻度盘的零点(后面简称是否过零点),所以很难在做实验的过程中发现是否过零点,因此我们需从测量的数据中判断是否过零点。判断的方法和处理准则如下。

判断方法 从实验中依次读取4个数据,分别是 $\varphi_1,\varphi_1',\varphi_2$ 和 φ_2'。对于不同的分光计,即使相同的待测件,φ_1 与 φ_1'之间的大小也不能确定。判断是否过零点需要依据所读数字的大小。当 $\varphi_1>\varphi_1'$时,如果 $\varphi_2>\varphi_2'$,则没过零点;如果 $\varphi_2<\varphi_2'$,则过零点。是否过零点的详细判断方法如下:

$$\begin{cases}\varphi_1>\varphi_1'\begin{cases}\varphi_2>\varphi_2'\text{不过零点}\\\varphi_2<\varphi_2'\quad\text{过零点}\end{cases}\\\varphi_1<\varphi_1'\begin{cases}\varphi_2>\varphi_2'\quad\text{过零点}\\\varphi_2<\varphi_2'\text{不过零点}\end{cases}\end{cases}\quad\text{或}\quad\begin{cases}\varphi_1>\varphi_2\begin{cases}\varphi_1'>\varphi_2'\text{不过零点}\\\varphi_1'<\varphi_2'\quad\text{过零点}\end{cases}\\\varphi_1<\varphi_2\begin{cases}\varphi_1'>\varphi_2'\quad\text{过零点}\\\varphi_1'<\varphi_2'\text{不过零点}\end{cases}\end{cases}$$

处理准则 (1)不过零点,全部数据不变,代入式(4.3.3)进行处理。

(2)过零点,将4个数据中最小的数据加360°,其他数据不变,代入式(4.3.3)进行处理。

2. 测量最小偏向角

(1)用望远镜寻找偏向角

光学玻璃制成的三棱镜最小偏向角 δ_{min}一般为50°左右,因此应在出射线与入射线的夹角大于50°处放置望远镜(图4.3.12中的 δ_{min}),缓慢来回转动载物台,使光线从 AC 面入射,从望远镜中看到 AB 面出射的狭缝像。

(2)确定最小偏向角的位置

转动载物台,改变入射角,出射线的方位将变化。将出射线向入射线靠拢的方向转动载物台使偏向角 δ 变小,并转动望远镜跟踪狭缝像。当接近最小偏向角的位置时,狭缝像移动缓慢直至停下来,偏向角不能再变小,而向相反的方向(偏向角变大的方向)逆转。此反向逆转处恰好是最小偏向角处。缓慢转动载物台仔细确定最小偏向角的方位。

(3)转动望远镜,使竖直叉丝与狭缝像对齐,读出角度 θ_1 和 θ_1'。

(4)转动望远镜至入射线对齐,读出入射线的方位 θ_0 和 θ_0'。

(5)转动望远镜至入射线的左侧,转动载物台使光线从 AB 面入射,重复步骤(1)、步骤

(2),测出另一方向的最小偏向角的方位,读出 θ_2 和 θ'_2。在两面处(即入射面为 AB 和 AC)多次测量,按下式计算最小偏向角并表示测量的结果:

$$\delta_{\min} = \frac{1}{2}(|\theta_i - \theta_0| + |\theta'_i - \theta'_0|) \qquad (4.3.4)$$

把顶角及最小偏向角代入计算折射率的式(4.3.2)中,求出折射率 n 及其不确定度,并表示测量结果。

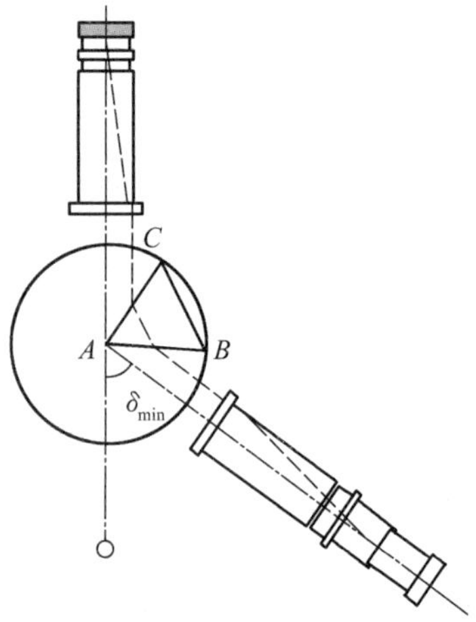

图 4.3.12 测量最小偏向角时平行管、三棱镜、望远镜的位置示意图

【注意事项】

望远镜调好后,在下面的调整以及整个测量中不要再动望远镜倾斜螺丝。

【数据处理】

1. 顶角的测量

测量数据如表 4.3.1 所示。

表 4.3.1 测量顶角数据表

测量次数	1	2	3	4	5
φ_1					
φ'_1					
φ_2					
φ'_2					

利用式(4.3.3)求出顶角的 5 次测量值,计算顶角的平均值和 A 类标准不确定度。将两类标准不确定度合成,写出顶角的测量结果。

注意 由于仪器的 B 类标准不确定度是 0.5 分,则顶角的 B 类标准不确定度是 0.25 分。

2. 最小偏向角的测量

测量数据如表 4.3.2 所示。

表 4.3.2 测量最小偏向角的数据表

测量次数	1	2	3	4	5
θ_i					
θ'_i					

再测量入射线的角度 θ_0 和 θ'_0。利用式(4.3.4)算出 5 次最小偏向角的测量值。计算最小偏向角的平均值和 A 类标准不确定度。将两类标准不确定度合成,写出最小偏向角的测量结果。

3. 折射率的计算

利用式(4.3.2)算出折射率的数值，再评定折射率 n 的合成不确定度。计算不确定度的部分公式是 $\frac{\partial n}{\partial \alpha} = -\frac{\sin\frac{\delta_{\min}}{2}}{2\sin^2\frac{\alpha}{2}}$，$\frac{\partial n}{\partial \delta_{\min}} = \frac{\cos\frac{\alpha+\delta_{\min}}{2}}{2\sin\frac{\alpha}{2}}$，写出折射率的测量结果。

4. 数据处理参考

$$\alpha = \frac{\varphi}{2} = \frac{1}{4}(|\varphi_2 - \varphi_1| + |\varphi_2' - \varphi_1'|)$$

$$\bar{\alpha} = \frac{1}{5}(\alpha_1 + \alpha_2 + \alpha_3 + \alpha_4 + \alpha_5)$$

$$\delta_{\min} = \frac{1}{2}(|\theta_i - \theta_0| + |\theta_i' - \theta_0'|)$$

$$\overline{\delta_{\min}} = \frac{1}{5}(\delta_{\min1} + \delta_{\min2} + \delta_{\min3} + \delta_{\min4} + \delta_{\min5})$$

$$\bar{n} = \frac{\sin i_1}{\sin i_2} = \frac{\sin\frac{1}{2}(\overline{\delta_{\min}} + \bar{\alpha})}{\sin\frac{\bar{\alpha}}{2}}$$

$$u_A(\alpha) = \sqrt{\frac{\sum_{i=1}^{5}(\alpha_i - \bar{\alpha})^2}{5(5-1)}}$$

$$u_B(\alpha) = 0.25'$$

$$u_c(\alpha) = \sqrt{u_A^2(\alpha) + u_B^2(\alpha)}$$

$$u_A(\delta_{\min}) = \sqrt{\frac{\sum_{i=1}^{5}(\delta_{\min i} - \overline{\delta_{\min}})^2}{5(5-1)}}$$

$$u_B(\delta_{\min}) = 0.5'$$

$$u_c(\delta_{\min}) = \sqrt{u_A^2(\delta_{\min}) + u_B^2(\delta_{\min})}$$

$$u_c(n) = \sqrt{\left[\frac{\partial n}{\partial \alpha}u_c(\alpha)\right]^2 + \left[\frac{\partial n}{\partial \delta_{\min}}u_c(\delta_{\min})\right]^2}$$

$$n = \bar{n} \pm 2u_c(n)$$

知识拓展 1　推导三棱镜折射率的表达式

在图 4.3.11 的 $\triangle ADE$ 中，有

$$\alpha + \angle ADE + \angle AED = 180^\circ \tag{4.3.5}$$

$$\angle ADE = 90^\circ - i_2 \tag{4.3.6}$$

$$\angle AED = 90^\circ - i_3 \tag{4.3.7}$$

由式(4.3.5)、式(4.3.6)、式(4.3.7)，得

$$\alpha = i_2 + i_3 \tag{4.3.8}$$

$\triangle FDE$ 中外角 δ 可由下式确定：

$$\delta = \angle FDE + \angle FED \tag{4.3.9}$$

$$\angle FDE = i_1 - i_2$$

$$\angle FED = i_4 - i_3 \tag{4.3.10}$$

将式(4.3.10)代入式(4.3.9),有

$$\delta = i_1 + i_4 - \alpha \tag{4.3.11}$$

将式(4.3.11)两边对 i_1 求导数,再求极值,有

$$\frac{\partial \delta}{\partial i_1} = 1 + \frac{\mathrm{d}i_4}{\mathrm{d}i_1} = 0$$

$$\frac{\mathrm{d}i_4}{\mathrm{d}i_1} = -1 \tag{4.3.12}$$

由微分的性质,有

$$\frac{\mathrm{d}i_4}{\mathrm{d}i_1} = \frac{\mathrm{d}i_4}{\mathrm{d}i_3} \cdot \frac{\mathrm{d}i_3}{\mathrm{d}i_2} \cdot \frac{\mathrm{d}i_2}{\mathrm{d}i_1} \tag{4.3.13}$$

由 AB 面和 AC 面折射及反射定律,有

$$\sin i_1 = n\sin i_2 \tag{4.3.14}$$

$$\sin i_4 = n\sin i_3 \tag{4.3.15}$$

在式(4.3.14)、式(4.3.15)中,空气的折射率为1,玻璃的折射率为 n。

将式(4.3.14)两边对 i_1 求导数,有

$$\cos i_1 = n\cos i_2 \cdot \frac{\mathrm{d}i_2}{\mathrm{d}i_1}$$

$$\frac{\mathrm{d}i_2}{\mathrm{d}i_1} = \frac{\cos i_1}{n\cos i_2} \tag{4.3.16}$$

将式(4.3.15)两边对 i_3 求导数,有

$$\frac{\mathrm{d}i_4}{\mathrm{d}i_3} = \frac{n\cos i_3}{\cos i_4} \tag{4.3.17}$$

将式(4.3.8)两边对 i_2 求导数,有

$$0 = 1 + \frac{\mathrm{d}i_3}{\mathrm{d}i_2}$$

$$\frac{\mathrm{d}i_3}{\mathrm{d}i_2} = -1 \tag{4.3.18}$$

把式(4.3.16)、式(4.3.17)和式(4.3.18)代入式(4.3.13),有

$$\frac{\mathrm{d}i_4}{\mathrm{d}i_1} = \frac{n\cos i_3}{\cos i_4} \cdot (-1) \cdot \frac{\cos i_1}{n\cos i_2} \tag{4.3.19}$$

将式(4.3.14)、式(4.3.15)中的 $\sin i_1$ 和 $\sin i_4$ 代入式(4.3.19),有

$$\frac{\mathrm{d}i_4}{\mathrm{d}i_1} = -\frac{\cos i_3}{\cos i_2} \cdot \frac{\sqrt{1 - n^2\sin^2 i_2}}{\sqrt{1 - n^2\sin^2 i_3}} = -1$$

整理得

$$i_2 = i_3 \tag{4.3.20}$$

将式(4.3.20)代入式(4.3.15),与式(4.3.16)进行比较,得

$$i_1 = i_4 \tag{4.3.21}$$

进一步可以证明，此时有$\frac{d^2\delta}{di^2}>0$，δ 可取最小值，用 δ_{min} 表示。

将式(4.3.20)代入式(4.3.8)，有

$$\alpha = 2i_2$$

$$i_2 = \frac{\alpha}{2} \tag{4.3.22}$$

将式(4.3.21)代入式(4.3.11)，有

$$\delta_{min} = 2i_1 - \alpha$$

所以

$$i_1 = \frac{1}{2}(\delta_{min} + \alpha) \tag{4.3.23}$$

由式(4.3.14)，得到测量三棱镜折射率的表达式为

$$n = \frac{\sin i_1}{\sin i_2} = \frac{\sin \frac{1}{2}(\delta_{min} + \alpha)}{\sin \frac{\alpha}{2}} \tag{4.3.24}$$

知识拓展 2　补偿正弦规律系统效应的典型实验方法

分光计双孔读数的目的是消除偏心引起的周期性不确定度，这种周期性不确定度可以归结为正弦规律系统效应。为了易于理解并结合具体的情况，我们分为简单说明和实际读数补偿两种方式来说明。

1. 简单说明

如图 4.3.13 所示，设望远镜绕 O' 轴转动，而仪器的固定轴为圆心 O。将 OO' 连接作为参考线，根据三角形的外角等于它不相邻的两个内角之和定理，有

$$\varphi_2 = \angle 1 + \alpha, \alpha = \angle 2 + \varphi_1$$

因为 O 是圆心，则 $\angle 1 = \angle 2$，所以

$$\alpha = \frac{1}{2}(\varphi_1 + \varphi_2)$$

由此可见，双孔读数的方法抵消了偏心引起的正弦规律系统效应。

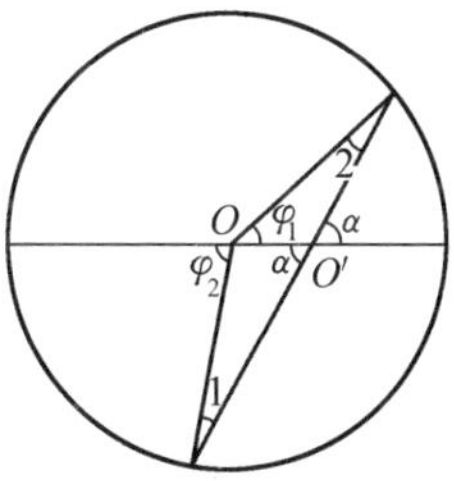

图 4.3.13　消除偏心系统不确定度的简单原理图

2. 实际读数的补偿情况

设望远镜绕 O 轴转动，而仪器的固定轴为 O'(为简单起见两轴相互平行且垂直于纸面)，在图 4.3.14 中，假设望远镜开始时分光计的读数为 φ_1 和 φ_1'，转动角度 α 后读数是 φ_2 和 φ_2'，则根据简单说明情况的结论：

$$\beta = \frac{1}{2}(\varphi_1 + \varphi_1' - 180°)$$

$$\alpha + \beta = \frac{1}{2}(\varphi_2 + \varphi_2' - 180°)$$

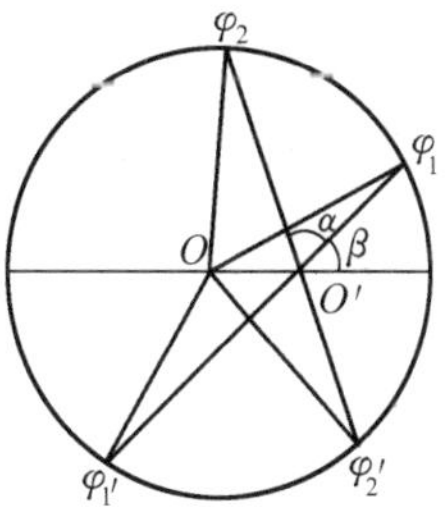

图 4.3.14　双孔读数补偿详细说明图

上面两个公式中的减去 180°是由于分光计的读数圆

盘按照 360°标记,公式中的读数与简单情况的角度比较多出 180°。则望远镜转动的角度是

$$\alpha=\alpha+\beta-\beta=\frac{1}{2}[(\varphi_2-\varphi_1)+(\varphi_2'-\varphi_1')]$$

上述方法说明,偏心引起的系统效应可用相距 180°处双孔读数的方法来抵消。

实验 4　测定金属材料的杨氏弹性模量

材料受外力作用时必然发生形变,在弹性限度内其应力(单位面积上所受力的大小)和应变(单位长度上的形变)的比值称为杨氏弹性模量。它是衡量材料受力后形变的参数之一,是设计各种工程结构时选用材料的主要依据之一。本实验分别采用拉伸法和动态法测定金属材料的杨氏弹性模量。

静态拉伸法是测定金属材料弹性模量的一种传统方法,这种方法拉伸实验载荷大,加载速度慢,存在弛豫过程,对脆性材料和不同温度条件下的测量难以实现,但作为教学实验,该方法在仪器合理配置、长度的放大测量及测量结果的不确定度评定等方面具有普遍意义。

动态法是测定弹性模量的另一种方法,它可以克服静态拉伸法的不足之处,是目前国际上应用广泛的一种测量方法,也是国家标准中推荐采用的一种测量方法。

实验 4.1　用拉伸法测量金属材料的杨氏弹性模量

【实验目的】

1. 学会用光杠杆法测量微小变化量,进而测定金属材料的杨氏弹性模量。
2. 熟练掌握螺旋测微器(即千分尺)、游标卡尺等的使用。
3. 掌握用逐差法处理数据的方法。

【问题探索】

1. 本实验用什么方法测量金属材料的微小变化量?除此实验方法外,还能想出哪些测量物体微小变化量的方法?
2. 材料相同,但粗细长度不同的两根钢丝,它们的杨氏弹性模量是否相同?
3. 光杠杆有什么优点?试计算:在钢丝的下端增加 5 kg 砝码时,钢丝的伸长 ΔL 为多少厘米,光杠杆的放大倍数 K 有多大?
4. 试分析:在实验中,哪些测量值对实验结果的影响较大,应如何改进?

【实验原理】

任何物体(或材料)在外力作用下都会发生形变。当形变不超过某一限度时撤走外力则形变随之消失,这是一个可逆过程,这种形变称为弹性形变,这一限度称为弹性极限。超过弹性极限,物体就会产生永久形变(亦称塑性形变),即撤出外力后形变依然存在,永久形

变为不可逆过程。当外力进一步增大到某一点时,会突然发生很大的形变,该点称为屈服点。在达到屈服点后不久,材料可能发生断裂,在断裂点被拉断。

杨氏弹性模量是一个表征材料性质的物理量,它仅与材料的结构、化学成分及其加工制造方法有关,而与试样的尺寸、形状和外加的力无关。杨氏模量的大小标志了材料的刚性。

用拉伸法测定金属丝杨氏弹性模量的实验装置如图 4.4.1 所示,将金属丝的上端固定于上夹头 A 处,下端与挂钩连接起来,挂钩上挂有砝码盘。金属丝穿过平台 C 并固定于下夹头 B 上,夹头 B 在平台 C 的孔中能上下自由移动(注意:不应让它扭动)。光杠杆 M 的前足尖放在平台 C 上,后足尖放在夹头 B 上。光杠杆前方一定距离处有尺读望远镜 T 和标尺 R。

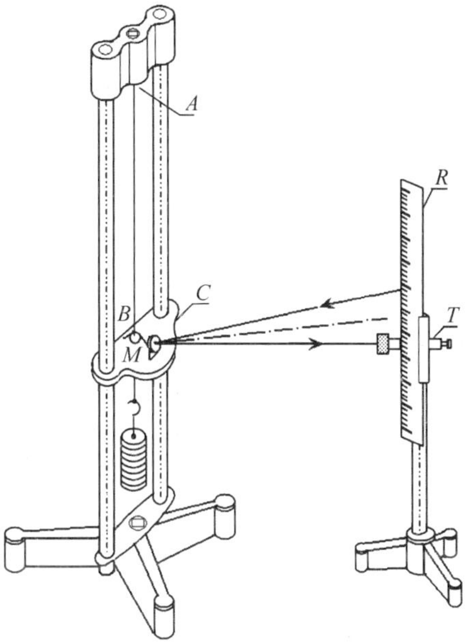

图 4.4.1　实验装置图

当砝码盘上的砝码增加或减少时,钢丝就会被伸长或缩短,夹在钢丝上的夹头 B 便随之下降或上升,光杠杆 M 的平面镜也随之发生偏转,从望远镜 T 中可以观察到标尺刻度值的变化。根据光杠杆原理,可以求出钢丝伸长量 ΔL。

设一根粗细均匀的金属丝的长度为 L,截面积为 S,将其上端固定于上夹头 A 处,下端悬挂砝码。于是金属丝受外力 F(砝码的重力)的作用发生形变,伸长了 ΔL。根据胡克定律,在弹性限度内,弹性体的应力和应变成正比,即

$$\frac{F}{S}=E\frac{\Delta L}{L}$$

$$E=\frac{\frac{F}{S}}{\frac{\Delta L}{L}} \tag{4.4.1}$$

式中,比例系数 E 称为该材料的杨氏弹性模量,单位是 N/m^2。加于金属丝的外力 F,金属丝的长度 L 和面积 S 都可以用一般方法测量,而伸长量 ΔL 是很小的。如何测定微小长度的变化是实验的关键。

本实验中利用光杠杆放大原理来测量这一微小的长度变化量。如图 4.4.2 所示,设未加砝码时,光杠杆镜面的法线为 OU,从望远镜中读得标尺的读数为 n_0。增加一个砝码时,金属丝伸长 ΔL,光杠杆的后足尖随夹头 B 下降,反射镜就偏转一个 α 角。若 $\angle\alpha$ 很小,O 点的位移可忽略,即图中的 O 点与 O' 点可以看成一点,此时镜面的法线是 OV。从望远镜中读得标尺读数为 n_1。若光杠杆的长度为 b,从光杠杆镜面到标尺的垂直距离为 D,可以证明,在 $\Delta L \ll b$ 的情况下,因为

$$\alpha=\frac{\Delta L}{b},\qquad \frac{\Delta n}{D}=2(i_2-i_1)=2\alpha$$

所以

$$\frac{2\Delta L}{b}=\frac{\Delta n}{D}$$

于是有

$$\Delta L=\frac{b\Delta n}{2D} \tag{4.4.2}$$

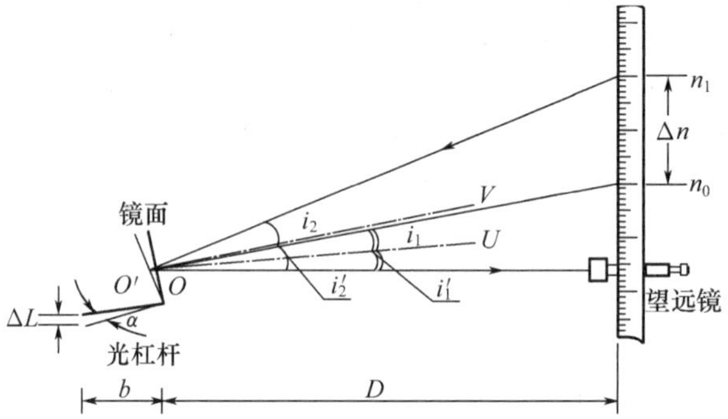

图 4.4.2　光杠杆原理示意图

由式(4.4.2)可知,由于 D 远大于 b,所以 Δn 必然远大于 ΔL。这样,光杠杆就把一个原来数值较小的变化量 ΔL 转变成一个数值较大的标尺读数的变化量 Δn。由此可明显看到光杠杆装置对测量标尺读数具有放大作用,比值$\frac{\Delta n}{\Delta L}$就是光杠杆的放大倍数。由式(4.4.2)可得放大倍数 K 为

$$K=\frac{2D}{b} \tag{4.4.3}$$

将式(4.4.2)代入式(4.4.1),且 $S=\frac{1}{4}\pi d^2$(d 为金属丝直径),则杨氏弹性模量为

$$E=\frac{8FLD}{\pi d^2 b\cdot\Delta n} \tag{4.4.4}$$

【实验方案】

本实验采用的实验方法为光学放大法。通过调整望远镜及光杠杆系统,使金属丝的伸长量 ΔL 放大成为标尺读数差 Δn,并利用逐差法进行数据处理,计算出金属丝的杨氏弹性模量 E。

【实验仪器】

杨氏弹性模量仪(包括光杠杆、砝码、尺读望远镜、标尺)、螺旋测微器(即千分尺)、游标卡尺、米尺等。

【实验内容】

1. 仪器调整

调整目的:在望远镜中看到清晰的标尺像。

(1)调整杨氏模量测定仪三脚架的底脚螺丝,使两支柱垂直于地面,并检查夹头 B 是否可在平台圆孔中自由上下滑动。

(2)将光杠杆的前足尖放在平台 C 的沟槽内,后足尖平稳地放在夹头 B 的水平面上,并注意不要碰到金属丝,光杠杆的镜面大致垂直于平台 C。

(3)将望远镜和标尺放置于光杠杆镜面前方 1.5 ~2 m 处,望远镜与镜面位于同一高度并对准镜面,标尺与镜面平行。

(4)调节望远镜的目镜,看清其中的叉丝。

(5)用望远镜直接看光杠杆的镜面,用从镜中看到的像来调整光杠杆镜面的角度,使之能够反射与它等高的物体。再沿着镜筒上方的视准星向光杠杆的镜面上看,观察镜中是否有标尺的像。若没有,左右移动望远镜直至看到为止。(调节原理:光杠杆的镜面中心的法线位于望远镜与标尺的中间)

(6)调节物镜调焦螺旋,先从望远镜中看到光杠杆镜面的像,调节望远镜的上下仰角和左右偏向(注意:此时不要移动望远镜的镜架),使镜子的像“居中”。再继续调节物镜调焦螺旋,便可以看到标尺的刻线,并将它调整清晰。注意消除标尺刻线与叉丝之间的视差。

2. 实验步骤

(1)在砝码盘上加 1 kg 砝码,记下与望远镜中间一条横叉丝相重合的标尺读数 n_1'。以后每增加 1 kg 砝码,记下相应的标尺读数,一直加到 8 kg 为止,分别记作 $n_2', n_3', \cdots, n_8'$。再逐次减少 1 kg 砝码,记下相应的标尺读数,分别记作 $n_8'', n_7'', \cdots, n_1''$。用对应的数据求平均值,即 $n_i = \frac{1}{2}(n_i' + n_i'')$, $i = 1, 2, \cdots, 8$。

(2)用米尺测量上夹头 A 与下夹头 B 之间的金属丝长度 L,用米尺测量光杠杆镜面到标尺的垂直距离 D。

(3)将光杠杆放在纸上,印出足尖位置,测量出从后足尖至前足尖连线的垂直距离 b。

(4)测量不加负荷时金属丝的直径 d,在不同位置进行多次测量。

关于螺旋测微器和游标卡尺的使用详见“第 3 章第 1 节长度测量的常用仪器”的相关内容。将以上实验数据记入表 4.4.1 中。

【注意事项】

1. 光杠杆、望远镜、标尺一经调好后,在实验过程中不可再移动。否则,所测量的实验数据无效,应重新记录数据。

2. 在增减砝码时,动作要轻,不要碰动光杠杆,并注意安全。

【数据处理】

1. 列表记录测量数据

列出表 4.4.1 所示的表格记录实验数据。

表 4.4.1　实验数据记录表　　单位:mm

<table>
<tr><td>1 kg 砝码数/个</td><td>1</td><td>2</td><td>3</td><td>4</td><td>5</td><td>6</td><td>7</td><td>8</td></tr>
<tr><td>增加砝码时对应的标尺读数 n_i'</td><td></td><td></td><td></td><td></td><td></td><td></td><td></td><td></td></tr>
<tr><td>减少砝码时对应的标尺读数 n_i''</td><td></td><td></td><td></td><td></td><td></td><td></td><td></td><td></td></tr>
<tr><td>标尺读数的平均值 n_i</td><td></td><td></td><td></td><td></td><td></td><td></td><td></td><td></td></tr>
<tr><td>金属丝长度 L</td><td colspan="2"></td><td colspan="4">光杠杆镜面到标尺的垂直距离 D</td><td colspan="2"></td></tr>
<tr><td>光杠杆的长度 b</td><td></td><td></td><td></td><td colspan="5"></td></tr>
<tr><td>金属丝的直径 d</td><td></td><td></td><td></td><td></td><td></td><td colspan="3"></td></tr>
</table>

2. 用逐差法处理标尺读数(请参见第1章第4节1.4.5逐差法)

(1)求增减砝码所对应数据的平均值,即

$$n_i=\frac{1}{2}(n_i'+n_i'')\quad(i=1,2,\cdots,8)$$

(2)将 $n_1\sim n_8$ 分成两组,求出每增加4 kg的伸长量,即

$$\Delta n_i=n_{i+4}-n_i\qquad(i=1,2,3,4)$$

(3)计算平均值:

$$\overline{\Delta n}=\frac{1}{4}\sum_{i=1}^{4}\Delta n_i=\frac{1}{4}[(n_5-n_1)+(n_6-n_2)+(n_7-n_3)+(n_8-n_4)]$$

3. 测量不确定度的评定

(1)将各个测量值的平均值代入式(4.4.4),计算杨氏弹性模量 E 的平均值:

$$\overline{E}=\frac{8\overline{F}\,\overline{L}\,\overline{D}}{\pi\overline{d}^2\overline{b}\cdot\overline{\Delta n}}$$

(2)评定各个测量值的合成标准不确定度。

例如,金属丝直径 d 的合成标准不确定度为

$$u(d)=\sqrt{u_A^2(d)+u_B^2(d)}$$

(3)评定杨氏弹性模量 E 的合成标准不确定度 $u_c(E)$:

$$u_c(E)=\sqrt{\sum_{i=1}^{n}\left[\frac{\partial f}{\partial x_i}u(x_i)\right]^2}\quad(x_i=F,L,D,d,b,\Delta n)$$

(4)求杨氏弹性模量 E 的扩展不确定度 $U(E)$,表示测量结果:

$$U(E)=2u_c(E)$$

测量结果为

$$E=\overline{E}\pm U(E)$$

注意 (1)计算时要统一计量单位,取 $F=4\times9.8$ N。

(2)扩展不确定度 $U(E)$ 取两位有效数字,$\overline{E}$ 与 $U(E)$ 必须转换为同一数量级、用同一计量单位,且 $\overline{E}$ 的最末位应与 $U(E)$ 的最末位对齐。

实验4.2 用动态法测量金属材料的杨氏弹性模量

【实验目的】

1. 学会使用信号发生器及示波器。
2. 掌握测量细杆共振频率的基本方法。
3. 利用动态法测量杨氏弹性模量。

【问题探索】

1. 物体的固有频率和共振频率有何不同,它们之间有什么联系?
2. 物体的固有振动频率取决于什么?如何用动态法测量金属的杨氏弹性模量?
3. 实验中如何判断基频下的共振频率?

【实验原理】

任何物体都有其固有的振动频率，这个固有振动频率取决于试样的振动模式、边界条件、弹性模量、密度，以及试样的几何尺寸、形状等。只要能够从理论上建立一定的振动模式、边界条件、试样的固有频率及其他参量之间的关系，就可通过测量试样的固有频率、质量和几何尺寸来计算材料的杨氏弹性模量。

1. 杆振动的基本方程

当一根细长的杆做微小的横（弯曲）振动时，选择杆的一端为坐标原点，沿着细杆的长度方向定义为 x 轴建立直角坐标系，利用牛顿力学和材料力学的基本理论可推导出杆的振动方程为

$$\frac{\partial^2 U}{\partial t^2}+\frac{EI}{a}\frac{\partial^4 U}{\partial x^4}=0 \tag{4.4.5}$$

式中，U 即 $U(x,t)$ 为细杆上任一点 x 在时刻 t 的横向位移；E 为杨氏模量；I 为绕垂直于细杆且通过横截面形心的轴的惯量矩；a 为每单位长度上的质量。

对长度为 L、两端自由的细杆，边界条件如下：

弯矩 $$M=EI\frac{\partial^2 U}{\partial x^2}=0$$

作用力 $$F=\frac{\partial M}{\partial x}=-EI\frac{\partial^3 U}{\partial x^3}$$

即 $x=0$ 和 L 时，有 $$\frac{\partial^2 U}{\partial x^2}=0,\frac{\partial^3 U}{\partial x^3}=0 \tag{4.4.6}$$

用分离变量法解微分方程式(4.4.5)并利用边界条件式(4.4.6)，可推导出细杆自由振动的频率方程为

$$\cos kL\cdot \mathrm{ch}\, kL=1 \tag{4.4.7}$$

式中，k 为求解过程中引入的系数，在 $d\ll L$ 的条件下，其值满足：

$$k^4=\frac{\omega^2 a}{EI} \tag{4.4.8}$$

式中，ω 为细杆的固有振动角频率。从式(4.4.8)可知，当 a,E,I 一定时，角频率 ω（或频率 f）是待定系数 k 的函数，k 可由式(4.4.7)求得。式(4.4.7)为超越方程，不能用解析法求解，利用数值计算法求得前 n 组解为

$$k_1L=1.506\pi,k_2L=2.4997\pi,k_3L=3.5004\pi$$

$$k_4L=4.5005\pi,\cdots,k_nL\approx\left(n+\frac{1}{2}\right)\pi$$

对应 k 的 n 个取值，细杆的固有振动频率有 n 个，分别为 $f_1,f_2,\cdots f_n$。其中 f_1 为细杆振动的基频，$f_2,f_3,\cdots,f_n$ 分别为细杆振动的 1 次谐波频率、2 次谐波频率……n 次谐波频率。弹性模量是材料的特性参数，与谐波级次无关，根据这一点可以导出谐波振动与基频振动之间的频率关系为

$$f_1:f_2:f_3:f_4=1:2.76:5.40:8.93$$

2. 用动态法测量杨氏弹性模量

若取细杆振动的基频，由 $k_1L=1.506\pi$ 及式(4.4.8)，得

$$f_1^2=\frac{1.506^4\pi^2EI}{4L^4a}$$

对圆形棒,有

$$I=\frac{3.14}{64}d^4$$

$$E=1.6067\frac{mL^3}{d^4}f_1^2 \qquad (4.4.9)$$

式中,$m=aL$ 为细杆的质量;d 为细杆的直径。实验中测得细杆的质量、长度、直径及固有频率,即可求得杨氏弹性模量。

【实验方案】

任何物体的固有振动频率取决于试样的振动模式、边界条件、弹性模量、密度以及试样的几何尺寸、形状等。利用测量仪器分别测量待测细杆的直径、长度、质量等;调节信号发生器的输出频率,测出细杆的共振频率;将测量量代入式(4.4.9),可计算出细杆的杨氏弹性模量。

【实验仪器】

悬挂式杨氏弹性模量测量装置、支撑式杨氏弹性模量测量装置、示波器、千分尺、游标卡尺、天平等。

【实验内容】

1. 悬挂式/支撑式杨氏弹性模量测量装置

悬挂式杨氏弹性模量测量装置如图 4.4.3 所示,支撑式杨氏弹性模量测量装置如图 4.4.4 所示。

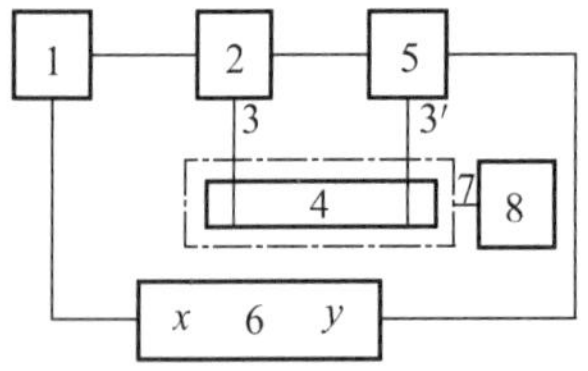

图 4.4.3　悬挂式杨氏弹性模量测量装置图

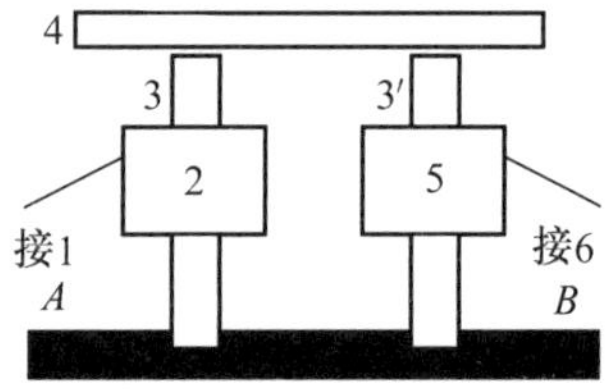

图 4.4.4　支撑式杨氏弹性模量测量装置图

图 4.4.3 和图 4.4.4 中的 1 是功率函数信号发生器,它发出的声频信号经换能器 2 转换为机械振动信号,该振动通过悬丝(或支撑物)3 传入细杆引起细杆 4 振动,细杆的振动情况通过悬丝(或支撑物)3′传入接收换能器 5 转变为电信号进入示波器 6 显示。调节信号发生器的输出频率,当信号发生器的输出频率不等于细杆的固有频率时,细杆不发生共振,示波器上波形幅度很小。当信号发生器的输出频率等于细杆的固有频率时,细杆发生共振,在示波器上可看到信号波形振幅达到最大值。如将信号发生器的输出同时接入示波器的 x 轴,则当输出信号频率在共振频率附近扫描时,可在显示器上看到李萨如图形(椭圆)的主轴在 y 轴左右偏转。当测量不同温度下的杨氏模量时,需将细杆置于加热炉 7 内,改变炉温,即可测量不同温度下试样的杨氏弹性模量,炉温由温控器 8 调节控制。

在图 4.4.3 中，两个换能器的位置可调节，悬线采用直径为 0.05 ~ 0.15 mm 的铜线，粗硬的悬线将引入较大的误差。图 4.4.4 中，细杆 4 通过特殊材料搭放在两个换能器上，支架横杆上有 2 和 5 共两个换能器，其间距可调节。

2. 测量过程

实验测试样品为四根直的圆细杆。

(1) 用螺旋测微计测量细杆的直径，取不同部位测量 3 次，取平均值。

(2) 用游标卡尺测量细杆的长度，测量 3 次，取平均值。

(3) 用天平测量细杆的质量。

(4) 根据图 4.4.3 连接各仪器，先用支撑式测量装置测出各细杆的共振频率。

(5) 将细长棒悬挂入炉升温，测量杨氏弹性模量随温度的变化。测试用的细杆选用短的钢棒，悬线牢固结扎在距端点约 10 mm(节点)处，测量细杆在室温、100 ℃，200 ℃，300 ℃，400 ℃，500 ℃下的共振频率，每个温度下重复测量 5 次。注意当炉腔内温度较高时，炉体表面温度较高，不要用手直接触摸，以免烫伤。

(6) 根据式(4.4.9)计算杨氏弹性模量数值。

注意　式(4.4.9)是在 $d \ll L$ 的条件下推出的，实际细杆的径长比不可能趋于零，从而给求得的弹性模量带来了系统误差，这就须对求得的弹性模量做修正，且 $E_r = KE_u$，其中，E_r 为做修正的弹性模量；E_u 为未做修正的弹性模量；K 为修正系数，它与谐波级次、试样的泊松比、径长比有关，当材料泊松比为 0.25 时，基频波修正系数随径长比的变化如表 4.4.2 所示。

表 4.4.2　基频波修正系数随径长比的变化数据表

径长比 d/L	0.01	0.02	0.03	0.04	0.05
修正系数 K	1.001	1.002	1.005	1.008	1.014

【注意事项】

1. 在悬挂金属棒的过程中，不可用力拉扯悬丝，否则会损坏换能器。
2. 必须捆紧两根悬丝，不能松动。实验中要等待金属棒稳定后才可以进行测量。

【数据处理】

参考实验 4.1 中的数据处理，求杨氏弹性模量。

知识拓展　共振信号的鉴别

在测量中，激发、接收换能器，悬丝，支架等部件都有自己的共振频率，都可能以其本身的基频或高次谐波频率发生共振，因此鉴别共振信号是共振法测量细杆固有频率的技术关键，这包含以下两个问题：

(1) 判断细杆是否处于共振状态；

(2) 判别所出现的共振信号属于哪一种振动模式和级次。

在实验中弄清这两个问题往往是同时进行的，根据理论和经验可采用下述鉴别方法。

1. 幅度鉴别法

共振时振幅达到极大值。振动阻尼越小,共振峰越尖锐,这是判断共振状态最直接的办法,也是实验时第一步应该做的。通过手动扫频找出了出现极大振幅的几个频率,只表明共振频率一定处在这几个频率上,还不清楚是否有假信号(非试样共振引起的极大值)以及所对应的振动模式和级次,应采用下面的方法进一步确定。

2. 相位鉴别法

接收到的试样振动信号和激发信号间有一个位相差,也就是说,振动信号比激发信号落后某一相角,共振时,位相差为$\frac{\pi}{2}$。当激发频率自小而大地扫过共振频率时,相位差从小于$\frac{\pi}{2}$、等于$\frac{\pi}{2}$,再到大于$\frac{\pi}{2}$。根据共振时的这一特征,可以判断共振信号。将激振信号输入示波器的 x 轴,待测信号输入 y 轴,在示波器上将出现一个扁圆形,当激振信号的频率调节到共振频率附近时,随着待测信号振幅的急剧增大,横卧着的扁圆形逐渐立起来,其长轴自 y 轴的一侧扫过 y 轴向另一侧变化。

3. 节点鉴别法

共振时,沿试样轴向形成驻波,有固定的波峰和波节。两端自由的试样棒弯曲振动时,基频弯曲振动波形如图 4.4.5 所示,基频波及各次谐波的节点位置如表 4.4.3 所示。基频和各次谐波振动的节点数目和位置都不相同。如果能够用肉眼观察到振动的波形和节点,那么很容易判断试样是否处于共振状态以及属于哪一个级次。但由于试样振幅一般很小,无法直接用肉眼观察,所以常使用如下几种间接的办法。

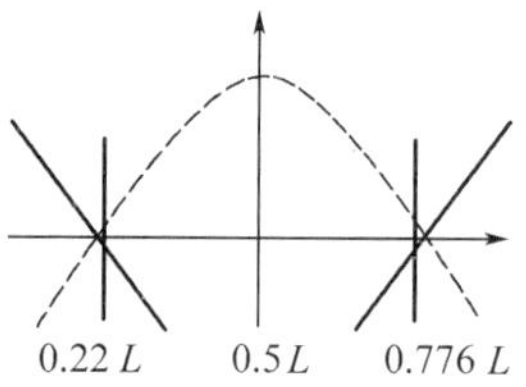

图 4.4.5　两端自由弯曲振动的节点位置

表 4.4.3　两端自由弯曲振动的节点位置

振动级次	节点数	节点位置(距试棒一端)
基频	2	0. 224L ~ 0. 776L
一次谐波	3	0. 132L ~ 0. 500L ~ 0. 868L
二次谐波	4	0. 094L ~ 0. 356L ~ 0. 644L ~ 0. 906L

(1)听诊法

用医用听诊器接近试样但不接触试样,从试样一端到另一端,一边移动一边听,在波峰处可听见最强的振动声,波节处的声音最弱,以此判断节点数及位置。

(2)触觉法

用一根细金属棒,轻轻地搭放在试样上,如果是波峰位置,能感觉到颤动,同时振动的振幅将因振动受阻而明显减小,如果是节点位置,则感觉不到颤动且对信号振幅没有影响。

(3)移动吊扎点法

如果将吊扎点移到节点位置,待测信号将消失,可以据此判定节点位置。

(4)频率鉴别法

已用幅度或相位鉴别法找出了若干与振幅极大值响应的频率后，可以按各次谐波与基频率振动的频率比，对照它们间的频率关系(f_1:f_2:f_3:f_4 = 1:2.76:5.40:8.93)，如果相符，就同时验证了它们的共振状态和振动级次。

(5)估算鉴别法

预先根据模量值的大致范围，按计算公式算出共振频率，在此频率值的附近寻找共振信号。一般来说，如果在可能的一个频率范围内只有一个振动峰，则多半就是所要找的共振信号。

第 5 章　研究型综合实验

实验 5　光衍射的研究及光栅常数的测量

光的衍射具有非常广泛的应用，如光谱分析、晶体结构分析、全息照相、光学信息处理等都涉及光衍射的有关理论。光栅是根据多缝衍射原理制成的一种分光元件，它能产生谱线间距较宽的、均匀排列的光谱，所得光谱线的亮度比用棱镜分光时要小些，但光栅的分辨本领比棱镜大。光栅不仅适用于可见光，而且能用于红外和紫外光波。

衍射光栅有透射光栅和反射光栅两种，它们都相当于一组数目很多、排列紧密均匀的平行狭缝。透射光栅是用金刚石刻刀在一块平面玻璃上刻成的，而反射光栅则把狭缝刻在磨平的硬质合金上。实验教学用的是复制光栅（透射式），它由明胶或动物胶在金属反射光栅印下痕线，再用平面玻璃夹好，以免损坏。

【实验目的】

1. 进一步熟悉分光计的使用。
2. 观察光线通过光栅后的衍射现象。
3. 测定光栅常数（或钠光光谱线的波长）。

【问题探索】

1. 用钠光（平均波长 $\lambda = 589.3$ nm，即 5.893×10^{-7} m）垂直入射到 1 mm有 500 条刻痕的平面透射光栅上时，最多能看到第几级光谱？请叙述理由。如果平面透射光栅为 200 条/毫米或 100 条/毫米，那么最多能看到第几级光谱？请叙述理由。

2. 在光栅衍射实验中，如果垂直入射的光是复合白光，不同波长的光为什么能分开？中央透射光是什么光？

3. 当测量第二级以上谱线时，看到相互靠近的两条谱线，这是为什么？从理论上应对准什么位置进行测量？

【实验原理】

光栅上的刻痕起着不透光的作用，当一束单色光垂直照射在光栅上时，各狭缝的光线因衍射而向各方向传播，经过透镜会聚相互产生干涉，并在透镜的焦平面上形成一系列明暗条纹。

如图 5.5.1 所示，设光栅常数 $d = AB$ 的光栅 G，有一束平行光在与光栅的法线成 i 角的方向入射到光栅上产生衍射。从 B 点作 BC 垂直于入射光 CA，再作 BD 垂直于衍射光 AD，

AD 与光栅法线所成的夹角为 φ。如果在这方向上由于光振动的加强而在 F 处产生了一个明条纹,其光程差 $CA+AD$ 必等于波长的整数倍,即

$$d(\sin\varphi \pm \sin i) = k\lambda \tag{5.5.1}$$

式中,λ 为入射光的波长。当入射光和衍射光都在光栅法线同侧时,式(5.5.1)括号内取正号;在光栅法线两侧时,括号内取负号。

若入射光垂直入射到光栅上(图 5.5.2),即 $i=0$,则式(5.5.1)变成

$$d\sin\varphi_k = k\lambda \tag{5.5.2}$$

或

$$\sin\varphi_k = \frac{\lambda}{d}k \tag{5.5.3}$$

这里,$k=0, \pm1, \pm2, \pm3, \cdots$,$k$ 为衍射级次;φ_k 为第 k 级谱线的衍射角。式(5.5.3)称为光栅方程。

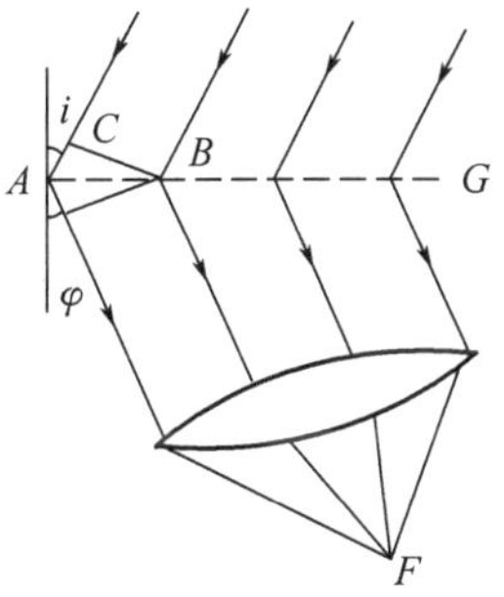

图 5.5.1　光栅的衍射

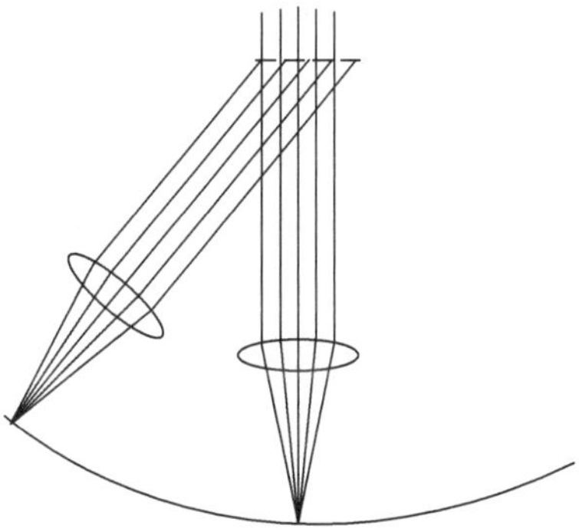

图 5.5.2　衍射条纹的观察位置

中央明条纹($K=0$)

如图(5.5.3)所示,光栅常数 d 是一个光栅刻痕 a 和一个刻痕间距 b 之和,即 $d=a+b$。

由式(5.5.3)可以看出:

(1)相邻两衍射条纹间的角距离越大,衍射条纹分得越开。

(2)对于给定的光栅常数 d,λ 不同,第 k 级主极大的位置不同。红光对应的衍射角大于紫光的,因此,光栅能把不同频率的光分开。如果用日光做实验,就能得到按紫、蓝、绿、橙、红的次序分布在零级两侧的彩色光谱,叫作光栅光谱。所谓零级谱线,是指沿着 $\varphi=0°$的方向观察,可以看到一条极强的中央亮纹;对称在零级谱线两侧的为一级谱线、二级谱线……随着谱线级数的增高,谱线的亮度变低,不易被看到。

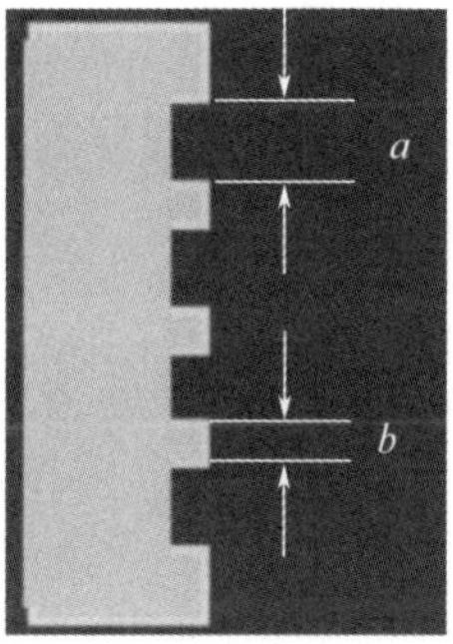

图 5.5.3　部分光栅示意图

本实验中使用 λ 为已知的钠光(其波长为 589.3 nm,实际上是 589.0 nm 和 589.6 nm 两个波长;由于它们非常靠近,一般取它们的平均值),可作为单色光。

一般在工程技术中,每毫米的刻痕数也叫作光栅常数,本实验我们就要测算出此光栅常数,即$\frac{1}{d}$。

【实验方案】

本实验所用的方法是衍射法。观测衍射条纹的前提是使分光计的望远镜的中轴线与载物台的法线垂直,入射线垂直于光栅平面。在测量时一定先确定0级衍射谱线,其他的各级衍射谱线才能以此作为标准被确定下来。从衍射条纹上可数出衍射的级次 k,测出对应的各级衍射角 φ_k,再代入式(5.5.3),用最小二乘法算出光栅常数$\frac{1}{d}$。

【实验仪器】

分光计和光栅。

【实验内容】

1. 分光计的调节

分光计的调节包括对望远镜、载物台、平行光管的调节。关于分光计调节的详细内容,参看本书的实验3.1三棱镜的调整。分光计调好后,望远镜的水平调节螺丝不能再动。

2. 待测件光栅的调节

对于待测件光栅的调节有以下两点要求:

①入射线垂直于光栅平面。

②平行光管的狭缝与光栅刻痕平行。

待测件光栅的调节方法具体如下。

(1)入射线垂直于光栅平面

照亮平行光管的狭缝,转动望远镜对准狭缝,使狭缝与望远镜的竖直叉丝对齐,固定望远镜。

如图5.5.4所示放好光栅,达到 S_1,S_3 的连线与光栅表面垂直。转动载物台,拧动载物台水平调节螺丝 S_1(或 S_3),使光栅面与望远镜接近垂直,找回反射回来的叉丝像并达到自准(望远镜的最上叉丝与横竖叉丝像重合),小心固紧载物台,是直到实验结束不能再次转动载物台。

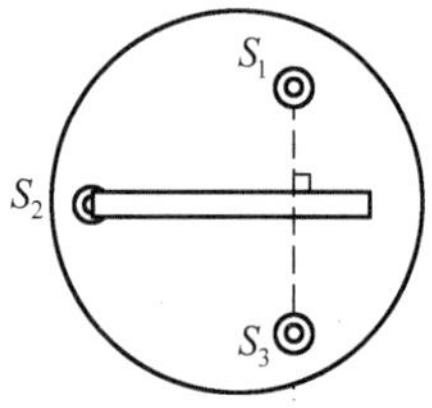

图5.5.4　光栅放置的位置

综上所述,调好后看到的现象是:在望远镜中看到的入射光线、望远镜的叉丝竖线、叉丝像竖线三条线重合;叉丝像横线与望远镜最上横线重合。

(2)平行光管狭缝与光栅刻痕平行

松开固定的望远镜,转动望远镜观察左、右各级的谱线,若谱线的高度不一样高,调节 S_2,使左、右谱线一样高即可达到光栅刻痕与平行光管狭缝平行。

3. 各衍射角的测量

依次测出 $k=-3,-2,-1,0,1,2,3$ 各级衍射谱线对应的角度,并记录。

【注意事项】

1. 光栅是精密光学元件,严禁用手触摸光栅面。

2. 为了更加精确地测量,必须使谱线和叉丝以及反射叉丝像清晰并消除视差,具体方法为转动目镜使叉丝清晰，调节调焦鼓轮（或松开固定目镜组螺丝，前后拔、插目镜组）使反射的叉丝像清晰，调节调狭缝的鼓轮（或松开固定狭缝的螺丝，前后拔插狭缝筒）使狭缝清晰，并反复调节，尽可能消除视差。

3. 由于钠光的谱线是 589.0 nm 和 589.6 nm 两条谱线，特别是 ±2 级以后两条谱线分得非常明显，测量时应该只对准内侧线 589.0 nm 或者外侧线 589.6 nm 测量，以便对应相应的波长计算。

【数据处理】

1. 衍射角的计算

测量的数据如表 5.5.1 所示。

表 5.5.1　测量的数据表

级次测量	−3	−2	−1	0	1	2	3
α_i							
α_i'							

根据公式 $\varphi_i=\dfrac{1}{2}[(\alpha_i-\alpha_0)+(\alpha_i'-\alpha_0')]$ 计算出 φ_i 的 7 个测量数据，评定 A 类标准不确定度，再求出它们的 B 类标准不确定度。

2. 用最小二乘法处理数据

由于 k 是准确值，而 φ_i 有不确定度，因此利用最小二乘法处理数据时，应设 $y_i=\sin\varphi_i$，$x_i=k$，则对应的 $b=\lambda/d$。由所设的变量并计算可知，φ_i 的 B 类标准不确定度是固定的 0.5，而根据公式 $u_{yi}=\cos\varphi_i\cdot u_{\varphi i}$，$y_i$ 的 B 类标准不确定度却因 φ_i 的值而不同。原则上求 y_i 的 B 类标准不确定度应加权平均，可是这样计算太复杂，因此求出各个 y_i 的 B 类标准不确定度后，用各个 y_i 的 B 类标准不确定度的平均值作为它的 B 类不确定度，以便与 y_i 的 A 类标准不确定度合成，最后表示测量结果。

实验 6　迈克尔逊干涉仪的应用

1801 年，英国的托马斯·杨进行了第一个观察光的干涉现象的实验——光的双缝干涉实验，成功地测出了红光和紫光波长，奠定了光的波动性的实验基础。按照经典力学的理论，光既然是一种波动，就一定要靠介质才能传播。于是，人们提出了所谓光的以太假说。为了探测以太的存在，1880 年，迈克尔逊在柏林大学的赫姆霍兹实验室精心设计了著名的迈克尔逊干涉装置，进行了耐心的实验测量。直到 1887 年 7 月也没能得到理论预期的以太漂移的结果，为最终否定以太假说奠定了坚实的实验基础。这个著名的实验为近代物理学的诞生和兴起、为爱因斯坦建立狭义相对论开辟了道路。1907 年,迈克尔逊获得了诺贝尔物理学奖。

迈克尔逊干涉仪是用分振幅的方法实现干涉的光学仪器,原理简明,构思巧妙,堪称精密光学仪器的典范。随着技术的不断改进,仪器还能用于光谱线精细结构的研究和利用光波标定标准米尺等实验。目前,根据迈克尔逊干涉仪的基本原理研制的各种精密仪器已被广泛地应用于生产、科技等领域。

【实验目的】

1. 了解迈克尔逊干涉仪的结构和干涉花样的形成原理。
2. 学会迈克尔逊干涉仪的调整和使用方法。
3. 观察等倾干涉条纹,测量 He－Ne 激光的波长。
4. 观察等厚干涉条纹,测量钠光的双线波长差。

【问题探索】

1. 对于本实验所用的干涉仪如何读数?
2. 扩束的激光及钠光产生的圆形干涉条纹有什么差别?
3. 干涉条纹在“涌出”时,光程差是增大还是减小? 怎样利用干涉条纹的“涌出”和“陷入”来测定光波的波长?

【实验原理】

迈克尔逊干涉仪将来自同一光源的光线用分振幅法分成两束相干光,再让这两束光相遇,实现干涉。图 5.6.1 是迈克尔逊干涉仪原理图,分光镜 G_1 的第二面 AB 面镀有半透膜,与仪器导轨成 45°角固定在仪器上,平面反射镜 M_1 安装在导轨上,可用鼓轮(或微调旋钮)转动精密丝杠前后移动,其移动的位置可通过三处:毫米刻度尺、粗调鼓轮刻度盘、微调鼓轮刻度(可估读到10^{-5} mm)。相互垂直的平面反射镜 M_1,M_2 镜架背面装有三个调节平面镜倾斜方向的螺丝,平面反射镜 M_2 镜架下面还有两个方向互相垂直的微调螺杆,可用来精确调节 M_2 的倾斜程度。

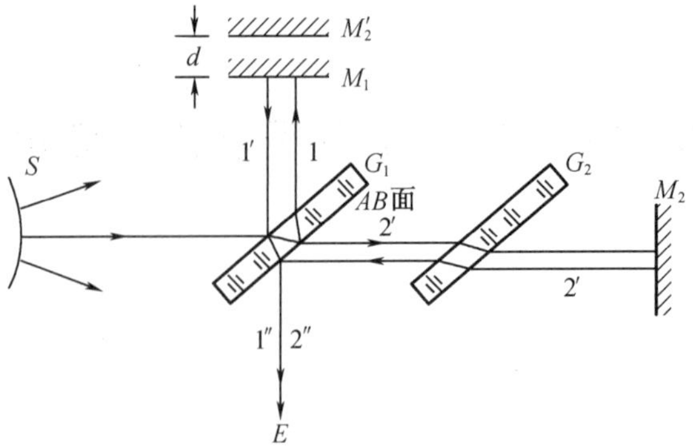

图 5.6.1　迈克尔逊干涉仪原理图

从光源 S 发出的光照射在 G_1,在 AB 面分成两束光线 1 和 2,在 AB 反射的光线 1,垂直

入射 M_1，在 M_1 沿原路反射透过 G_1 至观察屏 E。光线 2 为透射部分，这一部分通过补偿板 G_2 射入 M_2，再从 M_2 沿原路反射至 G_1，从 G_1 的 AB 面反射至观察屏 E。光束 1 和 2 是相干光，相遇可形成干涉条纹。

1. 迈克尔逊干涉仪的结构

迈克尔逊干涉仪的主体结构如图 5.6.2 所示，它由以下六个部分组成。

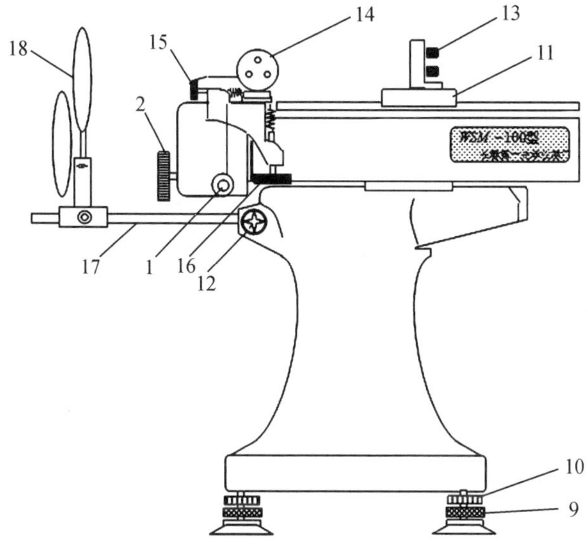

图 5.6.2　迈克尔逊干涉仪的主体结构图

1—微调鼓轮；2—粗调鼓轮；9—调平螺丝；10—锁紧螺丝；11—可动镜；
12—加紧旋钮；13—滚花螺纹（倾度粗调）；14—固定镜；15—水平倾度微调；
16—垂直倾度微调；17—支架杆；18—观察屏

（1）底座

底座由生铁铸成，较重，保证了仪器的稳定性。由三个调平螺丝 9 支撑，调平后，可拧紧锁紧螺丝 10 以保持座架的稳定。

（2）导轨

导轨 7 由两根平行的长约 280 mm 的框架和精密丝杆 6 组成，被固定在底座上，精密丝杆穿过框架正中，丝杆螺距为 1 mm，如图 5.6.3 所示。

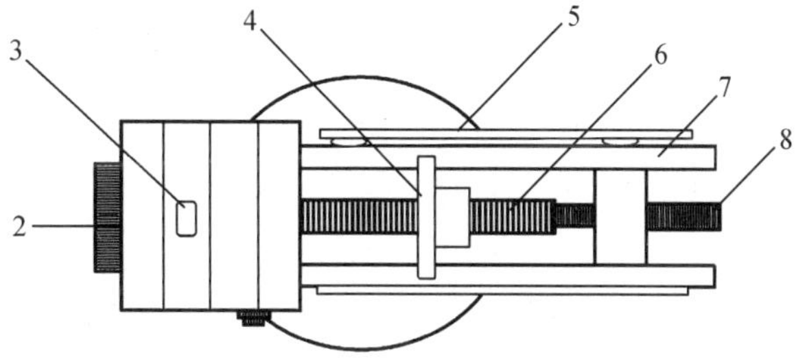

图 5.6.3　导轨的结构图

2—粗调鼓轮；3—刻度盘；4—丝杆啮合螺母；
5—毫米刻度尺；6—丝杆；7—导轨；8—丝杆顶紧螺帽

(3)拖板部分

拖板是一块平板,反面做成与导轨吻合的凹槽,装在导轨上、下方的是精密螺母,丝杆穿过螺母,当丝杆旋转时,拖板能前后移动,带动固定在其上的可动镜11(即 M_1)在导轨面上滑动,实现粗调。M_1 是一块很精密的平面镜,表面镀有金属膜,具有较高的反射率,垂直地固定在拖板上,它的法线严格地与丝杆平行。倾角可分别用镜背后面的三颗滚花螺丝13来调节,各螺丝的调节范围是有限度的。若螺丝向后顶得过松,则在移动时可能因震动而使镜面发生倾斜;若螺丝向前顶得太紧,则会使条纹不规则,严重时有可能使螺丝口打滑或平面镜破损。

(4) 定镜部分

定镜 M_2 与可动镜 M_1 是材质一样的平面镜,固定在导轨框架右侧的支架上。通过调节其上的水平倾度微调(即在水平方向带有拉簧的螺钉)15使 M_2 在水平方向转过一个微小的角度,能够使干涉条纹在水平方向微动;通过调节其上的垂直倾度微调(即在垂直方向带有拉簧的螺钉)16使 M_2 在垂直方向转过一个微小的角度,能够使干涉条纹上下微动;与三颗滚花螺丝13相比,水平倾度微调15、垂直倾度微调16改变 M_2 的镜面方位小得多。定镜部分还包括分光板 G_1 和补偿板 G_2。

(5)读数系统和传动部分

读数以毫米为单位,每一个具体数字由三部分组成。

①可动镜11(即 M_1)的移动距离可在机体侧面的毫米刻尺5上直接读得。只读准确位数,可读到1 mm。

②粗调鼓轮2旋转一周,拖板移动1 mm,即 M_2 移动1 mm,同时刻度盘3内的鼓轮也转动一周,鼓轮的一圈被等分为100格,每格为 10^{-2} mm,读数由窗口上的基准线指示。同样只读准确位数,可读到0.01 mm。

③微调鼓轮1每转过一周,拖板移动0.01 mm,可从刻度盘3中看到读数鼓轮移动一格,而微调鼓轮的周线被等分为100格,则微调鼓轮上的每格为 10^{-4} mm。此部分读2位准确位数和1位估读数字,共有3位数字,可读到 10^{-5} mm。所以,最后读数应为上述三者之和。用这种型号的迈克尔逊干涉仪读数一般共有7位有效位数。

(6)附件

支架杆17是用来放置观察屏18用的,由加紧旋钮12固定。

2. 等倾干涉

若入射光为点光源,M_1 和 M_2' 互相平行,则等倾干涉的光路原理图如图5.6.4所示。M_2' 为 M_2 在 G_1 的像,S_1' 和 S_2' 为光源在 M_1,M_2' 的虚像,是等效光源。观察面上的干涉现象,可以等效地看成虚光源 S_1' 和 S_2' 发出的光的干涉,若 M_1,M_2' 的距离为 d,则 $S_1'S_2'=2d$。由图5.6.4可以看出,距离观察屏的中心处任意一点 P 至两个光源的光程差为

$$\delta=2d\cos\theta \tag{5.6.1}$$

式中,θ 为观察点 P 和虚光源 S_2' 的连线与轴线 OX 的垂线所成的角。根据干涉条纹的明暗条件,有

$$2d\cos\theta=\pm k\lambda \tag{5.6.2}$$

$$2d\cos\theta=\pm\left(k+\frac{1}{2}\right)\lambda \tag{5.6.3}$$

上两式的 $k=1,2,\cdots$,为干涉条纹的级次。对于式(5.6.2)(或式(5.6.3)),右端变化一级

条纹,左端对 θ 求微分,则导出两相邻明纹(或暗纹)之间 $\Delta\theta$ 的表示式为

$$\Delta\theta = \frac{\lambda}{2d\sin\theta} \tag{5.6.4}$$

从上面各式中可以看到,中心处 O 点光程差最大(光程差 $=2d$),较高级次的干涉条纹在较低级次的干涉条纹的内侧,OP 相同处倾角相同,光程差相同,干涉为等倾干涉。等倾干涉条纹为以 O 点为圆心的同心圆。式(5.6.4)中的 $\Delta\theta$ 为亮环(或暗环)之间的宽度。由式(5.6.4)可知,当 θ 大、$\Delta\theta$ 小时,环纹细密;相反,当 θ 小、$\Delta\theta$ 大时,环纹粗疏,即等倾干涉的图形为中心粗疏往外细密的同心圆。当 $\theta=0°$时,式(5.6.2)、式(5.6.3)分别变为

$$2d = \pm k\lambda \tag{5.6.5}$$

$$2d = \pm\left(k+\frac{1}{2}\right)\lambda \tag{5.6.6}$$

用微调鼓轮改变 d,盯住某环(即不改变 k)会发现,环将会移动,若看干涉环纹的中央,会观察到环纹从中央冒出(或缩回)的现象。当 d 移动$\frac{\lambda}{2}$则将冒出(或缩回)完整的一个环(一个条纹)。显然,通过数出冒出(或缩回)环纹的个数和读出 d 的值可算出 λ 的值,也可以通过 λ 的值与冒出(或缩回)环纹的个数算出移动的距离 d。在迈克尔逊干涉仪中,实现等倾干涉是比较容易的,光源不一定是点光源,一般的面光源也能实现(见本实验“单色面光源产生的干涉条纹”)。

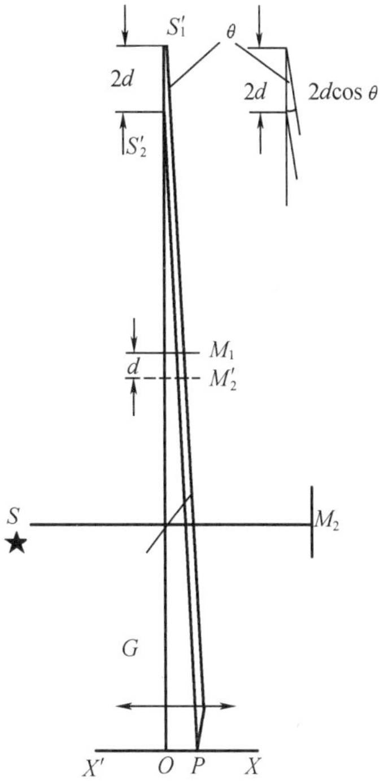

图 5.6.4 等倾干涉的光路原理图

3. 等厚干涉

若入射光为单色平行光源,M_1 和 M_2 互相不垂直,M_1,M_2'有一小角,且 M_1,M_2'与半透射镜的距离接近相同时,可观察到与 M_1,M_2'镜的交线相平行的直线条纹,同一条条纹上各点的 d 值相同,干涉为等厚干涉。

4. 单色面光源产生的干涉条纹

一个普通的面光源各点 S_1,S_2,…发出的光束不是相干光,但是空气膜的厚度一定时,每一个点光源发出的光束都有各自的等倾干涉环。等倾干涉环的位置随光束的倾角而变化,所以在光源的不同点发出的光束在相同倾角方向上,可以观察到互相重叠加强了的干涉环纹。当 d 减少时环纹粗疏;相反,d 增大时环纹细密。

若 M_2'偏离一个小角,如图 5.6.5(a)所示,条纹向右凸。当减小 d 时,条纹逐渐变直,同时,环纹变得粗疏;当 $d\to 0$ 时,如图 5.6.5(b)所示,环纹中央附近变直线,呈等厚干涉;当 d 向相反的方向变大时,如图 5.6.5(c)所示,环纹凸向拐向另一方向(原右凸变成左凸),这种现象对白光干涉的调整十分重要。

5. 白光的干涉

以白光射入,且只有在 $d\to 0$ 时(即凸向转变处),有几条彩色条纹(中央条纹为黑色)出现。白光的相干长度非常短,必须缓慢调节才能看到。

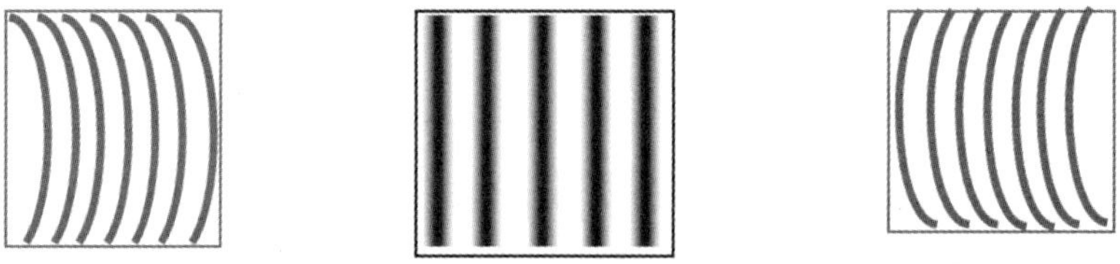

图 5.6.5　各种干涉条纹示意图

6. 干涉条纹的视见度

如有两个不同波长 λ_1 和 λ_2 的光，其波长相差很小，且光强相当，组成一光束（复合光）经干涉仪产生的干涉条纹的清晰程度如图 5.6.6 所示，它随光程差的变化而变化，其视见度 $V(\lambda)$ 随 d 的增加而周期性地改变。

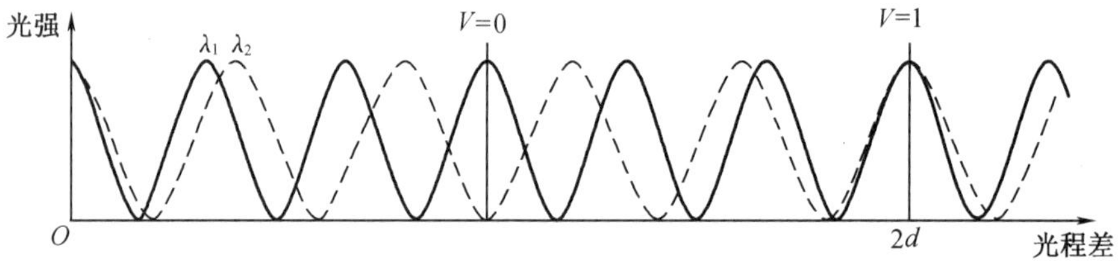

图 5.6.6　干涉条纹的视见度随光程变化示意图

通常使用的钠光灯发出的光是由 $\lambda_1=589.6$ nm，$\lambda_2=589.0$ nm 组成的，若钠光垂直入射，即 $\theta=0°$，无论是 λ_1 还是 λ_2，当 $d=0$ 时都满足加强的条件：移动 M_1 改变 d 值，总可以找到一个位置，此时对应的 d 值为 d_1，使得两种波长的光分别满足：

$$2d_1 = n\lambda_1 \tag{5.6.7}$$

$$2d_2 = \left(n+\frac{1}{2}\right)\lambda_2 \tag{5.6.8}$$

式(5.6.7)、式(5.6.8)表示，对于 λ_1 的波长满足亮纹的条件，对于 λ_2 的波长满足暗纹的条件。由于 λ_1，λ_2 相差很小，叠加结果使各条纹模糊不清，再增加 d，条纹逐渐清晰，对于 λ_1 和 λ_2 都满足互相加强，条纹最清晰，继续增加 Δd，又达到相邻的一亮一暗的条件，使条纹再次模糊不清，此时 $d_2=d_1+\Delta d$，$n_2=n+\Delta n$，则有

$$2(d_1+\Delta d) = (n+\Delta n)\lambda_1 \tag{5.6.9}$$

$$2(d_1+\Delta d) = \left(n+\Delta n+\frac{3}{2}\right)\lambda_2 \tag{5.6.10}$$

将式(5.6.7)与式(5.6.9)、式(5.6.8)与式(5.6.10)合并、整理，有

$$2\Delta d = \Delta n\lambda_1 \tag{5.6.11}$$

$$2\Delta d = (\Delta n+1)\lambda_2 \tag{5.6.12}$$

由式(5.6.11)、式(5.6.12)，得

$$\Delta n\lambda_1 = (\Delta n+1)\lambda_2$$

$$\lambda_1-\lambda_2 = \Delta\lambda = \frac{\lambda_2}{\Delta n}$$

可从式(5.6.11)中解出 Δn，将解出的 Δn 代入 $\Delta\lambda=\frac{\lambda_2}{\Delta n}$ 中，得

$$\Delta\lambda=\frac{\lambda_1\lambda_2}{2\Delta d}\approx\frac{\lambda^2}{2\Delta d} \tag{5.6.13}$$

在式(5.6.13)中，λ 为钠光的平均波长，$\lambda = 589.3$ nm。

【实验方案】

本实验所用的实验方法是干涉法。通过对干涉条纹数目的计量，利用式(5.6.5)计算出激光的波长；对于钠光的波长差，先判断钠光干涉没有条纹的状况，再测量邻近没有干涉条纹位置的距离，再利用式(5.6.13)较准确地测定钠光的波长差。而要观察到白光干涉条纹，则利用钠光或激光将 d 减小到很小，再用台灯作为光源调出彩色条纹。

测量时，用微调鼓轮改变转动方向，则出现空转。应注意避免空回误差引起的系统效应。测量激光波长时，需要干涉条纹的形状是圆形并确定好圆心的位置。

【实验仪器】

迈克尔逊干涉仪、He－Ne 激光器、钠光灯、毛玻璃屏、扩束镜等。

【实验内容】

1. 迈克尔逊干涉仪的调整

(1)使激光束水平地射向干涉仪的分光板 G_1。

按图5.6.1所示安装 He－Ne 激光器和迈克尔逊干涉仪。打开 He－Ne 激光器的电源开关，光强度旋钮调至中间，使激光束水平地射向干涉仪的分光板 G_1。

(2)调整激光光束对分光板 G_1 的水平方向入射角为45°。

如果激光束对分光板 G_1 的水平方向的入射角为45°，那么正好以45°的反射角向动镜 M_1 垂直入射，并沿原路返回，这个像斑重新进入激光器的发射孔。调整时，先用一张纸片将定镜 M_2 遮住，以免 M_2 反射回来的像干扰视线，然后调整激光器或干涉仪的位置，使激光器发出的光束经 G_1 折射和 M_1 反射后，沿原路返回到激光出射口，这表明激光束对分光板 G_1 的水平方向入射角为45°。

(3)调整定臂的光路。

将纸片从 M_2 上拿下，遮住 M_1 的镜面，发现从定镜 M_2 反射到激光发射孔附近的光斑有四个，其中光强最强的那个光斑就是要调整的光斑。为了将此光斑调进发射孔内，应先调节 M_2 背面的3个螺钉(图5.6.2)，改变 M_2 的反射角度。微小改变 M_2 的反射角度再调节水平倾度微调15和垂直倾度微调16，使 M_2 转过一个微小的角度。

注意 在未调 M_2 之前，细调螺钉15,16必须转到中间位置。

(4)拿掉 M_1 上的纸片后，要看到两个臂上的反射光斑都应进入激光器的发射孔，且使在毛玻璃屏上的两组光斑完全重合。若无此现象，应按上述步骤反复调整。

(5)用扩束镜使激光束产生面光源，按上述步骤反复调节，直到毛玻璃屏上出现清晰的等倾干涉条纹。

(6)缓慢转动迈克尔逊干涉仪正面的粗调鼓轮，最好转动微调鼓轮，观察干涉环的变化情况。要注意不要调到导轨系统的极限位置。

2. 测量 He－Ne 激光光波的波长

在熟悉了实验现象之后，每冒出(或缩回)100 个条纹，读出导轨侧面刻度尺、粗调鼓轮刻度盘的值以及微调鼓轮刻度的值 d_1，共记 5 次。

3. 测量钠双线波长差

光源换成钠光源，用眼直接观察 M_1，可看到干涉条纹。沿一个方向转动微调鼓轮，熟悉干涉条纹可见度变化的情况，尤其注意判别可见度为零的情况，这时可以记录连续 5 个相邻没有干涉条纹位置的间距 d_2 值。

4. 观测白光干涉条纹

由于白光干涉条纹出现在 $d\to 0$ 处，是每台迈克尔逊干涉仪的唯一位置；因此直接用白炽灯(台灯)调节白光干涉条纹基本不可能实现。需要借助钠光灯光源或扩展激光光源使 d 到极小的位置，再用白炽灯进行观察。

调节前，先用钠光灯光源或扩展激光光源观察干涉条纹。此时观察到的干涉条纹有以下两种情况：

(1)干涉条纹是圆形条纹。

(2)看不到干涉条纹的圆心而只看到一些粗疏弧形条纹。

如果是第一种情形，调节粗调鼓轮，使条纹向圆心收缩，即条纹缩回。在这个过程中，条纹变得越来越粗疏，直到出现情形(2)。

在情形(2)下，假定此时干涉条纹仍是圆形，只是我们看不到圆心而已(实际上不是圆形条纹)。缓慢地调节粗调鼓轮使条纹向圆心方向移动，例如干涉条纹如图 5. 6. 5(a)所示，则调节装置使条纹向左移动；如干涉条纹如图 5. 6. 5(c)所示，则调节使条纹向右移动；直到这些弧形条纹非常接近直线。然后较缓慢地转动微调鼓轮，使条纹仍向圆心方向移动。由于激光干涉条纹观察的范围大，因此用激光作为参考光源可以判断的位置 d 更小。

改用白炽灯进行观察(如果以钠光灯作为参考光源，则以白炽灯为主，在平面镜 G_1 的边缘能观察到部分钠光灯干涉条纹)。刚换白炽灯时，一般情况下只能看到白炽灯的灯泡，不要着急，耐心地按原来微调鼓轮确定的方向，较缓慢地转动微调鼓轮，直到白光干涉处，可观察到彩色条纹，记录此时的 d_3 值。

注意　用钠光灯光源或扩展激光光源时，如果调节粗调鼓轮使条纹向圆心方向移动过快，则使干涉条纹原来的“凸向”改变方向，而这一“凸向”改变的交界处就是白光干涉处。此时，白光干涉处已经过去，需要反方向调节。

【注意事项】

1. 不要用眼睛直接观看激光束。
2. 迈克尔逊干涉仪是一种精密的光学仪器，绝不能用手直接触摸各光学部件的表面。
3. 为了测量读数准确，在使用干涉仪之前，必须对读数系统进行校正。
4. 在调节和测量过程中，一定要非常细心和耐心，转动鼓轮时要缓慢、均匀。
5. 为了防止引入螺距的空回差，每次测量时，必须沿着同一方向转动手轮，途中不能倒退。
6. 在用 He－Ne 激光器测波长时，M_1 镜的位置应保持在 30～60 mm。

实验 7　光电效应的研究与应用

光电效应是指一定频率的光照射在金属表面时会有电子从金属表面逸出的现象。光电效应实验对于认识光的本质及早期量子理论的发展，具有里程碑式的意义。至今光电效应已经广泛地应用于各科技领域，利用光电效应中光电流与入射光强成正比的特性，可以制造光电转换器，实现光信号与电信号之间的相互转换。这些光电转换器如光电管等，广泛应用于光功率测量、光信号记录、电影、电视和自动控制等诸多方面。光电倍增管是把光信号变为电信号的常用器件。光照射到阴极 K，使它发射光电子，光电子在电压作用下加速轰击第一阴极 K_1，使之又发射更多的次级光电子，这些次级光电子再被加速轰击第二阴极 K_2，如此继续下去，利用 10 多个倍增阴极，可以使光电子数增加 $10^5 \sim 10^8$ 倍，产生很大的电流，这样一束微弱的入射光即被转变成放大了的光电流，并可通过电流计显示出来，这在科研、工程和军事上有着很广泛的应用。

【实验目的】

1. 了解光电效应的规律，加深对光的量子性的理解。
2. 分别测量光电管在不同频率光照下的伏安特性曲线。
3. 学习使用计算机制图软件，绘制实验数据曲线，分别找出不同频率光照下的截止电压。
4. 理解爱因斯坦光电效应方程，利用一元线性最小二乘法计算普朗克常数。

【问题探索】

1. 通过对实验现象的观测和分析，你能得出哪些光电效应的实验规律？
2. 怎样理解光的量子性理论？爱因斯坦是怎样解释光电效应实验现象的？
3. 光电管光电流的规律有哪些？如何找出不同光频率下的截止电压？
4. 如何通过实验及计算得出普朗克常数？

【实验原理】

1. 光电效应

1887 年赫兹在用两套电极做电磁波的发射与接收的实验中，发现当紫外线照射到接收电极的负极时，接收电极间更易于放电。1899—1902 年赫兹的助手勒纳系统地研究了光电效应，发现光电效应的主要实验结果是无法用经典理论来解释的。对光电效应早期的工作所积累的基本实验事实如下：

（1）饱和光电流与光强成正比；

（2）光电效应存在一个阈频率 ν_0（截止频率），当入射光的频率低于阈频率时，不论光的强度如何，都没有光电效应产生；

(3)光电子的动能与光强无关,但与入射光的频率呈线性关系;

(4)光电效应是“瞬时”的,当入射光的频率大于阈频率时,一经光照射立刻产生光电子。

1900 年德国物理学家普朗克(Plank)在研究黑体辐射时提出了辐射能量不连续的假设。1905 年爱因斯坦(Einstein)在总结了勒纳实验结果的基础上,将 Plank 的辐射能量不连续的假设作了重大发展,提出光并不是由麦克斯韦(Maxwell)电磁场理论提出的传统意义上的波,而是由能量为 $h\nu$ 的光量子(简称光子)构成的粒子流。光电效应的物理基础就是光子与金属(表面)中的自由电子发生完全弹性碰撞,电子要么全部吸收,要么根本不吸收光子的能量。据此,爱因斯坦对光电效应做出了完美的解释。爱因斯坦因为在理论物理,特别是光电效应理论方面的成就获得 1921 年的诺贝尔物理学奖。

著名的美国实验物理学家——密立根开始激烈反对光量子理论,他花费了 10 年的时间进行了一系列周密细致的实验研究,经历了许多挫折,克服了重重困难,终于在 1914 年从实验上获得了爱因斯坦方程在很小的实验误差范围内精确、有效成立的第一次直接实验证据,并且第一次直接用光电效应实验测定了普朗克常数 h,精确度在 0.5% 范围内。密立根的光电效应实验令人信服地证明了爱因斯坦方程是完全正确的和普遍适用的。这一实验成果成为 20 世纪实验物理学的最突出成就。密立根因在电子电荷测量和光电效应实验的成就获得了 1923 年诺贝尔物理学奖。

光量子理论在固体比热、辐射理论、原子光谱等方面都获得成功,人们逐步认识到光具有波动和粒子两种属性。光子的能量 $E=h\nu$ 与频率有关。光在传播时显示出光的波动性,产生干涉、衍射、偏振等现象;光和物体发生作用时,它的粒子性又突显出来。后来科学家发现波粒二象性是一切微观物体的固有属性,并发展了量子力学来描述和解释微观物体的运动规律,使人们对客观世界的认识前进了一大步。

2. 普朗克常数的测量

由爱因斯坦的光电效应方程,如果电子脱离金属表面耗费的能量为 A,则由于光电效应而逸出金属表面的电子的初动能为

$$E_k = \frac{1}{2}mv^2 = h\nu - A \tag{5.7.1}$$

式中,m 为电子的质量;v 为光逸出金属表面的光电子的初速度;ν 为光电子的频率(注意,在印刷体中速度 v 和频率 ν 很相像,请读者加以区分);A 为光照射的金属材料的逸出功。式(5.7.1)中 $\frac{1}{2}mv^2$ 是没有受到空间电荷阻止、从金属中逸出的光电子的初动能。由此可见,入射到金属表面的光的频率越高,逸出电子的初动能也越大。正因为光电子具有初动能,所以即使在加速电压 U 等于零时,仍然有光电子落到阳极而形成光电流,甚至当阳极的电位低于阴极的电位时也会有光电子落到阳极,直到加速电压为某一负值 U_S 时,所有光电子都不能到达阳极,光电流才为零,U_S 称为光电效应的截止电压,这时

$$eU_S - \frac{1}{2}mv^2 = 0$$

从而可得

$$eU_S = h\nu - A \tag{5.7.2}$$

由于金属材料的逸出功 A 是金属的固有属性，对于给定的金属材料，A 是一个定值，它与入射光的频率无关。因此，当光的频率小于某一值时，就不会产生光电效应。能产生光电效应的最低频率，叫作这种金属产生光电效应的截止频率 ν_0。某些金属的截止频率如表 5.7.1 所示。

表 5.7.1　某些金属的截止频率

金属	截止频率 ν_0/Hz
铯	4.55×10^{14}
钾	5.38×10^{14}
锌	8.07×10^{14}
金	11.3×10^{14}
银	11.5×10^{14}
铂	15.3×10^{14}

具有截止频率 ν_0 的光子的能量恰等于逸出功 A，即 $A=h\nu_0$，所以由式(5.7.2)得

$$U_S=\frac{h\nu}{e}-\frac{A}{e}=\frac{h}{e}(\nu-\nu_0) \tag{5.7.3}$$

式(5.7.3)表明，截止电压 U_S 是入射光频率 ν 的线性函数。当入射光的频率 $\nu=\nu_0$ 时，截止电压 $U_S=0$，没有光电子逸出，式(5.7.3)的斜率 $k=\frac{h}{e}$是一个常数。可见，只要用实验方法做出不同频率下的截止电压 U_S 与入射光频率 ν 的关系曲线——直线，用一元线性最小二乘法求出此直线的斜率 k，就可通过 $k=\frac{h}{e}$求出普朗克常数 h 的数值(电量 $e=1.6\times10^{-19}$ C)。

图 5.7.1 是利用光电效应测量普朗克常数的原理图及光电管的伏安特性曲线。将频率为 ν、强度为 P 的光照射光电管阴极，即有光电子从阴极逸出。如图 5.7.1(a)所示，在阴极 K 和阳极 A 之间加反向电压 U，它使电极 K，A 间的电场对阴极逸出的光电子起减速作用。随着电压 U 的增加，到达阳极的光电子将逐渐减少，当 $U=U_S$ 时光电流降为零。图 5.7.1(b)中虚线为光电管在 U 为负值时起始部分的伏安特性曲线。

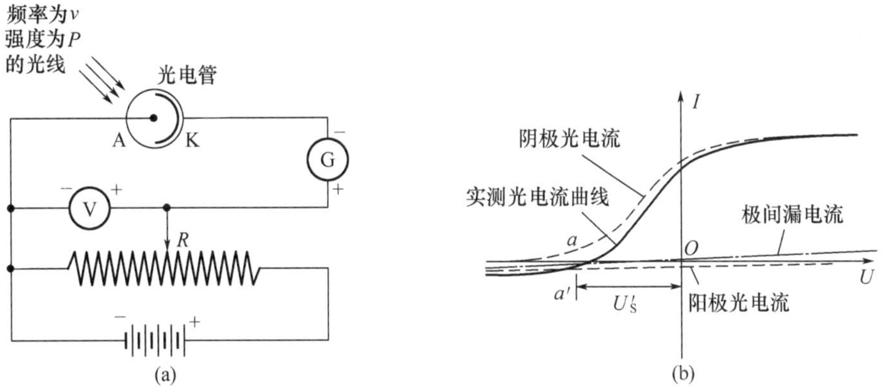

图 5.7.1　利用光电效应测量普朗克常数的原理图及光电管的伏安特性曲线

(a)测普朗克常数原理图；(b)光电管的伏安特性曲线

值得注意的是，光电管的极间漏电、入射光照射阳极或入射光从阴极反射到阳极之后都会造成阳极光电子发射，它们虽然很小，但是构成了光电管的反向光电流，如图 5.7.1(b)中虚线(阳极光电流)和点画线(极间漏电流)所示。由于它们的存在，光电流曲线下移，如图 5.7.1(b)中实线所示(实测光电流)，光电流的截止电位点也从 U_S 移到 U'_S 点(图中未画

出）。当反向光电流比正向光电流小得多时，U_S' 与 U_S 重合。因此，测出截止电压 U_S' 即测出了截止电压 U_S。测量不同频率 ν 对应的截止电压 U_S，作 $U_S-\nu$ 关系曲线。若是直线，就证明了爱因斯坦光电效应方程的正确性。此外，由该直线与坐标横轴的交点可求出该光电管阴极的截止频率 ν_0，该直线的延长线与坐标纵轴的交点又可求出光电极的逸出电位 U_0，由此可得该材料的逸出功 $A=e|U_0|$ 或 $A=h\nu_0$。

【实验方案】

在本实验中，通过用不同频率 ν 的光照射光电管，可以得到与之相对应的不同频率下的伏安特性曲线和对应的截止电压 U_S。作 $U_S-\nu$ 关系曲线，若是直线，就证明了爱因斯坦光电效应方程的正确性。用一元线性最小二乘法可计算该直线的斜率 k，从而求出普朗克常数 h。

【实验仪器】

光电效应实验仪由汞灯及汞灯光源、滤色片、光阑、光电管、测试仪（含光电管光源和微电流放大器）构成，仪器结构如图 5.7.2 所示，测试仪前面板如图 5.7.3 所示。

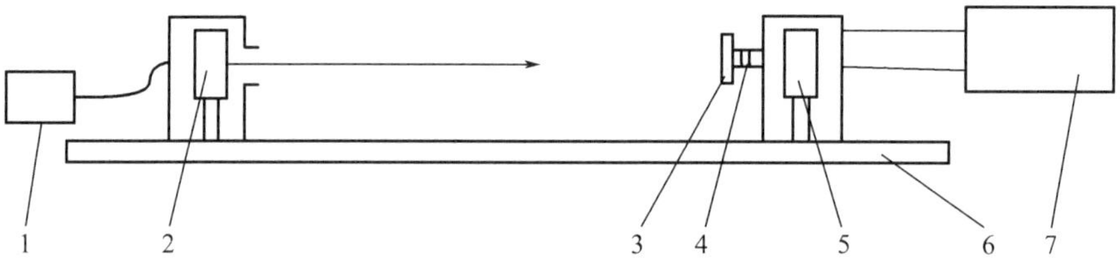

图 5.7.2　仪器结构示意图

1—汞灯电源；2—汞灯；3—滤光片；4—光阑；5—光电管；6—基座；7—实验仪

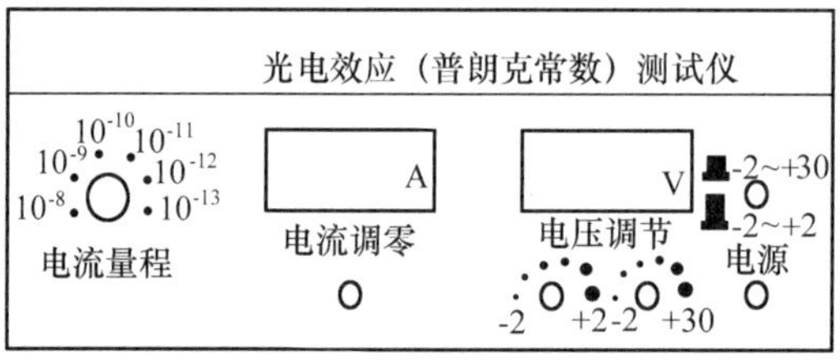

图 5.7.3　测试仪前面板图

（1）光源：采用高压汞灯，可用谱线波长分别为 365.0 nm，404.7 nm，435.8 nm，546.1 nm，577.0 nm。

（2）干涉滤光片：它能使光源中某种谱线对应的光透过，而不允许其附近的谱线对应的光通过，因而可获得所需要的单色光。本仪器配有五种滤光片，可透过谱线波长分别为 365.0 nm，404.7 nm，435.8 nm，546.1 nm，577.0 nm。

（3）光阑：3 片，直径分别为 2 mm，4 mm，8 mm。

（4）光电管：光谱响应范围为 320～700 nm，暗电流 $I\leqslant 2\times10^{-12}$ A（$-2\ \text{V}\leqslant U\leqslant 0\ \text{V}$）。

（5）光电管电源：2 挡，$-2\sim+2$ V，$-2\sim+30$ V，三位半数显，稳定度 ≤0.1%。

(6)微电流放大器:6 挡,$10^{-8}\sim10^{-13}$ A,分辨率 10^{-14} A,三位半数显,稳定度≤0.2%。

【实验内容】

1. 仪器的调整

(1)仪器的预热

①将光电管暗箱和汞灯的遮光盖盖上,接通汞灯及测试仪电源,预热 30 min。

②将汞灯光输出口对准光电管光输入口,调整光电管与汞灯距离约为 40 cm 并保持不变。

③将测试仪电压输出端(后面板上)与光电管暗箱电压输入端连接起来(红 - 红,蓝 - 蓝)。

注意　如果点亮的汞灯熄灭,那么需经 10 ~ 20 min 冷却后才能再开。

(2)测试仪的调零

①将光电管暗箱和汞灯的遮光盖盖上,电流量程选择开关置于 10^{-13} 挡位,仪器在充分预热后,进行测试前调零,旋转电流调零旋钮使电流表指示为 00.0。

②用高频匹配电缆将光电管暗箱电流输出端 K 与测试仪微电流输入端(后面板上)连接起来。

2. 测量普朗克常数 h

(1)测量光电管的暗电流

①将电压选择按键置于 -2 ~ +2 V 挡。

②逆时针缓慢调节电压调节旋钮,使测量起始电压为 -1.990 V,测量从 -2 ~ +2 V不同电压下相应的电流值(电流值 = 倍率 × 电流表读数)。此时所测的电流为光电管的暗电流。

(2)测量光电管的伏安特性曲线

①将光电管暗箱和汞灯的遮光盖盖上,将电压选择按键置于 -2 ~ +2 V 挡,电流量程选择开关置于 10^{-13} 挡位。

②取下光电管暗盒上的遮光盖,换上滤光片。将电压调节从 -1.990 V 调起,缓慢增加,先观察一遍不同滤色片下的电流变化情况,记下电流偏离零点发生明显变化的电压范围,以便多测几个实验点。

③在粗略测量的基础上进行精确测量并记录。从短波长起小心地逐次更换滤色片(切忌改变光源和光电管暗箱之间的相对位置),仔细读出不同频率入射光照射下的光电流随电压的变化数据,并记录在表 5.7.2 中。

表 5.7.2　入射光波长为________nm 的 $I-U$ 曲线的数据表

U/V	-1.990						
$I/10^{-13}$ A							
U/V							
$I/10^{-13}$ A							
U/V							
$I/10^{-13}$ A							

【注意事项】

1. 测量放大器及汞灯都需经充分预热才能做实验。

2. 滤光片要放在光电管上,不能放在汞灯上。每次更换滤光片时,必须先用遮光盖将汞灯盖住。

3. 应保护好滤光片的表面,防止打碎。当完成实验时,应立即将光电管盖上遮光盖,并将滤光片收入滤光片盒中,盖好盒盖。

【数据处理】

1. 在计算机上使用绘图软件(如 Origin 7.0,Advanced Grapher,Excel 等,请参见第 2 章第 2 节的相关内容)将测得数据输入计算机,使曲线显示在计算机上,调整坐标使显示比例适当。与本书示例曲线(图 5.7.4)对比,观察曲线形状和抬头点随波长变化的趋势,自我检查数据的正确性。

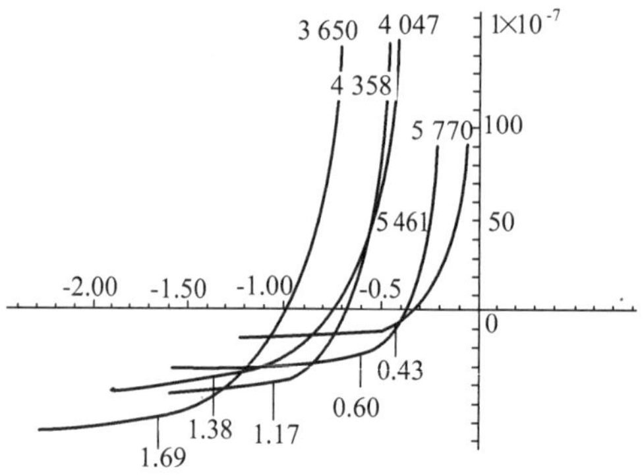

图 5.7.4　光电效应实验实测曲线

2. 从曲线中认真找出如图 5.7.4 所示的各反向光电流开始变化的抬头点,确定截止电压 U_S,记录在表 5.7.3 中。

表 5.7.3　$\nu-U_S$ 数据表

波长/nm	365	405	436	546	577
频率 $\nu/10^{14}$ Hz	8.22	7.41	6.88	5.49	5.20
U_S/V					

3. 用一元线性最小二乘法处理数据,求得 h,参见第 1 章第 4 节的例 1.4.1。

4. 求 h 的扩展不确定度,表示测量结果。

【思考题】

1. 什么是截止频率,什么是截止电压,什么是光电管伏安特性曲线?

2. 实验中如何确定截止电压?

3. 如何由光电效应测量普朗克常数?

4. 关于光电效应说法正确的是：

A. 只要入射光的强度足够强，照射时间足够长就一定会产生光电效应。

B. 光电子的最大初动能随入射光的强度增大而增大。

C. 在光电效应中，饱和光电流的大小与入射光的强度无关。

D. 任何金属都有极限频率，低于这个频率的光不能发生光电效应。

5. 若3.5 eV能量的光子照射某金属产生光电效应时，光电子的最大初动能为1.25 eV，则要使这金属发生光电效应，照射光的频率不能小于：

A. 3.02×10^{14} Hz　　B. 5.43×10^{14} Hz

C. 1.086×10^{15} Hz　　D. 1.387×10^{15} Hz

6. 用频率为ν的光照射某金属表面，逸出光电子的最大初动能为E_k，若改用频率为3ν的光照射该金属，则逸出光电子的最大初动能为

A. $3E_k$　　B. $\sqrt{3E_k}$

C. $3h\nu-E_k$　　D. $2h\nu+E_k$

7. 图5.7.5表示发生光电效应的演示实验，那么下列选项中正确的是：

A. 发生光电效应时电子是从K极逃逸出来的。

B. 灵敏电流计Ⓖ不显示读数，可能是因为入射光频率过低。

C. 灵敏电流计Ⓖ不显示读数可能是因为它的灵敏度过低。

D. 如果把电流接反肯定不会发生光电效应了。

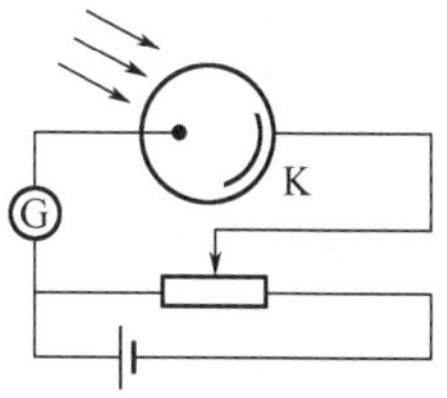

图5.7.5　光电效应演示实验示意图

8. 三种不同的入射光线1,2,3分别照射在三种不同的金属a,b,c上均产生光电效应，若三种入射光的波长为$\lambda_1>\lambda_2>\lambda_3$，则

A. 用入射光1照射金属b或c，金属b,c均可发生光电效应现象。

B. 用入射光2照射金属a或c，金属a,c均可发生光电效应现象。

C. 用入射光3照射金属a或b，金属a,b均可发生光电效应现象。

D. 用入射光1与2同时照射金属c，金属c可发生光电效应现象。

实验8　晶体电光调制的研究与应用

某些晶体或液体加上电场后，其折射率发生变化，这种现象称为电光效应，若折射率的变化正比于电场强度，称为一次电光效应（1893年，由德国物理学家泡克尔斯(Pockels)发现）。若折射率的变化正比于电场强度的平方，称为二次电光效应（1875年，由英国物理学家克尔(Kerr)发现）。

一次电光效应又分为两种类型：纵向电光效应和横向电光效应。加在晶体上的电场方向与光在晶体里传播的方向平行时所产生的电光效应，称为纵向电光效应，最典型的是

KH_2PO_4晶体；两者垂直时产生的电光效应，称为横向电光效应，最典型的是 $LiNbO_3$（铌酸锂）晶体。本实验主要研究铌酸锂晶体的一次电光效应。

电光效应在光学技术和科学研究中有许多重要的应用。它有很短的响应时间，可以跟上频率为 10^{10} Hz 的电场变化，因而可制成由外电场迅速调制偏振光位相差的光学元件，可在高速摄影中作为快门或在光速测量中作为光束斩波器。在激光出现以后，电光效应的研究和应用得到了迅速的发展，电光器件被广泛地应用在激光通信、激光测距、激光显示、光学数据处理和电影、电视等方面。

【实验目的】

1. 了解晶体电光调制的基本原理。
2. 观察并了解电光效应引起晶体光性的变化以及会聚偏振光的干涉现象。
3. 掌握用极值法和调制法测量晶体的半波电压的方法。
4. 观察激光通信现象。

【问题探索】

1. 在本实验中没有会聚透镜，为什么能够看到锥光干涉图？
2. 在本实验中，有几种测量半波电压的方法，其精度相同吗？
3. 测定输出特性曲线时，为什么光强不能太大？如何调节光强？
4. 若使实验中的起偏器与检偏器的透振方向相互平行，对电光调制器的静态特性曲线有何影响，为什么？

【实验原理】

本实验是激光通信的原理性实验。使激光束穿过电光晶体，同时在晶体上加电信号（包含欲发射的信号），利用晶体的电光效应即电压的改变引起光的折射率的改变，从而使穿过电光晶体的激光光强发生相应的改变，使激光带有欲发射信号的成分，此过程称为激光调制，即发射信号的过程。调制后，信息随着激光传播出去，便实现了信号的传输。到达目的地后，接收光波并将信息从已调制的激光中还原出来，此过程称为光波的解调，即接收信号的过程。因为激光实际上只起到了“携带”信号的作用，所以称为载波。而起控制作用的被加载信号是我们所要发射的信号，称为调制信号。

本实验主要研究如何利用一次横向电光效应发射一个不“失真”的信号即电光调制的原理。

对于光电晶体，晶体在某一方向上的折射率为 n_0，外加电场后折射率为 n，实验表明：

$$n = n_0 + aE_0 + bE_0^2 + \cdots \tag{5.8.1}$$

式中，a，b 为常数；n_0 为 $E_0 = 0$ 时的折射率。由一次项引起的折射率变化的效应称为一次光电效应，也叫作线性光电效应；由二次项引起的折射率变化的效应称为二次光电效应，也叫作平方光电效应。

晶体的折射率椭球如图 5.8.1 所示。

未加电场时晶体的折射率椭球方程为

$$\frac{x^2}{n_1^2} + \frac{y^2}{n_2^2} + \frac{z^2}{n_3^2} = 1 \tag{5.8.2}$$

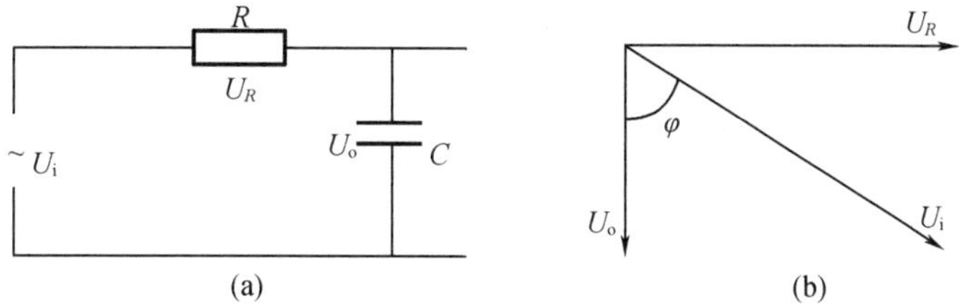

图 5.8.1　晶体的折射率椭球

晶体的三个主晶轴分别为 x,y,z 坐标轴，椭球的主轴与晶体主轴重合。式中，n_1,n_2,n_3 分别为晶体三个主轴方向上的主折射率。

当晶体加上电场后，折射率椭球的形状、大小、方位都发生变化，折射率椭球方程变为

$$\frac{x^2}{n_{11}^2}+\frac{y^2}{n_{22}^2}+\frac{z^2}{n_{33}^2}+\frac{2xy}{n_{12}^2}+\frac{2xz}{n_{13}^2}+\frac{2yz}{n_{23}^2}=1 \tag{5.8.3}$$

此时，椭球的主轴不再与 x,y,z 轴重合。由于晶体的各项异性，电场在 x,y,z 各个方向上的分量对椭球方程中各个系数的影响是不同的，用下列形式表示：

$$\begin{cases}\dfrac{1}{n_{11}^2}-\dfrac{1}{n_1^2}=r_{11}E_x+r_{12}E_y+r_{13}E_z\\ \dfrac{1}{n_{22}^2}-\dfrac{1}{n_2^2}=r_{21}E_x+r_{22}E_y+r_{23}E_z\\ \dfrac{1}{n_{33}^2}-\dfrac{1}{n_3^2}=r_{31}E_x+r_{32}E_y+r_{33}E_z\\ \dfrac{1}{n_{23}^2}=r_{41}E_x+r_{42}E_y+r_{43}E_z\\ \dfrac{1}{n_{13}^2}=r_{51}E_x+r_{52}E_y+r_{53}E_z\\ \dfrac{1}{n_{12}^2}=r_{61}E_x+r_{62}E_y+r_{63}E_z\end{cases}$$

上式为晶体的一次光电效应的普遍表达式。其中，$r_{ij}(i=1,2,\cdots,6;j=1,2,3)$ 叫作光电系数；E_x,E_y,E_z 是电场在 x,y,z 方向上的分量。

本实验用的是铌酸锂晶体外加电场，晶体的一次光电系数矩阵为

$$\boldsymbol{r}=\begin{bmatrix}0 & -r_{22} & r_{13}\\ 0 & r_{22} & r_{13}\\ 0 & 0 & r_{33}\\ 0 & r_{61} & 0\\ r_{51} & 0 & 0\\ -r_{22} & 0 & 0\end{bmatrix}$$

将其代入式(5.8.3)，得到铌酸锂晶体外加电场后的折射率椭球方程为

$$\left(\frac{1}{n_0^2}-r_{22}E_y+r_{13}E_z\right)x^2+\left(\frac{1}{n_0^2}+r_{22}E_y+r_{13}E_z\right)y^2+\left(\frac{1}{n_0^2}+r_{33}E_z\right)z^2+$$
$$2r_{51}E_yyz+2r_{51}E_xxz+2r_{22}E_xxy=0 \tag{5.8.4}$$

铌酸锂晶体是单轴晶体。通常将晶体切割为长方形，x,y,z 轴为晶体的主轴，且 z 轴为晶体的光轴，如图 5.8.2 所示。设晶体中的寻常光和非常光的折射率分别为 n_o 和 n_e，当入射光沿 z 轴传播时，在 x 方向（横向）加上电场后，晶体将由单轴变为双轴，其主轴 x 和 y 绕 z 轴旋转 45°，而成为新的主轴 x' 轴、y' 轴和 z' 轴（又称为感应轴，且 z' 轴与 z 轴重合），在 x',y' 方向上的偏振光分量的主折射率 $n_{x'}$，$n_{y'}$ 变为

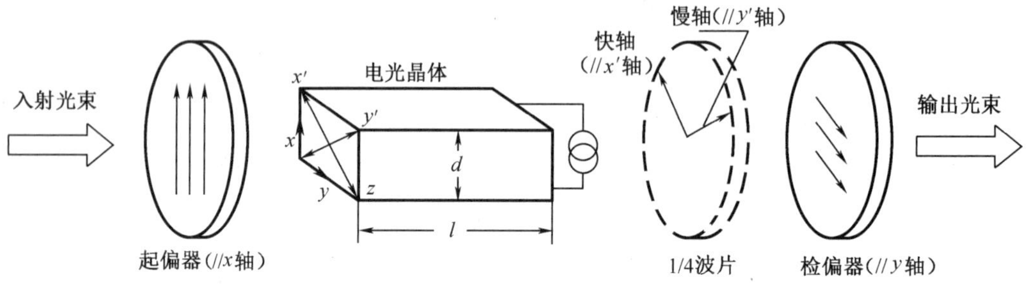

图 5.8.2　晶体横向电光调制器结构示意图

$$\begin{cases} n_{x'} = n_0 + \dfrac{1}{2}n_0^3 r_{22} E_x \\ n_{y'} = n_0 - \dfrac{1}{2}n_0^3 r_{22} E_x \end{cases} \tag{5.8.5}$$

式(5.8.5)为一次电光效应表达式。其中，n_0 为不加电场时的晶体折射率；E_x 为加在 x 方向上的电场强度；r 为晶体的电光系数，是描述晶体性质的重要参量。

由于电光晶体折射率的改变与外电场有关，因而当一束线偏振光从晶体中射出后，沿感应轴 x',y' 的两个振动分量将产生一个确定的相位差，可将这种晶体制成用外电场 E_x 调制相位差的晶片，即电光调制器。其相位差 δ 应满足：

$$\delta = \frac{2\pi}{\lambda}(n_{x'} - n_{y'})l \tag{5.8.6}$$

将式(5.8.5)代入式(5.8.6)并利用 $E_x = U/d$，得

$$\delta = \frac{2\pi}{\lambda}n_0^3 r_{22}\frac{l}{d}U \tag{5.8.7}$$

式中，λ 为激光的波长；d 和 l 分别为晶体沿 x 方向的厚度和长度。

若外加电压 U 增至某一数值，使沿 x',y' 方向的偏振光经过晶体后产生 $\frac{\lambda}{2}$ 的光程差，即相位差 $\delta = \pi$，则称这一电压为半波电压，记为 U_π 或 $U_{\frac{\lambda}{2}}$。

把 $\delta = \pi$ 代入式(5.8.7)，得

$$U_\pi = \frac{\lambda}{2n_0^3 r_{22}}\left(\frac{d}{l}\right) \tag{5.8.8}$$

由式(5.8.7)、式(5.8.8)，得

$$\delta = \pi\frac{U}{U_\pi} \tag{5.8.9}$$

经推导，若 I_0 为入射光强，则出射光强为

$$I = I_0 \sin^2 \frac{\delta}{2} \tag{5.8.10}$$

将式(5.8.9)代入式(5.8.10),得

$$I = I_0 \sin^2 \frac{\pi}{2U_\pi} U \tag{5.8.11}$$

由式(5.8.8)可知,横向电光效应的半波电压与晶体几何尺寸有关(而纵向电光效应则不然)。如果使电极之间的距离 d 尽可能减小,而增大透光方向的长度 l,则同样晶体的横向电光效应的半波电压 U_π 比纵向电光效应的 U_π 缩小$\frac{d}{l}$,这是横向调制器的优点之一。通常将横向调制器所用的电光晶体加工成扁长的长方体。

由式(5.8.9)可知,U_π 越小,外加电压 U 对 δ 的影响就越强,说明晶体的调制作用越好。因此,U_π 是描述晶体电光效应的重要参量,这个电压值越小越好。

由式(5.8.11)可知,透射光的强度 I 由外加电压 U 决定,其关系曲线如图5.8.3所示,这是一个周期函数,其周期等于 2π。

令 $U = U_0 + U_m \sin \omega t$,其中 U_0 称为直流偏压(决定工作点),$U_m \sin \omega t$ 为调制信号(在此为正弦信号,但也可为其他类型的信号)。

要把信号无“失真”地发射出去,应选择合适的工作点,使光强 I 与外加电压 U 能够呈线性关系。由图5.8.3可知,在 $U = \frac{U_\pi}{2}$附近,光强 I 与电压 U 呈直线关系,说明输出光强 I 的变化能够体现电压 U 的变化,这就等于将信号无“失真”地发射了出去。

将 $U = U_0 + U_m \sin \omega t$ 代入式(5.8.11),得图5.8.3中光强 I 与外加电压的关系式为

$$I = I_0 \sin^2 \frac{\pi}{2U_\pi}(U_0 + U_m \sin \omega t) \tag{5.8.12}$$

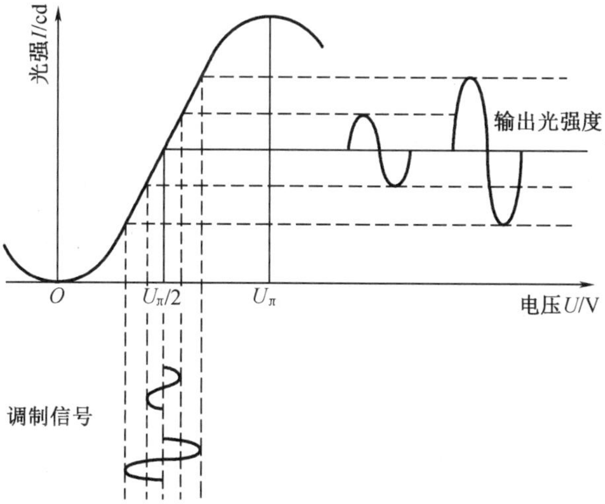

图5.8.3　晶体横向电光调制器的调幅曲线

1. 改变直流偏压 U_0 对调制器输出特性的影响

(1) 当 $U_0 = \frac{U_\pi}{2}$,$U_m \ll U_\pi$时,由式(5.8.12),得

$$I=\frac{1}{2}I_0\left[1+\left(\pi\frac{U_m}{U_\pi}\sin\omega t\right)\right] \tag{5.8.13}$$

此时,调制器的输出波形(携带调制信号 $U_m\sin\omega t$ 的波形)与原调制信号(所发射的信号)的频率相等,呈线性关系,即为线性调制。说明发射信号时,应使外加直流电压 $U_0=\frac{U_\pi}{2}$,信号才不失真。

(2)当 $U_0=0$,$U_m\ll U_\pi$时,由式(5.8.12),得

$$I\approx\frac{1}{8}I_0\left(\pi\frac{U_m}{U_\pi}\right)^2(1-\cos 2\omega t) \tag{5.8.14}$$

将 $U_0=U_\pi$ 代入式(5.8.12),得

$$I\approx I_0-\frac{1}{8}I_0\left(\frac{\pi U_m}{U_\pi}\right)^2(1-\cos 2\omega t) \tag{5.8.15}$$

这时输出光强 I 的变化频率是调制信号频率的二倍,即产生了"倍频失真"。

(3)直流偏压 U_0 在 0 V 附近或在 U_π 附近变化时,由于工作点不在线性工作区,输出波形仍有失真,但不是倍频失真。

(4)当 $U_0=\frac{U_\pi}{2}$,$U_m>U_\pi$时,调制器的工作点虽然选定在线性工作区的中心,但不满足小信号调制的要求,此时的输出光强应按照贝塞尔函数展开,有

$$\begin{aligned}I&=\frac{1}{2}I_0\left[1+\sin\left(\frac{\pi}{U_\pi}U_m\sin\omega t\right)\right]\\&=2\left[J_1\left(\frac{\pi U_m}{U_\pi}\right)\sin\omega t-J_3\left(\frac{\pi U_m}{U_\pi}\right)\sin 3\omega t+J_5\left(\frac{\pi U_m}{U_\pi}\right)\sin 5\omega t+\cdots\right]\end{aligned} \tag{5.8.16}$$

即输出的光束除包含调制信号的基频(ω)成分外,还含有奇次谐波,不能忽略。因此,虽然工作点选定在线性区,但输出波形仍然失真。

以上说明:要想发射无"失真"信号,应使直流电压 $U_0=\frac{U_\pi}{2}$,且使所发射信号的振幅 $U_m\ll U_\pi$。下面介绍另一种发射信号的方法。

2. 不加直流电压(令 $U_0=0$,即 $U=U_m\sin\omega t$),只加 1/4 波片

在晶体与检偏器之间加上一个 1/4 波片,可证明:1/4 波片能起到与加直流电压一样的作用。

(1)当 1/4 波片的光轴与晶体的感应轴(x'或 y'轴)平行且 $U_m\ll U_\pi$ 时,可证明:

$$I=\frac{1}{2}I_0\left(1\pm\pi\frac{U_m}{U_\pi}\sin\omega t\right) \tag{5.8.17}$$

仍为线性调制。在此,1/4 波片的作用相当于使调制器产生一个固定的$\frac{\pi}{2}$相位差,使得调制器的工作点移至线性区。

(2)当 1/4 波片的光轴与晶体的主轴(x 轴或 y 轴)平行且 $U_m\ll U_\pi$ 时,可证明:

$$I\approx\frac{1}{8}I_0\left(\frac{\pi U_m}{U_\pi}\right)^2(1-\cos 2\omega t) \tag{5.8.18}$$

可见,此时出现了倍频失真。式(5.8.18)与式(5.8.14)相比较,其情况与 $U_0=0$ 的一致。实际上,在这种情况下,1/4 波片对相位没有影响,起不到"移相"的作用。

由此可知,若改变 1/4 波片的光轴与晶体间的角度(绕 z 轴旋转波片),将在感应轴所决定的角度上获得线性调制,在主轴决定的角度上出现倍频失真,而且每转动 45°角,这两种情况交替出现。

【实验方案】

让激光沿铌酸锂晶体的 z 轴方向传播,并在 x 方向(横向)外加电压 $U = U_0 + U_m \sin \omega t$,其中 $U_m \sin \omega t$ 为要发射的信号,则晶体将由单轴变为双轴,将入射的激光(为线偏振光)分解成振动方向垂直、传播速度不同的两个振动分量。由外加电压改变晶体的折射率,从而控制两个振动分量间的相位差,再利用光的相干原理使两束光叠加,通过晶体出射的光强为$I = I_0 \sin^2 \dfrac{\pi}{2U_\pi} U = I_0 \sin^2 \dfrac{\pi}{2U_\pi}(U_0 + U_m \sin \omega t)$,即激光携带了要发射的信号 $U_m \sin \omega t$,从而实现对光强的调制。

在实验中,首先要调节光路以得到并描绘在不同外加电压下的会聚偏振光的干涉图样;在 −300 ~ +300 V 时加电压,测得透射光强 − 电压曲线(实验中将光强转换为电压,即 $U_T - U$ 曲线),用极值法计算半波电压 U_π;用示波器分别观测外加电压及加 1/4 波片时调制器输出的信号波形,用调制法求半波电压 U_π;演示激光通信实验。

【实验仪器】

实验装置如图 5. 8. 4 所示, 主要由晶体电光调制电源、调制器和接收放大器三大部分组成,还包括双线示波器、万用表等测试仪器。

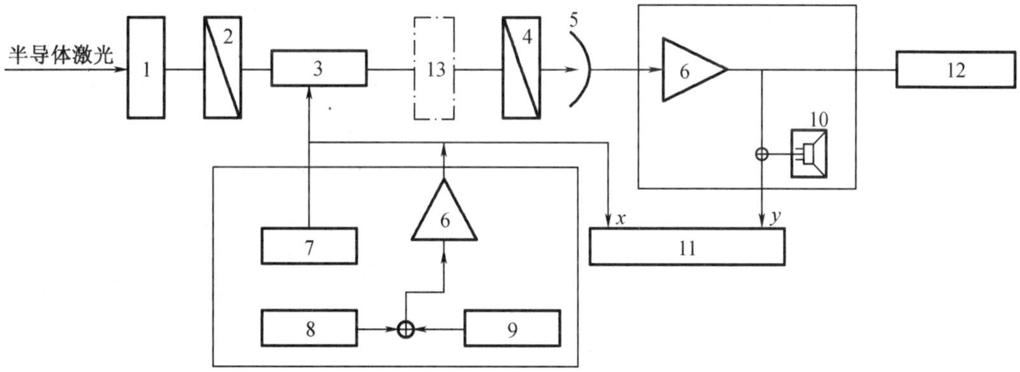

图 5. 8. 4　实验装置图

1—减光偏振器;2—起偏器;3—铌酸锂电光晶体;4—检偏器;5—光电三极管;6—放大器;7—直流电源;8—音乐信号;9—正弦波振荡器;10—扬声器;11—双线示波器;12—万用表;13—1/4 波片

1. 晶体电光调制电源

调制电源由可调的直流电源(−300 ~ +300 V)、单一频率振荡器(振荡频率约为 1 kHz)、音乐片和放大电路组成。

电源面板上有数字电压表:可显示“三位”直流电压值。“偏压”旋钮:可调节外加直流电压的大小。“极性”键:可改变晶体上所加直流电压的极性。“幅度”旋钮:可控制调制信号的大小。“信号选择”键:可选择“正弦信号”“音乐信号”“外接”中的任一信号。前面板上的“输出”插孔:可输出欲调制的信号(作为参考信号),直接连到双线示波器 CH_1 通道上。

2. 调制器

调制器由一个半导体激光器、三个可旋转的偏振片(包括减光偏振器、起偏器与检偏器)和一块铌酸锂晶体组成,采用横向调制方式。将晶体放在两个正交的偏振片(即起偏器与检偏器)之间,起偏器与晶体的 x 轴平行,检偏器与晶体的 y 轴平行,检偏器和晶体之间可插入 1/4 波片,偏振片和波片均可绕 z 光轴旋转。晶体放在四维调节架上,可精细调节方位,使激光光束严格地沿 z 光轴方向通过晶体。

3. 接收放大器

接收放大器由光电三极管和功率放大器组成。光电三极管把被调制的激光经光电转换输入到功率放大器,放大后的交流部分(即经调制的信号)可接到双线示波器 CH_2 上,与示波器 CH_1 上的参考信号进行比较,在示波器上观察调制器的输出特性。交流输出信号的大小可通过放大器上的“交流输出”旋钮调节。放大器内装有扬声器,用来再现调制信号的声音。放大器面板上还有“直流输出”插孔,与万用表连接,用于测量经光电转换的直流输出电压 U_T,这样可以绘出 U_T-U 曲线(以 U_T 值代替输出光强 I)。

【实验内容】

1. 调节光路,观察并描绘会聚偏振光的干涉图样(锥光干涉图)

(1)光路的调节

调节激光器和电光晶体的角度,使激光光束沿水平方向(z 轴)射出且与晶体表面平行,同时使光束通过晶体中心。

注意 这一步教师已调好,学生不要动激光器和电光晶体。可在调节偏振片的同时,观察检偏器后面的白屏上光点的亮度变化。由于晶体的缺陷,不可能完全消光,在屏上总会看到一个弱光点,但应将此光点的亮度调到极小。然后,调节减光偏振器,使入射到白屏上的光最亮。在紧靠光束入射一侧的晶体前方放一张镜头纸,使光的传播方向尽量发散,这时应可在白屏上观察到单轴晶体的锥光干涉图,如图 5.8.5 所示。图中的暗十字图形贯穿整个图样,四周为明暗相间的同心干涉圆环,十字中心同时也是圆环的中心,暗十字的方向分别对应晶体的 x,y 光轴方向,对应于两个偏振片的透振方向。此时就可以认为已达到调节要求。

图 5.8.5 单轴晶体的锥光干涉图样

注意 此时不能在晶体上加任何电场。这一步的调节会直接影响下一步的观察和测量,一定要仔细。调好后,将两个偏振片的固定螺丝拧紧。

(2)观察晶体的会聚偏振光干涉图形

把输入光强调到最大(这时,光靶上的光电三极管不能对准光点,以免被损坏),在靠近光束入射一侧的晶体前方放一张镜头纸,在白屏上可看到较清晰的锥光干涉图形(房间较暗时看得更清楚)。按照以下要求,观察各种情况下的锥光干涉图,并用铅笔在纸上描绘出它们的主要特征:

①直流电压 U_0 为零时,单轴晶体的锥光干涉图形。

②加上直流电压 U_0 时,分别在 $0\ \text{V}<U_0<100\ \text{V}$,$100\ \text{V}<U_0<200\ \text{V}$,$200\ \text{V}<U_0<300\ \text{V}$

三个范围内描绘出具有特征的干涉图。

③改变直流电压 U_0 的极性，重复步骤②。

2. 测定电光调制器的透射光强曲线（即 $U_T - U$ 曲线，又称静态特性曲线），用极值法计算半波电压 U_π

(1) 测定 $U_T - U$ 曲线

取下镜头纸，旋转减光偏振片，使光强适当减小，将光靶上的光电三极管对准输出光点，所加直流电压 U_0 在电源面板上的数字电压表上读取，光电三极管接收的光强信号经放大器后直接输出到万用表上，读出 U_T。

①粗测

要求直流电压 U_0 无论取“正”和“负”，万用表上显示的最大值都介于 2 ~ 3 V，以保护光电管，且使光电管工作在线性区。若超出此范围，则可旋转减光偏振片来改变光强或调节放大器的“直接输出”旋钮。

②精测

分别在正、负两个方向上加直流电压，在曲线的极小值和极大值附近，U_0 每隔10 V 测一次 U_T，其他位置每隔 20 V 测一次 U_T。列表记录数据，用坐标纸画出 $U_T - U$ 关系曲线。

(2) 用“极值法”求 U_π

在 $U_T - U$ 关系曲线上，两个极大值所对应的 U 坐标轴上的直流电压之差就等于半波电压的 2 倍，这种测量半波电压的方法，称为“极值法”。

用极值法测量时，因为很难准确地测定 $U_T - U$ 曲线上的极大或极小值的位置，所以容易出现较大的偏差。而用调制法测量时，通过观察波形来判断倍频失真，其灵敏度很高，所以调制法比极值法更精确。

3. 观察电光调制现象，用调制法求半波电压 U_π

(1) 描绘输出波形

按下电源面板上的信号选择开关中的“正弦”键，在晶体上加正弦电压信号（调制信号），同时调节直流偏压的大小。从电源前面板上的“输出”端把调制信号接到双线示波器的 CH_1 通道上作为参考信号，调制器的输出信号射到光电管上，再由接收放大器的“交流输出”端输出到示波器的 CH_2 上。将这两个信号的波形进行比较，并描绘输出波形：

①当工作点 U_0 选定在特性曲线的直线部分，即 $U_0 = \pm\frac{U_\pi}{2}$时的输出波形，此时分别为线性调制。

②当工作点选定在曲线的极大值 $U_0 = \pm U_\pi$ 和极小值 $U_0 = 0$ 处时，输出信号有“倍频”失真。

将以上几种情况下示波器 CH_2 上的输出波形图描绘下来，同时描出 CH_1 通道上的参考波形，并在图中准确地反映出各种输出波形与参考波形间的频率关系和位相关系，与前面的理论分析比较，得出必要的结论。

(2) 用调制法计算半波电压 U_π

将晶体上所加的直流电压从零逐渐增加至半波电压 U_π 时，输出波形出现倍频失真；改变晶体上电压的极性后，反向电压增加至半波电压 $-U_\pi$ 时，又出现倍频失真，这两次倍频失真所对应的直流电压（一正一负）之差就是半波电压的 2 倍。这种测量半波电压的方法称为“调制法”。

注意 调制信号的幅度应从小到大逐渐增加，且不能调得太大。否则，调制信号本身就已失真，因而不易判断由什么原因引起输出信号的失真。但也不能调得过小，否则，因信噪比小而使由放大器“交流输出”的信号不稳定。做这一步实验时，电源上的调制幅度、调制器上的输入光强、放大器的输出、示波器上的灵敏度均应做适当的调节，这样才能观察到较好的波形。

4. 用1/4 波片改变工作点，观察输出特性

使直流偏压 $U_0=0$，然后把1/4 波片置入晶体和检偏器之间，向一个方向绕 z 光轴缓慢旋转波片，观察并记录：在波片旋转一周的过程中，出现几次线性调制、几次倍频失真，记下所对应的角度，并将所得结果与理论进行比较，得出结论。

5. 激光通信的演示

按下电源面板上信号选择开关中的“音乐”键，此时，正弦信号被切断，输出音乐信号。输出信号可同时通过放大器上的扬声器播放。

通过通光和遮光，激光调制信号将被“中断”或“发送”；改变工作点，将听到不同音质的声音信号，这样，便演示了激光通信。将音频信号接到示波器上，可以看到音乐信号的波形，它是由不同振幅、不同频率的正弦波叠加而成的。也可以用光缆把输出信号和接收器连接起来，实现模拟激光光纤通信。

【注意事项】

1. 应避免强光照射光电三极管，光照强度应从弱到强缓慢地改变，尽可能在弱光下使用，要求经光电转换的电压最大值都介于2 ~3 V，以免烧坏光电管并保证接收器在光电转换时有良好的线性。

2. 晶体又细又长，容易折断，操作时要注意爱护，不能将晶体两侧的金属电极压得太紧，以免压断晶体或给晶体施加应力。电极是真空的铝镀膜，若表面被氧化，则应将其氧化层除去，以保持良好的导电性。

3. 实验结束后，应将电源及放大器上的旋钮逆时针转到底后关掉电源。

【数据处理】

1. 描绘曲线和波形图

用直角坐标纸或用计算机绘图软件来描绘下列曲线和波形图，用直角坐标纸作图的方法详见第1 章第4 节图示法的相关内容。

(1) $U_T - U$ 曲线。

(2) 在分别加直流电压和1/4 波片时，输出光强的波形图(主要绘出与参考波形之间的频率关系和相位关系)。

2. 计算半波电压

分别用“调制法”和“极值法”计算半波电压 U_π。

实验 9 混沌原理的研究与应用

混沌现象是指发生在确定性系统中的貌似随机的不规则运动,一个确定性理论描述的系统,其行为却表现为不确定性——不可重复、不可预测,这就是混沌现象。进一步研究表明,混沌是非线性动力系统的固有特性,是非线性系统普遍存在的现象。牛顿确定性理论能够充分处理的多为线性系统,而线性系统大多是由非线性系统简化来的。因此,在现实生活和实际工程技术问题中,混沌是无处不在的。

“混沌”是近代非常引人注目的热点研究,它掀起了继相对论和量子力学以来基础科学的第三次革命。科学中的混沌概念不同于古典哲学和日常语言中的理解,简单地说,混沌是一种确定系统中出现的无规则的运动。混沌理论所研究的是非线性动力学混沌,目的是要揭示貌似随机的现象背后可能隐藏的简单规律,以求发现一大类复杂问题普遍遵循的共同规律。

目前,人们把混沌看成是一种无周期的有序。它包括如下特征。

1. 内在随机性

它虽然貌似噪声,但不同于噪声,系统是由完全确定的方程描述的,无须附加任何随机因数,但系统仍会表现出类似随机性的行为。

2. 分形性质

奇异吸引子如 lorentz 吸引子、Henon 吸引子等都具有分形的结构。

3. 标度不变性

混沌是一种无周期的有序。在由分岔导致混沌的过程中,周期倍增分岔发生时的参数之间的差率是一个常数,即费根鲍姆(Feigenbaum)常数。

4. 敏感依赖性

只要初始条件稍有偏差或微小的扰动,则会使得系统的最终状态出现巨大的差异。因此,混沌系统的长期演化行为是不可预测的。这可以生动地用“蝴蝶效应”来比喻:在做气象预报时,一只蝴蝶扇动翅膀而扰动了空气,就会在很远的另一个地方造成非常大的差异,将使长时间的预测无法进行。

实验 9.1 混沌波形发生实验

【实验目的】

调节并观察非线性电路振荡周期分岔现象和混沌现象。

【问题探索】

1. 混沌现象的特征有哪些?
2. 怎样用示波器观察混沌现象?

3. 本实验出现混沌现象时的波形是怎样的?

【实验原理】

一般来说,非线性离散系统可以写成

$$X_{n+1} = G(X_n, \mu) \tag{5.9.1}$$

式中,$X \in \mathbf{R}^N$(N 维空间的矢量);μ 为系统的参量集合;G 为非线性函数。构造离散系统的电路大致可以分两步进行:首先由式(5.9.1)的函数 G 形式建立对应的模拟电路,为了简便起见,假设函数 G 是多项式的形式,且最高次幂是二阶的,这样只需用运放和乘法器以及电阻和电容等器件就可以组成相应的模拟电路;其次利用采样保持电路实现连续状态量的离散化。下面以一种最典型的离散映象——Logistic 映象为例说明具体的电路实现过程。

Logistic 映象也称为虫口模型,可以描述某些昆虫世代繁衍的规律,其方程为

$$x_{n+1} = \mu x_n(1 - x_n), \quad \mu \in [0,4], \quad x_n \in [0,1] \tag{5.9.2}$$

式中,μ 是系统的可调参量;x_n 是第 n 年昆虫的数目。Logistic 映象简单,只有二次项,在时间上离散,在状态上连续,是一个很好的研究混沌基本特性的模型。理论研究表明,随着 μ 值由小到大变化,系统出现倍周期分岔,并通过倍周期分岔通向混沌。

实现 Logistic 映象的电路如图 5.9.1 所示。其中,虚线框 I 内是使连续信号离散化的电路,它由两个采样保持器 S/H 组成,它们的工作状态分别受相位相反的脉冲电压的控制;虚线框 Ⅱ 内是模拟电路部分,由它实现式(5.9.2)的等号右端函数形式,电路中的运放 A_1 和 A_2 分别构成反向器和反向加法器,乘法器 M 用来实现非线性平方项。

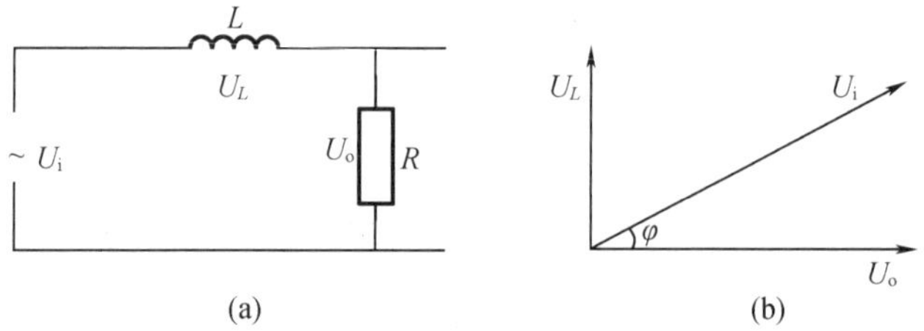

图 5.9.1 实现 Logistic 映象的电路图

电路的状态方程为

$$u_{n+1} = \frac{R_w}{R} u_n \left(1 - \frac{0.1R}{R_1} u_n\right) \tag{5.9.3}$$

做如下标度变换:

$$x_n = \varepsilon u_n, \varepsilon = \frac{0.1R}{R_1}, \mu = \frac{R_w}{R} \tag{5.9.4}$$

式(5.9.3)变为式(5.9.2)。实验中,固定 $R = 10\ \text{k}\Omega$, $R_1 = 5\ \text{k}\Omega$,标度变换因子 $\varepsilon = 0.2$,引入这个因子是为了保证实验的观测值在一个合适的范围。R_w 为可调节电位器,调节它相当于改变式(5.9.2)中的参量 μ。

实验结果表明:当 R_w 的值从小到大改变,即 μ 由小到大变化时,可以通过示波器观察到这个电路出现了倍周期分岔现象以及混沌现象。

混沌波形发生实验原理框图如图 5.9.2 所示。

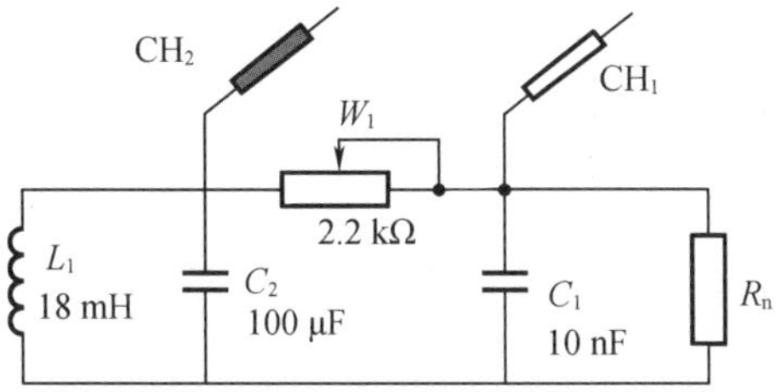

图 5.9.2　混沌波形发生实验原理框图

【实验仪器】

混沌原理及应用实验仪、双通道示波器 1 台、电缆连接线 2 根。

【实验内容】

1. 在混沌原理及应用实验仪面板上按照图 5.9.2 在"混沌单元 1"中插入电位器 W_1、电感 L_1、电容 C_1、电容 C_2、非线性电阻 R_n，并将电位器 W_1 上的旋钮逆时针旋转到最小。

2. 用两根 Q_9 线分别连接示波器的 CH_1 和 CH_2 端口到混沌原理及应用实验仪面板上标号 Q_8 和 Q_7 处。打开机箱后侧的电源开关。

3. 把示波器的时基挡切换到 $X-Y$ 位置。调节示波器通道 CH_1 和 CH_2 的电压挡位使示波器显示屏上能显示整个波形，逆时针旋转电位器 W_1 直到示波器上的混沌波形变为一个点，然后慢慢顺时针旋转电位器 W_1 并观察示波器，在示波器上将逐次出现单周期分岔(图 5.9.3)、双周期分岔(图 5.9.4)、四周期分岔(图 5.9.5)、多周期分岔(图 5.9.6)、单吸引子(图 5.9.7)、双吸引子(图 5.9.8)现象，记录以上观察到的单周期分岔、双周期分岔等六种波形。

图 5.9.3　单周期分岔

图 5.9.4　双周期分岔

图 5.9.5　四周期分岔

图 5.9.6　多周期分岔

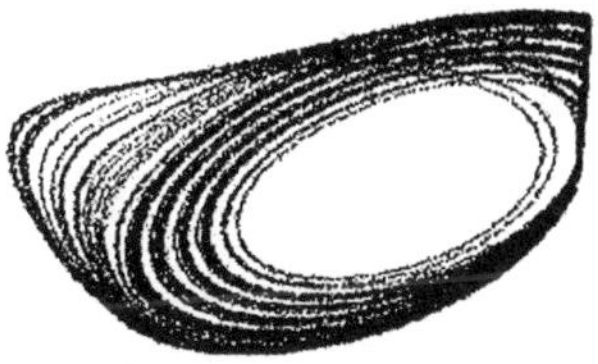

图 5.9.7　单吸引子

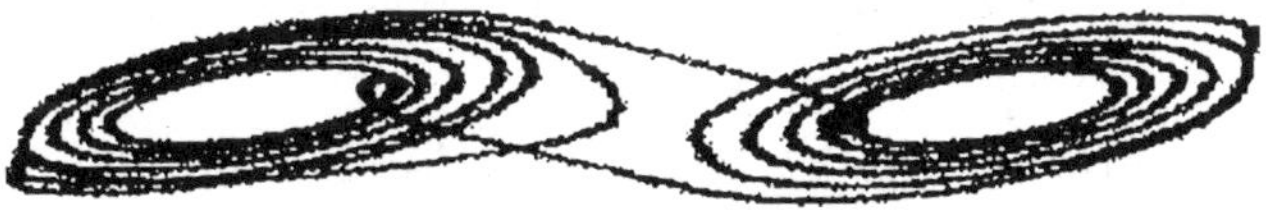

图 5.9.8　双吸引子

注意 在调试双吸引子图形时，注意感觉调节电位器的可变范围。即在某一范围内变化，双吸引子都会存在。最终应该将调节电位器调节到这一范围的中间点，这时双吸引子最为稳定，并易于观察。

实验 9.2 混沌电路的同步实验

【实验目的】

调试并观察混沌同步波形。

【问题探索】

1. 什么是混沌同步？
2. 本实验用什么方法来实现混沌同步？
3. 在实验中怎样做才容易实现混沌同步？
4. 实现混沌同步时示波器的波形是怎样的？

【实验原理】

1990 年，Pecora 和 Carroll 首次提出了混沌同步的概念，从此研究混沌系统的完全同步以及广义同步、相同步、部分同步等问题成为混沌领域中非常活跃的课题，利用混沌同步进行保密通信也成为混沌理论研究的一个大有希望的应用方向。

可以对混沌同步进行如下描述：两个或多个混沌动力学系统，如果除了自身随时间的演化外，还有相互耦合作用，这种作用既可以是单向的，也可以是双向的，当满足一定条件时，在耦合的影响下，这些系统的状态输出就会逐渐趋于相近进而完全相等，这种现象称为混沌同步。实现混沌同步的方法很多，本实验介绍利用"驱动－响应"方法实现混沌同步。

混沌同步原理电路如图 5.9.9 所示。电路由三部分组成，第Ⅰ部分为驱动系统（蔡氏电路 1，即图 5.9.9 中的"混沌单元 2"），第Ⅱ部分为响应系统（蔡氏电路 2，即图 5.9.9 中的"混沌单元 3"），第Ⅲ部分为单向耦合电路（即图 5.9.9 中的"信道 1"），由运算放大器组成的隔离器和耦合电阻实现单向耦合和耦合强度的控制。当耦合电阻无穷大（即蔡氏电路 1 和蔡氏电路 2 断开）时，驱动和响应系统为独立的两个蔡氏电路，用示波器分别观察电容 C_4 和电容 C_6 上的电压信号组成的相图 $V_{C_6}-V_{C_4}$，调节电位器的阻值，使系统处于混沌态。调节耦合电阻，当混沌同步实现时，即 $V_{C_6}=V_{C_4}$，两者组成的相图为一条通过原点且与 x 轴成 45°的直线。影响这两个混沌系统同步的主要因素是两个混沌电路中元件的选择和耦合电阻的大小。在实验中当两个系统的各元件参数基本相同时（相同标称值的元件也有 ±10% 的误差），同步态实现较容易。

1. 由于"混沌单元 2"与"混沌单元 3"的电路参数基本一致，它们自身的振荡周期也具有很大的相似性，只是因为它们的相位不一致，所以看起来都杂乱无章，看不出它们的相似性。

2. 如果能让它们的相位同步，将会发现它们的振荡周期非常相似。特别是适当调整 W_2 和 W_3，会发现它们的振荡波形不仅周期非常相似，幅度也基本一致。整个波形具有相当大的等同性。

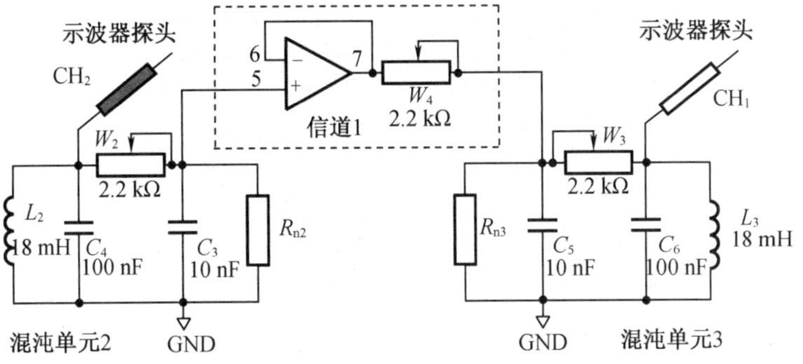

图 5.9.9　混沌同步原理框图

3. 让两个混沌单元相位同步的方法之一就是让其中一个单元接受另一个单元的影响，受影响大，则能较快地同步。受影响小，则同步较慢，或不能同步。为此，在两个混沌单元之间加入了“信道 1”。

4. “信道 1”由一个射随器和一个电位器及一个信号观测口组成。

射随器的作用是单向隔离，它让前级（混沌单元 2）的信号通过，再经电位器 W_4 影响后级（混沌单元 3）的工作状态，而后级的信号却不能影响前级的工作状态。

混沌单元 2 信号经射随器后，其信号特性基本可认为没有发生改变，等于原来混沌单元 2 的信号，即 W_4 左方的信号为混沌单元 2 的信号，右方的为混沌单元 3 的信号。

电位器的作用：调整它的阻值可以改变混沌单元 2 对混沌单元 3 的影响程度。

【实验仪器】

混沌原理及应用实验仪、双通道示波器 1 台、电缆连接线 2 根。

【实验内容】

1. 按照图 5.9.9 在面板上插入“混沌单元 2”和“混沌单元 3”上的所有电路模块。按照“实验 9.1 混沌波形发生实验”的方法将“混沌单元 2”和“混沌单元 3”分别调节到混沌状态，即双吸引子状态。电位器调到保持双吸引子状态的中点，并调节 W_4，使其尽可能大些。

在调试“混沌单元 2”时，将示波器接到 Q_5，Q_6 插座处。

在调试“混沌单元 3”时，将示波器接到 Q_3，Q_4 插座处。

2. 插上“信道 1”和键控器，键控器上的开关拨至“1”。用电缆线连接面板上的 Q_3 和 Q_5 到示波器上的 CH_1 和 CH_2，调节示波器 CH_1 和 CH_2 的电压挡位到 0.5 V。

3. 微调“混沌单元 2”上的 W_2 和“混沌单元 3”的 W_3 直到示波器上显示的波形成为过中点约 45°的细斜线为止，如图 5.9.10 所示。

图 5.9.10 表达的含义是：如果两路波形完全相等，这条线将是一条 45°的非常干净的直线，这时，“混沌单元 2”和“混沌单元 3”处于混沌同步状态。45°表示两路波形的幅度基本一致。线的长度表达了波形的振幅，线的粗细代表两路波形的幅度和相位在细节上的差异。因此，这条线的优劣表达出两路波形的同步程度。所以，应尽可能地将这条线调细，但同时必须保证“混沌单元 2”和“混沌单元 3”处于混沌状态。

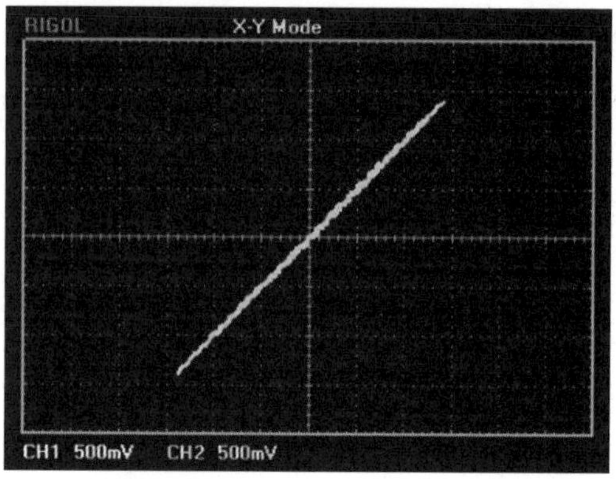

图 5.9.10　混沌同步调节好后示波器上波形状态示意图

4. 用电缆线将示波器的 CH_1 和 CH_2 分别连接 Q_6 和 Q_5，观察示波器上是否存在混沌波形，如不存在混沌波形，调节 W_2 使“混沌单元 2”处于混沌状态。再用同样的方法检查“混沌单元 3”，确保“混沌单元 3”也处于混沌状态，显示出双吸引子。

5. 用电缆线连接面板上的 Q_3 和 Q_5 到示波器上的 CH_1 和 CH_2，检查示波器上显示的波形为过中点约 45°的细斜线。

将示波器的 CH_1 和 CH_2 分别接 Q_3 和 Q_6，也应显示混沌状态的双吸引子。

6. 在使 W_4 尽可能大的情况下调节 W_2，W_3，使示波器上显示的斜线尽可能最细，并记录下来。

思考题

为什么要将 W_4 尽可能调大？如果 W_4 很小或者为零，代表什么意思？会出现什么现象？

实验 9.3　混沌键控实验

【实验目的】

用混沌电路方式传输键控信号。

【问题探索】

1. 怎样实现键控加密波形？
2. 在键控加密过程中，“混沌单元 1”和“混沌单元 2”应处于什么状态，为什么？

【实验原理】

混沌键控实验原理框图如图 5.9.11 所示。

键控器说明：键控器主要由以下三个部分组成。

1. 控制信号部分

控制信号有以下三个：

(1) 手动按键产生的键控信号。低电平 0 V，高电平 5 V。

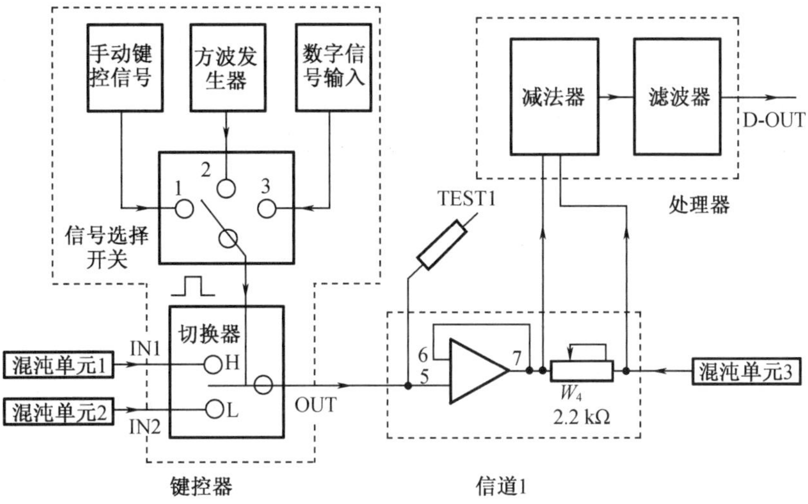

图 5.9.11　混沌键控实验原理框图

(2)电路自身产生的方波信号,周期约 40 ms。低电平 0 V,高电平 5 V。

(3)外部输入的数字信号。要求最高频率小于 100 Hz,低电平 0 V,高电平 5 V。

2. 控制信号选择开关

(1)开关拨到“1”时,选择手动按键产生的键控信号。按键不按时,输出低电平;按下时,输出高电平。

(2)开关拨到“2”时,选择电路自身产生的方波信号。

(3)开关拨到“3”时,选择外部输入的数字信号。

3. 切换器

利用选择开关送来的信号来控制切换器的输出选通状态。当到来的控制信号为高电平时,选通混沌单元 1;当到来的控制信号为低电平时,选通混沌单元 2。

【实验仪器】

混沌原理及应用实验仪、双通道示波器 1 台、电缆连接线 2 根。

【实验内容】

1. 按照图 5.9.2 和图 5.9.9 在面板上插入“混沌单元 1”“混沌单元 2”“混沌单元 3”上的所有电路模块,并在面板标注的相应位置上插入“键控单元”“信号处理”,按照实验 9.1 的方法分别将混沌单元 1、混沌单元 2 和混沌单元 3 调节到混沌状态,“键控单元”开关拨至“1”。

注意　在做“本实验内容 1”时,必须取下“信道 1”模块。

2. 将示波器的 CH_1 与 Q_6 连接,并把示波器的时基切换到“$Y-T$”位置,在“混沌单元 2”的混沌状态内,调整 W_2 以挑选一个较高的峰－峰值(例如选择 9 V 左右),保持 W_2 不动。

3. 将 CH_1 与 Q_4 连接,在“混沌单元 3”的混沌状态内,调整 W_3,使输出波形的峰－峰值与“2”的一样,保持 W_3 不动。

4. 将“信道 1”插入面板标注的相应位置上，旋钮 W_4 置中或更大，将 CH_1 与“信道 1”上的测试插座“$TEST_1$”连接好。此时按住“键控器”上的蓝色按键，在示波器上将显示“混沌单元 1”的输出波形。松开“键控器”上的蓝色按键，示波器上将显示“混沌单元 2”的输出波形。

5. 按下蓝色按键，在“混沌单元 1”的混沌状态内，调整 W_1，使此时“混沌单元 1”的峰 - 峰值为 Vp - p(例如调到 10 V 左右)；然后松开按键，调整 W_5，使“混沌单元 2”的峰 - 峰值也为 Vp - p。然后将“键控单元”开关拨至“2”，此时示波器上显示的波形为“混沌单元 1”与“混沌单元 2”交替输出的波形，如图 5.9.12 所示。此波形的峰 - 峰值应看不出交替的痕迹。保持 W_1 和 W_5 不动。

6. 时基切换到“$X-Y$”，将拨动开关拨至“1”，CH_1 换接 Q_3，CH_2 接 Q_5，在示波器上将显示一条约 45°的过中心的斜线。

7. CH_2 换接 Q_7，按住“键控器”上的蓝色按键，也将出现一条约 45°的过中心的斜线。若以上调整正确，可以发现此时在示波器上显示的 45°斜线的粗细明显大于在“本实验内容 6”中所显示的斜线。(否则，按该部分内容下方的“说明”进行操作)。

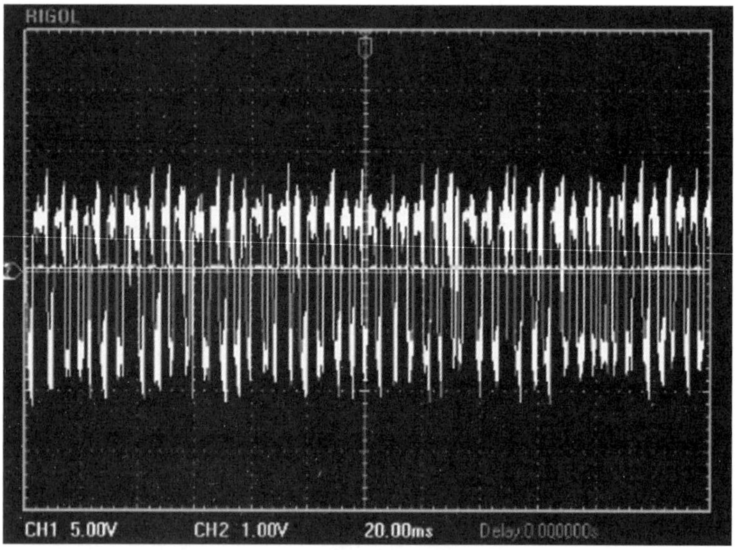

图 5.9.12 “混沌单元 1”与“混沌单元 2”交替输出的波形

8. 将示波器的时基切换到“$Y-T$”，CH_1 接 Q_1，把开关拨至“2”，在示波器上将显示解密波形，如图 5.9.13 所示。要得到此图，可调整 W_4，使低电平尽可能低，高电平尽可能高。

9. 将开关拨至“1”，快速敲击按键，观测示波器波形随按键的变化。

10. 在控制信号为外部输入波形的情况下，观察混沌加、解密的波形：

将键控器上的拨动开关拨至“3”，此时的控制信号为外部接入信号。接入信号的位置为“Q_9”，外接输入信号幅值需为 0 ~ +5 V，频率需小于 100 Hz。输出到示波器上的信号为：当外接输入信号为高电平时，为高杂波电平；当外接输入信号为低电平时，波形幅度约为 0 V。观察输出信号的周期与输入信号周期的关系以及在输入波形改变时占空比的变化。

11. 用示波器探头测量“信道 1”上面的测试座“$TEST_1$”的输出信号波形，该波形即键控加密波形，比较该波形与外部输入信号，解调输出信号，观察键控混沌的效果。

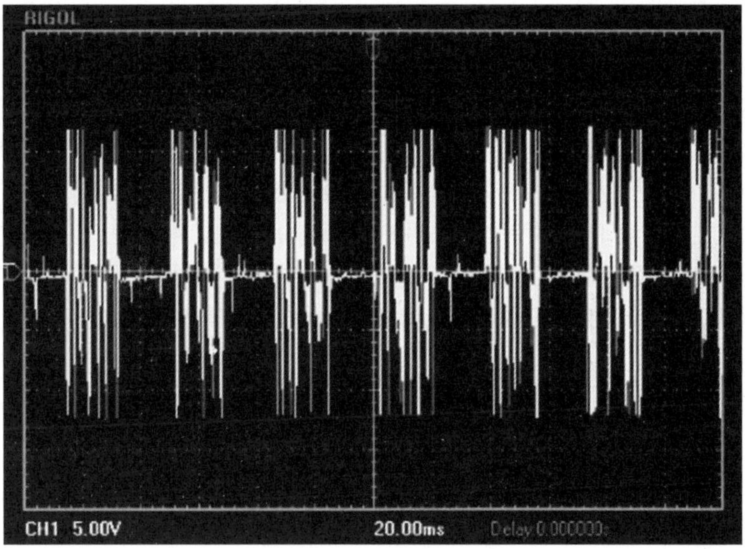

图 5.9.13　解密波形

说明　1. 在正确按照上述步骤实验的过程中，可能会出现"本实验内容 6"与"本实验内容 7"所示的波形（一条约 45°的过中心的斜线）粗细对比不明显而导致后续结果很难得到的情况。这时可以通过返回"本实验内容 5"，改变 W_1 与 W_5，使"混沌单元 1"和"混沌单元 2"的 Vp－p 改变到一个新的值（需仍保证处于混沌状态）。

2. 通过以上实验内容和"说明 1"，若仍难以得到所需的实验结果，其原因是"本实验内容 2"与"本实验内容 3"设定的峰－峰值过大或过小造成的，需根据情况重新设定。

实验 9.4　混沌掩盖与解密实验

【实验目的】

用混沌电路方式实现传输信号的掩盖与解密。

【问题探索】

1. 混沌掩盖的基本思想是什么？
2. 用混沌电路方式实现传输信号的掩盖与解密时，两个混沌电路应保持什么状态？

【实验原理】

由于混沌信号具有非周期性、类噪声、宽频带和长期不可预测等特点，所以适用于加密通信、扩频通信等领域。混沌掩盖是较早提出的一种混沌加密通信方式，又称混沌遮掩或混沌隐藏。其基本思想是在发送端，利用混沌信号作为载体来隐藏信号或遮掩所要传送的信息，使得消息信号难以从混合信号中提取出来，从而实现加密通信。在接收端则利用与发送端同步的混沌信号解密，恢复发送端发送的信息。混沌信号和消息信号结合的主要方法有相乘、相加，或加、乘结合。这里仅介绍将消息信号和混沌信号直接相加的掩盖方法以供参考。

在混沌同步的基础上，接通图 5.9.14 中的开关 S_1，S_2，可以进行加密通信实验。

假设 $x(t)$ 是发送端产生的混沌信号，$s(t)$ 是要传送的消息信号，实验中消息信号由信号发生器输出，为方波或正弦信号。经过混沌掩盖后，传输信号为 $c(t)=x(t)+s(t)$。接收端产生的混沌信号为 $x'(t)$，当接收端和发送端同步时，有 $x'(t)=x(t)$，由 $c(t)-x'(t)=s(t)$，即可恢复消息信号。用示波器观察传输信号，并比较要传送的消息信号和恢复的消息信号。实验中，信号的加法运算及减法运算可以通过运算放大器来实现。

需要指出的是，在实验中采用的是信号直接相加进行混沌掩盖，当消息信号幅度比较大而混沌信号相对比较小时，消息信号不能被掩盖在混沌信号中，传输信号中就能看出消息信号的波形，因此，实验中要求信号发生器输出的消息信号幅度比较小。

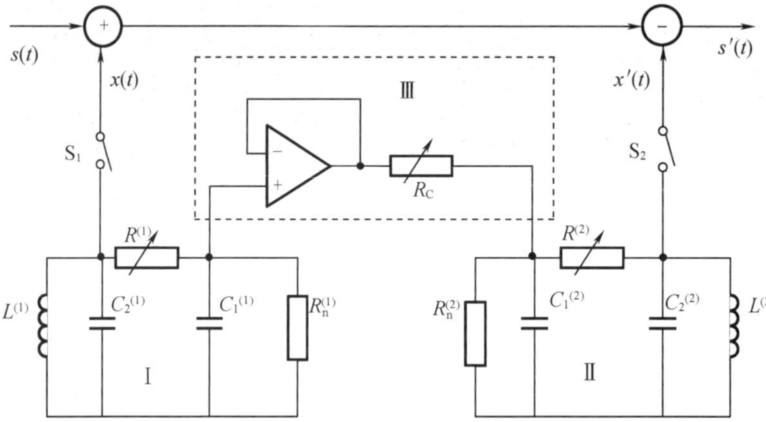

图 5.9.14　用蔡氏电路实现混沌同步和加密通信实验的参考图

混沌掩盖与解密原理框图如图 5.9.15 所示。

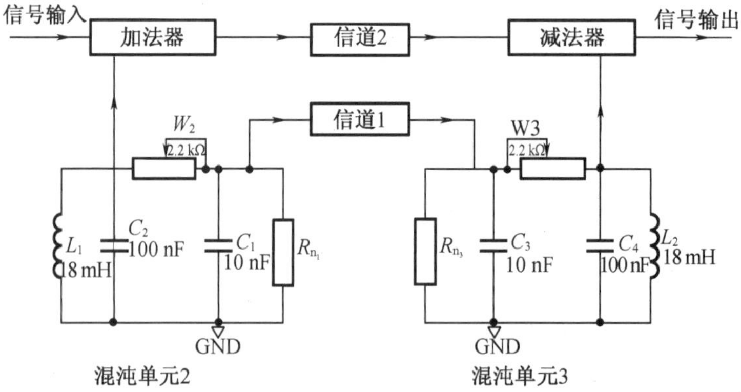

图 5.9.15　混沌掩盖与解密原理框图

【实验仪器】

混沌原理及应用实验仪、双通道示波器 1 台、信号发生器 1 台、电缆连接线 2 根。

【实验内容】

1. 在混沌原理及应用实验仪的面板上插入“混沌单元 2”和“混沌单元 3”的所有电路模块。按照实验 9.1 的方法将混沌单元 2 和混沌单元 3 调节到混沌状态。

2. 按照实验9.2的步骤将混沌单元2和混沌单元3调节到混沌同步状态。

3. 插上减法器模块JAN_1、信道2模块、加法器模块JIA_1，示波器CH_1端口连接到Q_2处。

4. 把示波器的时基切换到$Y-T$并将电压挡旋转到500 mV位置、时间挡旋转到10 ms位置、耦合挡切换到交流位置，Q_{10}处连接信号发生器的输出口，调节信号发生器的输出信号的频率为100～200 Hz、输出幅度为50 mV左右的正弦信号。

5. 逆时针调节电位器W_4上的旋钮，直到示波器上出现频率约为50 Hz、幅度约为0.7 V且叠加有一定噪声的正弦信号。细心调节W_2和W_3，使噪声最小，如图5.9.16所示。

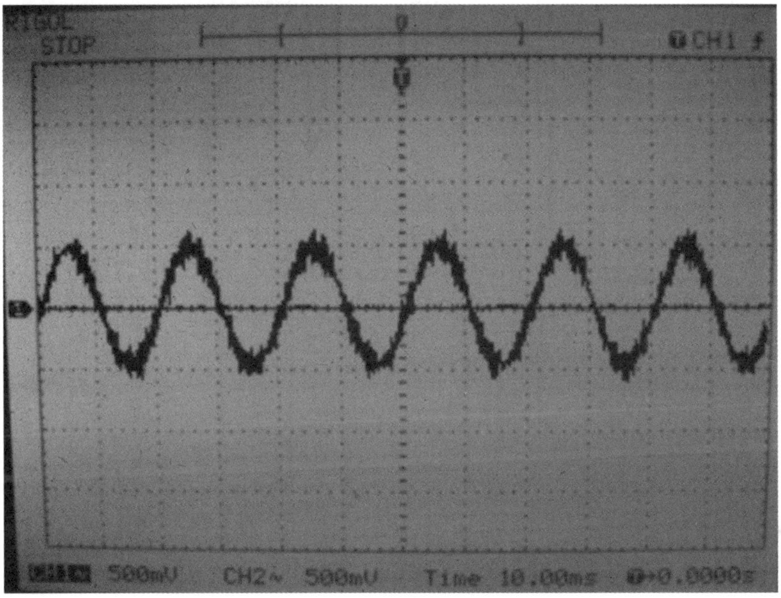

图5.9.16 混沌解码波形

6. 用示波器探头测量信道2上面的测试口"$TEST_2$"的输出波形，如图5.9.17所示。观察外输入信号被混沌信号掩盖的效果，并比较输入信号波形与解密后的波形（"本实验内容5"中输出的波形）的差别。

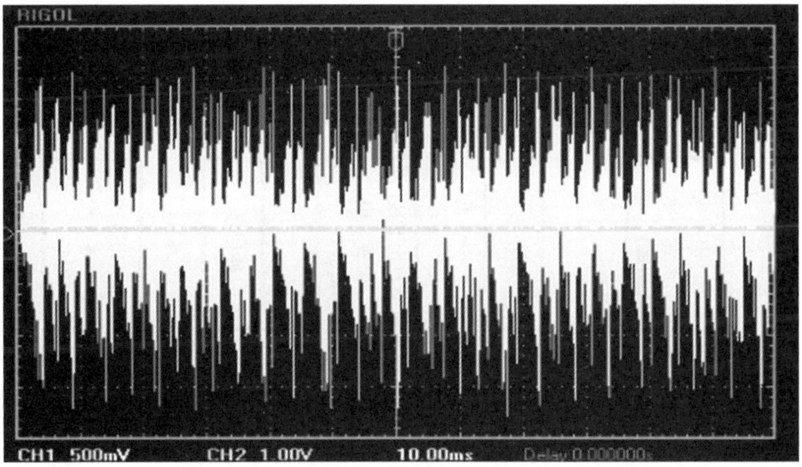

图5.9.17 外输入信号被混沌信号掩盖效果图

知识拓展　工作原理图

HD 型混沌原理及应用实验仪的工作原理图如图 5.9.18 所示。

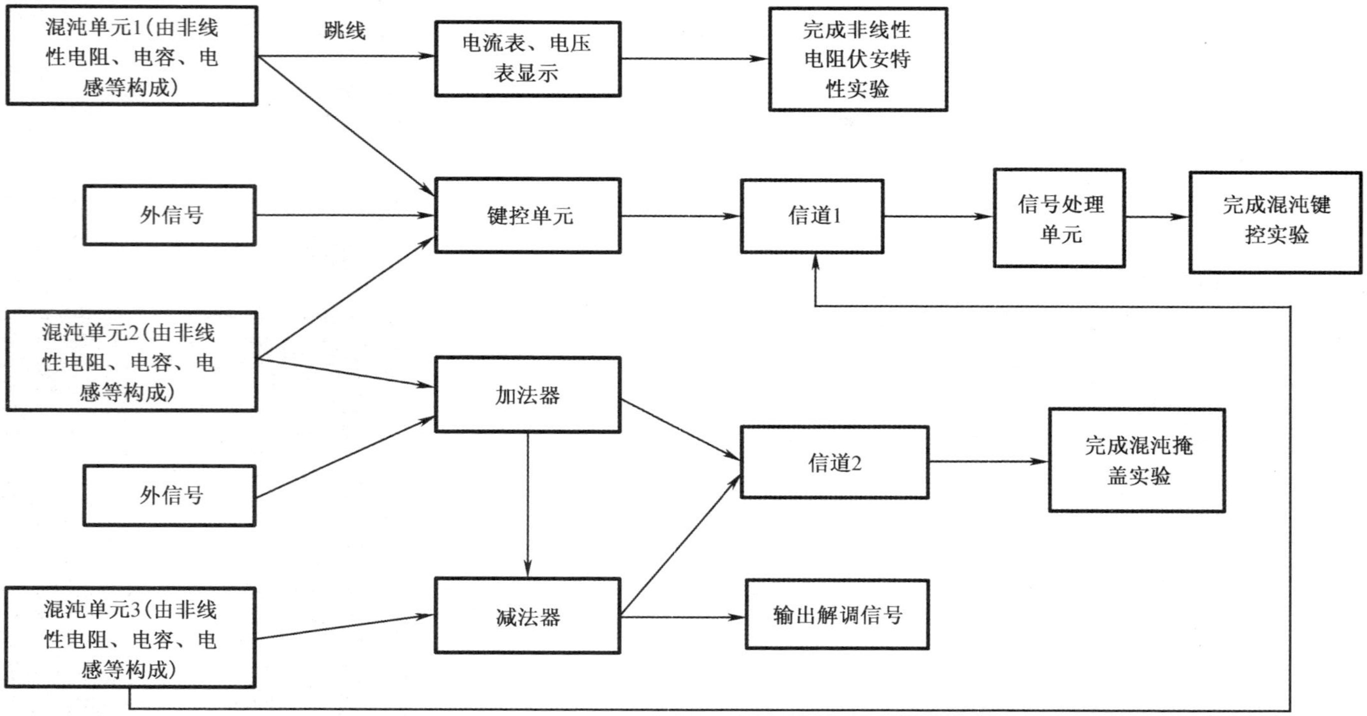

图5.9.18　HD型混沌原理及应用实验仪的工作原理图

实验10　巨磁阻效应的研究与应用

2007年,巨磁电阻(Giant Magneto Resistance,简称GMR)效应的发现者法国物理学家阿尔贝·费尔(Albert Fert)和德国物理学家彼得·格伦贝格尔(Peter Grunberg)获得了诺贝尔物理学奖。诺贝尔奖委员会说明:“这是一次好奇心导致的发现,但其随后的应用却是革命性的,因为它使计算机硬盘的容量从几百、几千兆,一跃而提高几百倍,达到几百吉乃至上千吉。巨磁电阻效应的发现打开了一扇通向新技术世界的大门——自旋电子学,这里,将同时利用电子的电荷以及自旋这两个特性。”

德国尤利希科研中心的物理学家彼得·格伦贝格尔一直致力于研究铁磁性金属薄膜表面和界面上的磁有序状态。对于一个三明治结构的薄膜,两层厚度约10 nm的铁层之间夹有厚度为0.8 nm的铬层,两边的两个铁磁层磁矩从彼此平行(较强磁场下)转变为反平行(弱磁场下)。磁场可以将三明治中的两个铁磁层磁矩在彼此平行与反平行之间转换,两个磁矩反平行时对应高电阻状态,平行时对应低电阻状态,两个电阻的差别高达10%。另一方面,1988年巴黎第十一大学固体物理实验室物理学家阿尔贝·费尔的小组将铁、铬薄膜交替制成几十个周期的铁-铬超晶格,也称为周期性多层膜。他们发现,当改变磁场强度时,超晶格薄膜的电阻下降近一半,即磁电阻比例达到50%。他们称这个前所未有的电阻巨大变化现象为巨磁电阻,并用两电流模型解释这种物理现象。显然,周期性多层膜可以被看成是若干个格伦贝格尔三明治的重叠,所以德国和法国的两个独立发现实际上是同一个物理现象。

GMR作为自旋电子学的开端具有深远的科学意义。传统的电子学是以电子的电荷移动为基础的,电子自旋往往被忽略了。巨磁电阻效应表明:电子自旋对于电流的影响非常强烈,电子的电荷与自旋两者都可能载运信息。自旋电子学的研究和发展,引发了电子技术与信息技术的一场新的革命。目前电脑、音乐播放器等各类数码电子产品中所装备的硬盘磁头,基本上应用了巨磁电阻效应。利用巨磁电阻效应制成的多种传感器,已广泛应用于各种测量和控制领域。除利用铁磁膜-金属膜-铁磁膜的GMR效应外,由两层铁磁膜夹一极薄的绝缘膜或半导体膜构成的隧穿磁阻(TMR)效应,已显示出比GMR效应更高的灵敏度。除在多层膜结构中发现GMR效应,并已实现产业化外,在单晶、多晶等多种形态的钙钛矿结构的稀土锰酸盐以及一些磁性半导体中,都发现了巨磁电阻效应。

本实验介绍多层膜GMR效应的原理,并通过实验了解几种GMR传感器的结构、特性及应用领域。

【实验目的】

1. 了解GMR效应的原理。

2. 测量 GMR 模拟传感器的磁电转换特性曲线。
3. 测量 GMR 的磁阻特性曲线。
4. 测量 GMR 开关(数字)传感器的磁电转换特性曲线。
5. 用 GMR 传感器测量电流。
6. 用 GMR 梯度传感器测量齿轮的角位移,了解 GMR 转速(速度)传感器的原理。
7. 通过实验了解磁记录与磁读出的原理。

【问题探索】

1. GMR 效应的原理是什么?
2. GMR 模拟传感器的实际应用有哪些?
3. GMR 开关(数字)传感器的实际应用有哪些?
4. 如何将 GMR 梯度传感器用于车辆流量监控?
5. 磁记录与磁读出的原理是什么?

【实验原理】

人们早就知道过渡金属铁、钴、镍能够出现铁磁性有序状态。量子力学出现后,德国科学家海森堡(W. Heisenberg,1932 年诺贝尔物理学奖得主)明确提出:铁磁性有序状态源于铁磁性原子磁矩之间的量子力学交换作用,这个交换作用是短程的,称为直接交换作用。后来发现很多的过渡金属和稀土金属的化合物具有反铁磁有序状态,即在有序排列的磁材料中,相邻原子因受负的交换作用,自旋为反平行排列,如图 5.10.1 所示,则磁矩虽处于有序状态,但总的净磁矩在不受外场作用时仍为零,这种磁有序状态称为反铁磁性。法国科学家奈尔(L. E. F. Neel)因为系统地研究反铁磁性而获得 1970 年诺贝尔物理学奖。他在解释反铁磁性时认为:化合物中的氧离子(或其他非金属离子)作为中介,将最近的磁性原子的磁矩耦合起来,这是间接交换作用。直接交换作用的特征长度为 0.1 ~ 0.3 nm,间接交换作用可以长达 1 nm 以上。1 nm 已经是实验室中人工微结构材料可以实现的尺度。

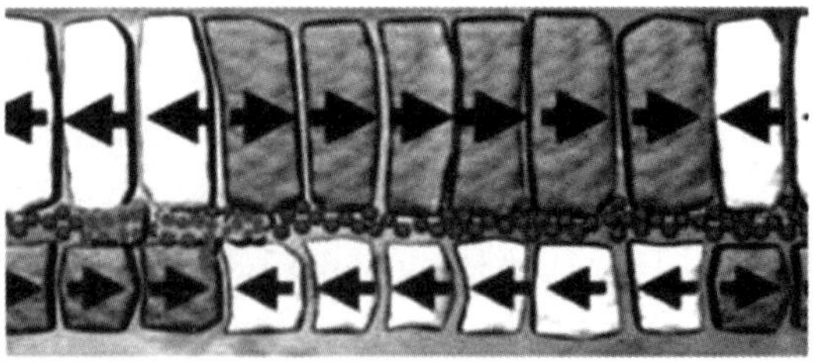

图 5.10.1　反铁磁有序示意图

1970 年美国 IBM 实验室的江崎和朱兆祥提出了超晶格的概念,所谓的超晶格就是由两种(或两种以上)组分(或导电类型)不同、厚度 d 极小的薄层材料交替生长在一起而得到的一种多周期结构材料。由于这种复合材料的周期长度比各薄膜单晶的晶格常数大几倍或更长,因此取得"超晶格"的名称。20 世纪 80 年代,由于摆脱了以往难以制作高质量的纳米尺度样品的限制,金属超晶格成为研究的前沿,凝聚态物理工作者对这类人工材料的磁有序、层间耦合、电子输运等进行了广泛的基础方面的研究。

德国物理学家彼得·格伦贝格尔和巴黎物理学家阿尔贝·费尔分别发现铁－铬超晶格(或称为周期性多层膜)出现巨磁电阻效应。既然磁场可以将三明治两个铁磁层磁矩在彼此平行与反平行之间转换,相应的物理性质会有什么变化?

根据导电的微观机理,电子在导电时并不是沿电场直线前进,而是不断地与晶格中的原子产生碰撞(又称散射)。每次散射后,电子都会改变运动方向,总的运动是电场对电子的定向加速与这种无规则散射运动的叠加,称电子在两次散射之间走过的平均路程为平均自由程,电子散射概率小,则平均自由程长,电阻率低。在电阻定律 $R=\rho L/S$ 中,把电阻率 ρ 视为常数,与材料的几何尺度无关,这是因为通常材料的几何尺度远大于电子的平均自由程(例如,铜中电子的平均自由程约为 34 nm),可以忽略边界效应。当材料的几何尺度小到纳米量级,只有几个原子的厚度时(例如,铜原子的直径约为 0.3 nm),电子在边界上的散射概率大大增加,可以明显观察到厚度减小,电阻率增加的现象。

电子除携带电荷外,还具有自旋特性,自旋磁矩有平行或反平行于外磁场两种可能取向。1936 年英国物理学家、诺贝尔奖获得者 N. F. Mott 指出:在过渡金属中,自旋磁矩与材料的磁场方向平行的电子,所受散射概率远小于自旋磁矩与材料的磁场方向反平行的电子。总电流是两类自旋电流之和,总电阻是两类自旋电流的并联电阻,这就是所谓的两电流模型。

在图 5.10.2 所示的多层膜 GMR 结构中,无外磁场时,上下两层磁性材料是反平行(反铁磁)耦合的。施加足够强的外磁场后,两层铁磁膜的方向都与外磁场方向一致,外磁场使两层铁磁膜从反平行耦合变成了平行耦合。电流的方向在多数应用中是平行于膜面的。

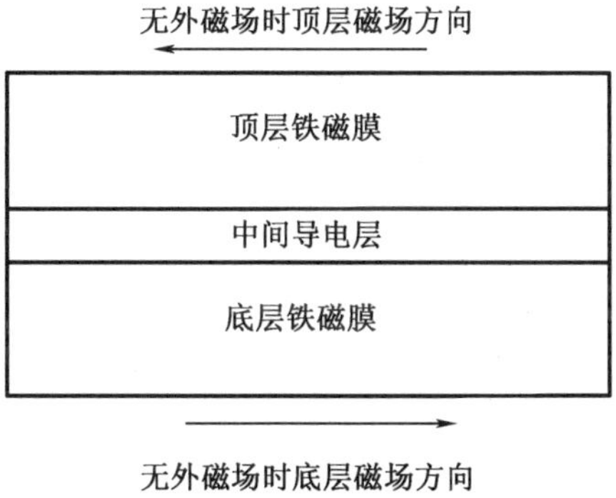

图 5.10.2　多层膜 GMR 结构图

图 5.10.3 是具有图 5.10.2 结构的某种 GMR 材料的磁阻特性。由图 5.10.3 可知,随着外磁场增大,电阻逐渐减小,其间有一段线性区域。当外磁场已使两铁磁膜完全平行耦合后,继续加大磁场,电阻不再减小,进入磁饱和区域。磁阻变化率 $\Delta R/R$ 达百分之十几,加反向磁场时磁阻特性是对称的。图 5.10.3 中的两条曲线分别对应增大磁场和减小磁场时的磁阻特性,这是因为铁磁材料都具有磁滞特性。

有两类与自旋相关的散射对巨磁电阻效应有贡献。其一,界面上的散射。无外磁场时,上、下两层铁磁膜的磁场方向相反,无论电子的初始自旋状态如何,从一层铁磁膜进入另一层铁磁膜时都面临状态改变(平行—反平行,或反平行—平行),电子在界面上的散射概率很大,对应于高电阻状态。有外磁场时,上、下两层铁磁膜的磁场方向一致,电子在界面上的散射概率很小,对应于低电阻状态。其二,铁磁膜内的散射。即使电流方向平行于膜面,由于无规则散射,电子也有一定的概率在上、下两层铁磁膜之间穿行。无外磁场时,上、下两层铁磁膜的磁场方向相反,无论电子的初始自旋状态如何,在穿行过程中都会经历散射概率小(平行)和散射概率大(反平行)两种过程,两类自旋电流的并联电阻类似于两个中等阻值的电阻的并联,对应于高电阻状态。有外磁场时,上、下两层铁磁膜的磁场方向一致,自旋平行的电子散射概率小,自旋反平行的电子散射概率大,两类自旋电流的并联电阻类似于一个小电阻与一个大电阻的并联,对应于低电阻状态。

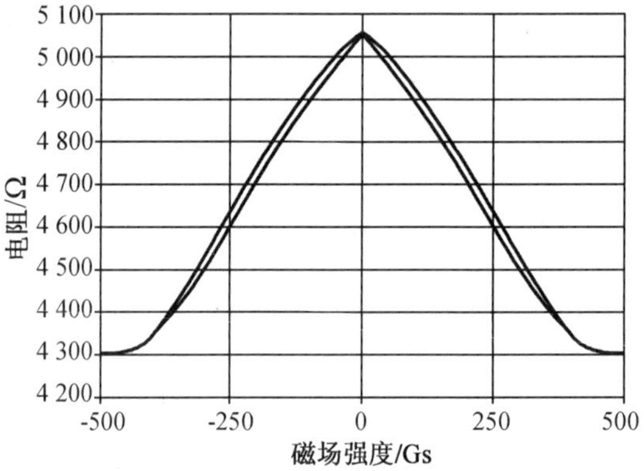

图 5.10.3　某种 GMR 材料的磁阻特性

多层膜 GMR 结构简单,工作可靠,磁阻随外磁场线性变化的范围大,在制作模拟传感器方面得到了广泛应用。在数字记录与读出领域,为进一步提高灵敏度,发展了自旋阀结构的 GMR。自旋阀 SV - GMR 结构如图 5.10.4 所示。

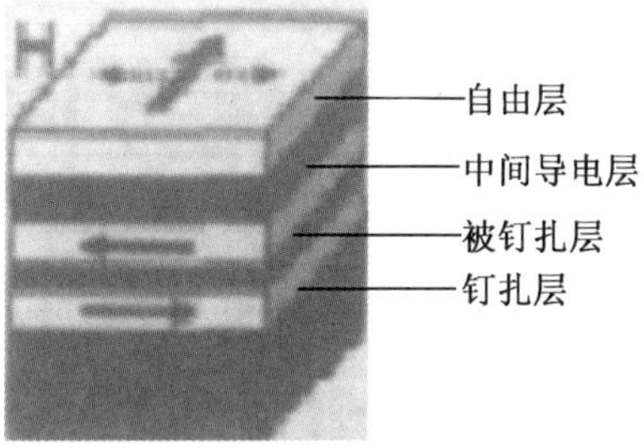

图 5.10.4　自旋阀 SV - GMR 结构图

自旋阀 SV - GMR(Spin Valve GMR)由钉扎层、被钉扎层、中间导电层和自由层构成。其中,钉扎层使用反铁磁材料,被钉扎层使用硬铁磁材料,铁磁和反铁磁材料在交换耦合作用下形成一个偏转场,此偏转场将被钉扎层的磁化方向固定,不随外磁场改变。自由层使用软铁磁材料,它的磁化方向易于随外磁场转动。这样,很弱的外磁场就会改变自由层与被钉扎层磁场的相对取向,并对应很高的灵敏度。制造时,使自由层的初始磁化方向与被钉扎层垂直,磁记录材料的磁化方向与被钉扎层的方向相同或相反(对应于 0 或 1),当感应到磁记录材料的磁场时,自由层的磁化方向就向与被钉扎层磁化方向相同(低电阻)或相反(高电阻)的方向偏转,检测出电阻的变化,就可确定记录材料所记录的信息,硬盘所用的 GMR 磁头就采用这种结构。

实验仪器 GMR 材料的多层结构是基于一个 Ni - Fe - Co 磁性层和 Cu 间隔层。

【实验方案】

本实验通过对 GMR 传感器的磁电转换特性、磁阻特性等的测量理解 GMR 传感器的结构和特性，进而理解 GMR 传感器在实际工业生产和生活领域的应用，提出 GMR 传感器在实际应用中的新方案。

【实验仪器】

ZKY－JCZ 巨磁电阻效应及应用实验仪、基本特性组件、电流测量组件、角位移测量组件、磁读写组件等。

【实验内容】

1. GMR 模拟传感器的磁电转换特性测量

在将 GMR 构成传感器时，为了消除温度变化等环境因素对输出的影响，一般采用桥式结构，图 5.10.5 是 GMR 模拟传感器的结构。

对于电桥结构，如果 4 个 GMR 电阻对磁场的响应完全同步，就不会有信号输出。在图 5.10.5 中，将处在电桥对角位置的两个电阻 R_3，R_4 覆盖一层高导磁率的材料如坡莫合金，以屏蔽外磁场对它们的影响，而 R_1，R_2 随外磁场改变。设无外磁场时 4 个 GMR 电阻的阻值均为 R，在外磁场作用下，R_1，R_2 均减小 ΔR，简单分析表明，输出电压为

$$U_o = U_i \Delta R/(2R - \Delta R) \tag{5.10.1}$$

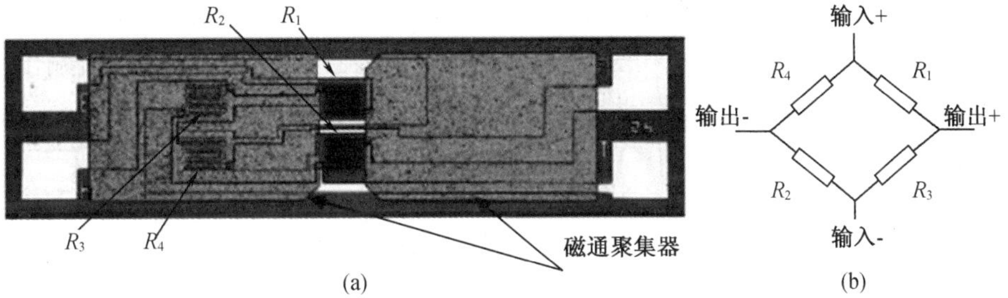

图 5.10.5　GMR 模拟传感器结构图

(a) 几何结构；(b) 电路连接

屏蔽层同时设计为磁通聚集器，它的高导磁率将磁力线聚集在 R_1，R_2 电阻所在的空间，进一步提高了 R_1，R_2 的磁灵敏度。

从图 5.10.5 的几何结构还可见，巨磁电阻被光刻成微米宽度迂回状的电阻条，以增大其电阻至千欧，使其在较小工作电流下得到合适的电压输出。

图 5.10.6 是实验用 GMR 模拟传感器的磁电转换特性曲线。图 5.10.7 是磁电转换特性的测量原理图。

实验装置为巨磁阻实验仪和基本特性组件。

将 GMR 模拟传感器置于螺线管磁场中，功能切换按钮切换为“传感器测量”。巨磁阻实验仪的 4 V 电压源“巨磁电阻供电”接至基本特性组件“巨磁电阻供电”，恒流源“恒流输出”接至“螺线管电流输入”，基本特性组件“模拟信号输出”接至实验仪电压表。

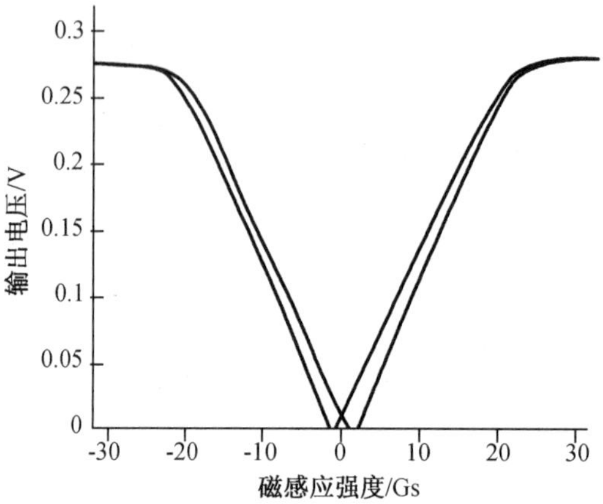

图 5.10.6　GMR 模拟传感器的磁电转换特性

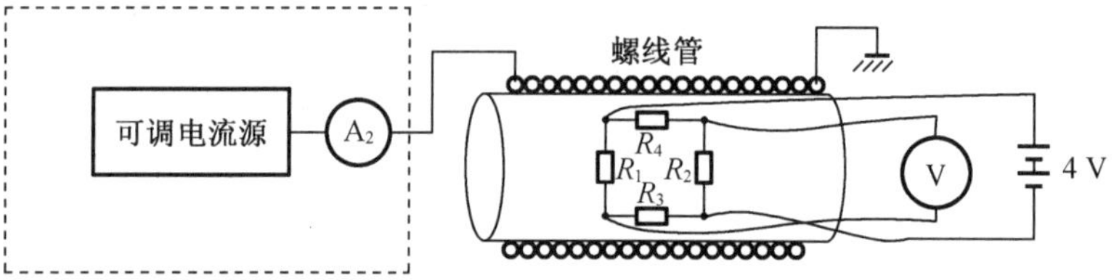

图 5.10.7　模拟传感器磁电转换特性实验原理图

按表 5.10.1 数据，调节励磁电流，逐渐减小磁场强度，记录相应的输出电压于表格“减小磁场”列中。由于恒流源本身不能提供负向电流，当电流减至 0 后，交换恒流输出接线的极性，使电流反向。再次增大电流，此时流经螺线管的电流与磁感应强度的方向为负，从上到下记录相应的输出电压。

表 5.10.1　GMR 模拟传感器磁电转换特性的测量

电桥电压:4 V

励磁电流/mA	磁感应强度/Gs	输出电压/mV	
		减小磁场	增大磁场
100			
90			
80			
70			
60			
50			
40			
30			
20			
10			

表 5.10.1(续)

励磁电流/mA	磁感应强度/Gs	输出电压/mV	
		减小磁场	增大磁场
5			
0			
-5			
-10			
-20			
-30			
-40			
-50			
-60			
-70			
-80			
-90			
-100			

电流至 -100 mA 后,逐渐减小负向电流,电流到 0 时同样需要交换恒流输出接线的极性。从下到上记录数据于“增大磁场”列中。

理论上讲,外磁场为零时,GMR 传感器的输出电压应为零,但由于半导体工艺的限制,4 个桥臂电阻值不一定完全相同,导致外磁场为零时输出电压不一定为零,在有的传感器中可以观察到这一现象。

根据螺线管上标明的线圈密度,由公式 $B=\mu_0 nI$ 计算出螺线管内的磁感应强度 B。以磁感应强度 B 为横坐标、电压表的读数为纵坐标作出磁电转换特性曲线。不同外磁场强度时输出电压的变化反映了 GMR 传感器的磁电转换特性,同一外磁场强度下输出电压的差值反映了材料的磁滞特性。

2. GMR 磁阻特性测量

为加深对巨磁电阻效应的理解,我们对构成 GMR 模拟传感器的磁阻进行测量。将基本特性组件的功能切换按钮切换为“巨磁阻测量”,此时被磁屏蔽的两个电桥电阻 R_3,R_4 被短路,而 R_1,R_2 并联。将电流表串联进电路中,测量不同磁场时回路中电流的大小,就可计算磁阻。磁阻特性测量原理如图 5.10.8 所示。

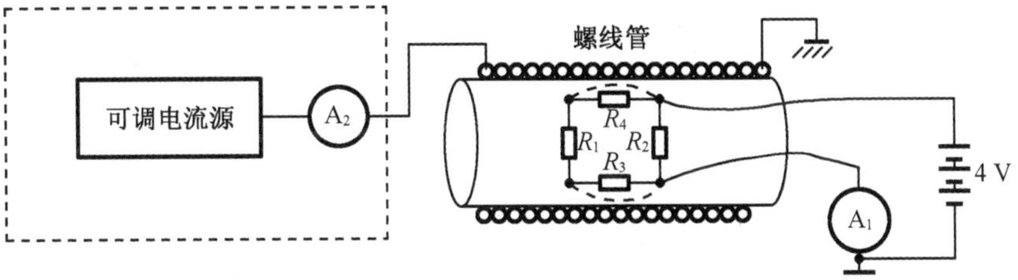

图 5.10.8　磁阻特性测量原理图

实验装置为巨磁阻实验仪和基本特性组件。

将 GMR 模拟传感器置于螺线管磁场中,功能切换按钮切换为"巨磁阻测量",实验仪的 4 V 电压源串联电流表后接至基本特性组件"巨磁电阻供电",恒流源接至"螺线管电流输入"。

按表 5.10.2"励磁电流"列中的数据,调节励磁电流,逐渐减小磁场强度,记录相应的磁阻电流于表 5.10.2 的"减小磁场"列中。由于恒流源本身不能提供负向电流,当电流减至 0 后,交换恒流输出接线的极性,使电流反向。再次增大电流,此时流经螺线管的电流与磁感应强度的方向为负,从上到下记录相应的输出电压。

表 5.10.2　GMR 磁阻特性的测量

磁阻两端电压:4 V

励磁电流/mA	磁感应强度/Gs	减小磁场		增大磁场	
		磁阻电流/mA	磁阻/Ω	磁阻电流/mA	磁阻/Ω
100					
90					
80					
70					
60					
50					
40					
30					
20					
10					
5					
0					
-5					
-10					
-20					
-30					
-40					
-50					
-60					
-70					
-80					
-90					
-100					

电流减至 -100 mA 后,逐渐减小负向电流,电流到 0 时同样需要交换恒流输出接线的

极性。从下到上记录数据于表 5.10.2 的“增大磁场”列中。

根据螺线管上标明的线圈密度,由下面的公式:

$$B=\mu_0 nI \tag{5.10.2}$$

计算出螺线管内的磁感应强度 B。在式(5.10.2)中,μ_0 为真空中的磁导率,$\mu_0=4\pi\times10^{-7}$ Wb/(m·A);n 为 24 000 匝/米。由欧姆定律 $R=U/I$ 计算磁阻。以磁感应强度 B 为横坐标、磁阻为纵坐标作出磁阻特性曲线。应该注意,由于模拟传感器的两个磁阻是位于磁通聚集器中,与图 5.10.3 相比,我们作出的磁阻曲线斜率大了约 10 倍。可见,磁通聚集器结构可以大大提高磁阻的灵敏度。

不同外磁场强度时磁阻的变化反映了 GMR 的磁阻特性,同一外磁场强度下磁阻的差值反映了材料的磁滞特性。

3. GMR 开关(数字)传感器的磁电转换特性曲线测量

将 GMR 模拟传感器与比较电路、晶体管放大电路集成在一起,就构成 GMR 开关(数字)传感器,结构如图 5.10.9 所示。

比较电路的功能是,当电桥电压低于比较电压时,则输出低电平;当电桥电压高于比较电压时,则输出高电平。选择适当的 GMR 电桥并结合调节比较电压,可调节开关传感器开关点对应的磁场强度。

图 5.10.10 是实验用 GMR 开关传感器的磁电转换特性。当磁场强度的绝对值从低增加到 12 Gs 时,则开关打开(输出高电平);当磁场强度的绝对值从高减小到 10 Gs 时,则开关关闭(输出低电平)。

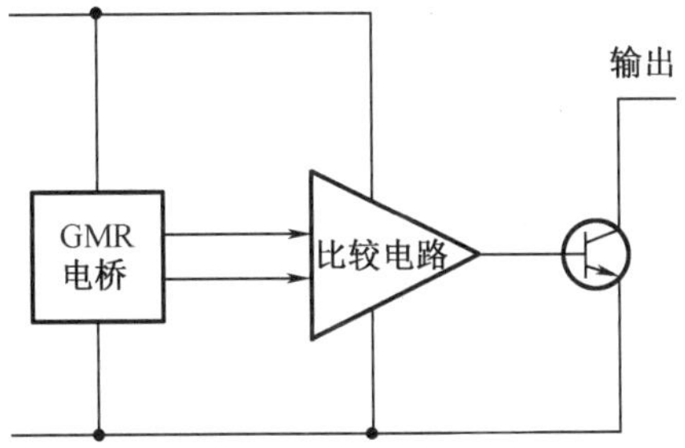

图 5.10.9 GMR 开关(数字)传感器结构图

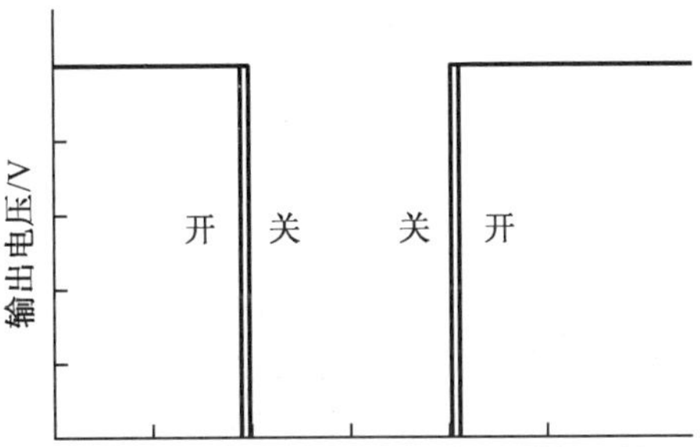

图 5.10.10 GMR 开关传感器的磁电转换特性

实验装置为巨磁阻实验仪和基本特性组件。

将 GMR 模拟传感器置于螺线管磁场中,功能切换按钮切换为“传感器测量”。实验仪的4 V电压源接至基本特性组件“巨磁电阻供电”,“电路供电”接口接至基本特性组件对应的“电路供电”输入插孔,恒流源接至“螺线管电流输入”,基本特性组件“开关信号输出”接至实验仪电压表。

从50 mA逐渐减小励磁电流,输出电压从高电平(开)转变为低电平(关)时记录相应的励磁电流于表5.10.3的“减小磁场”列中。当电流减至0后,交换恒流输出接线的极性,使电流反向。再次增大电流,此时流经螺线管的电流与磁感应强度的方向为负,输出电压从低电平(关)转变为高电平(开)时记录相应的负值励磁电流于表5.10.3“减小磁场”列中。

将电流调至−50 mA,逐渐减小负向电流,输出电压从高电平(开)转变为低电平(关)时记录相应的负值励磁电流于表5.10.3“增大磁场”列中,电流到0时同样需要交换恒流输出接线的极性。输出电压从低电平(关)转变为高电平(开)时记录相应的正值励磁电流于表5.10.3“增大磁场”列中。

表5.10.3　GMR开关传感器的磁电转换特性测量

高电平＝________V　低电平＝________V

减小磁场			增大磁场		
开关动作	励磁电流/mA	磁感应强度/Gs	开关动作	励磁电流/mA	磁感应强度/Gs
关			关		
开			开		

根据螺线管上标明的线圈密度,由式(5.10.2)计算出螺线管内的磁感应强度B。以磁感应强度B为横坐标、电压读数为纵坐标作出开关传感器的磁电转换特性曲线。

利用GMR开关传感器的开关特性已制成各种接近开关,当磁性物体(可在非磁性物体上贴上磁条)接近传感器时就会输出开关信号。其广泛应用在工业生产及汽车、家电等日常生活用品中,且控制精度高,在恶劣环境(如高低温、振动等)下仍能正常工作。

4. 用GMR模拟传感器测量电流

从图5.10.6可知:在一定的范围内,GMR模拟传感器的输出电压与磁场强度呈线性关系,且灵敏度高,线性范围大。因此,可以方便地将GMR制成磁场计,测量磁场强度或其他与磁场相关的物理量。作为应用示例,我们用它来测量电流。模拟传感器测量电流实验原理图如图5.10.11所示。

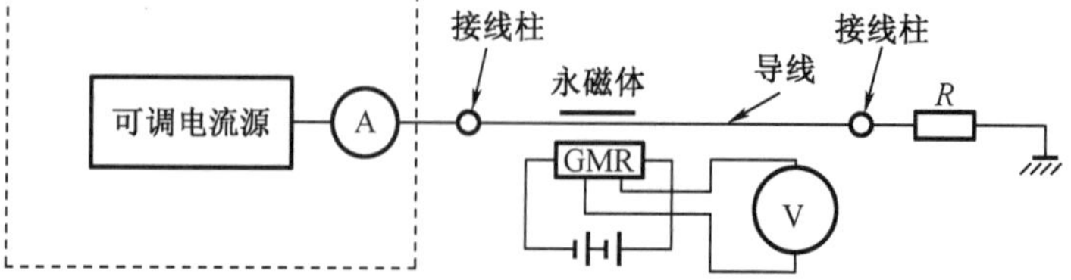

图5.10.11　模拟传感器测量电流实验原理图

由理论分析可知,通有电流I的无限长直导线,与导线距离为r的某一点的磁感应强度为

$$B = \mu_0 I / 2\pi r = 2I \times 10^{-7} / r \tag{5.10.3}$$

在 r 不变的情况下,磁场强度与电流成正比。

在实际应用中,为了使 GMR 模拟传感器工作在线性区,提高测量精度,还常常预先给传感器施加一个固定的已知磁场,称为磁偏置,其原理类似于电子电路中的直流偏置。

实验装置为巨磁阻实验仪和电流测量组件。

实验仪的 4 V 电压源接至电流测量组件“巨磁电阻供电”,恒流源接至“待测电流输入”,电流测量组件“信号输出”接至实验仪电压表。将待测电流调节至 0。将偏置磁铁转到远离 GMR 传感器,调节磁铁与传感器的距离,使输出约 25 mV。将电流增大到 300 mA,按表 5.10.4 数据逐渐减小待测电流,从左到右记录相应的输出电压于表 5.10.4 的“减小电流”行中。由于恒流源本身不能提供负向电流,当电流减至 0 后,交换恒流输出接线的极性,使电流反向。再次增大电流,此时电流方向为负,记录相应的输出电压。

逐渐减小负向待测电流,从右到左地记录相应的输出电压于表 5.10.4 的“增加电流”行中。当电流减至 0 后,交换恒流输出接线的极性,使电流反向。再次增大电流,此时电流方向为正,记录相应的输出电压。

将待测电流调节至 0。将偏置磁铁转到接近 GMR 传感器,调节磁铁与传感器的距离,使输出电压约 150 mV。

用低磁偏置时同样的实验方法,测量适当磁偏置时待测电流与输出电压的关系。

表 5.10.4　用 GMR 模拟传感器测量电流

待测电流/mA			300	200	100	0	-100	-200	-300
输出电压/mV	低磁偏置(约 25 mV)	减小电流							
		增加电流							
	适当磁偏置(约 150 mV)	减小电流							
		增加电流							

以电流读数为横坐标、电压表的读数为纵坐标作图,分别作出 4 条曲线。

由测量数据及所作图形可以看出,适当磁偏置时线性较好,斜率(灵敏度)较高。由于待测电流产生的磁场远小于偏置磁场,磁滞对测量的影响也较小,根据输出电压的大小就可确定待测电流的大小。

用 GMR 传感器测量电流不用将测量仪器接入电路,不会对电路工作产生干扰,既可测量直流,也可测量交流,具有广阔的应用前景。

5. GMR 梯度传感器的特性及应用

将 GMR 电桥两对对角电阻分别置于集成电路两端,4 个电阻都不加磁屏蔽,即构成梯度传感器,如图 5.10.12 所示。

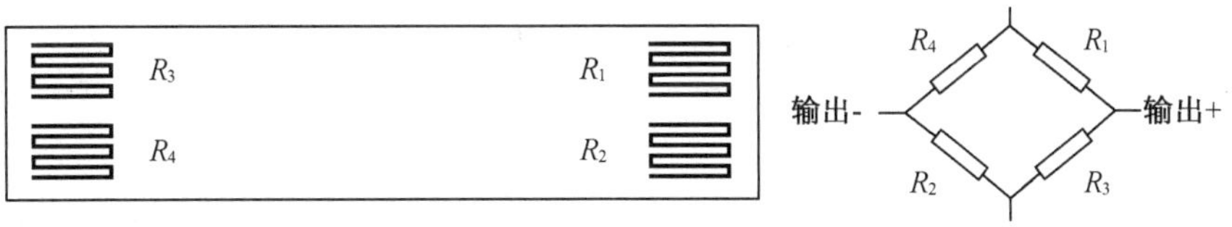

图 5.10.12　GMR 梯度传感器结构图

这种传感器若置于均匀磁场中,由于4个桥臂电阻的阻值变化相同,电桥输出电压为零。如果磁场存在一定的梯度,各GMR电阻感受到的磁场不同,磁阻变化不一样,就会有信号输出。图5.10.13以用GMR梯度传感器检测齿轮的角位移为例,说明其应用原理。

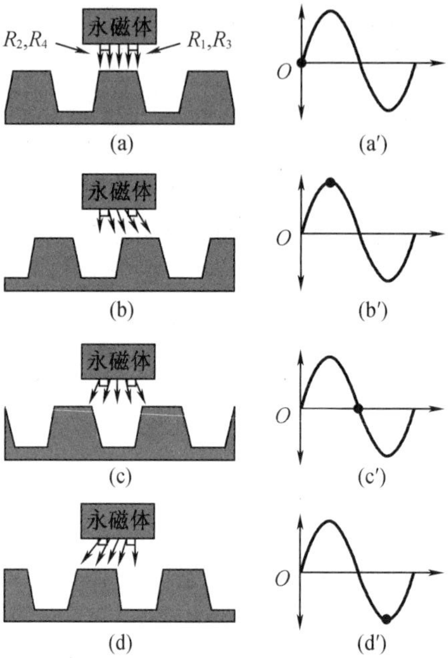

图5.10.13　用GMR梯度传感器检测齿轮的角位移

将永磁体放置于传感器上方,若齿轮是铁磁材料,永磁体产生的空间磁场在相对于齿牙不同位置时,产生不同的梯度磁场。永磁体放置于图5.10.13(a)位置时,其输出电压为零,见图5.10.13(a′)曲线上的小圆点,位于坐标原点处。永磁体放置于图5.10.13(b)位置时,R_1,R_2感受到的磁场强度大于R_3,R_4,输出正电压,见图5.10.13(b′)曲线上的小圆点,位于电压的正半轴。永磁体放置于图5.10.13(c)位置时,其输出电压回归零,见图5.10.13(c′)曲线上的小圆点,位于横轴上。永磁体放置于图5.10.13(d)位置时,R_1,R_2感受到的磁场强度小于R_3,R_4,其输出负电压,见图5.10.13(d′)曲线上的小圆点,位于电压的负半轴。于是,在齿轮转动过程中,每转过一个齿牙便产生一个完整的波形输出。这一原理已普遍应用于转速(速度)与位移监控,在汽车及其他工业领域得到了广泛应用。

实验装置为巨磁阻实验仪和角位移测量组件。

将实验仪4 V电压源接角位移测量组件"巨磁电阻供电",角位移测量组件"信号输出"接实验仪电压表。逆时针慢慢转动齿轮,当输出电压为零时记录起始角度,以后每转3°记录一次角度与电压表的读数。每转动48°,齿轮转过2齿,输出电压变化2个周期。

表5.10.5　测量齿轮角位移的数据表

转动角度/(°)							…		
输出电压/mV							…		

以齿轮实际转过的度数为横坐标,电压表的读数为纵向坐标作图。

根据实验原理,GMR 梯度传感器能用于车辆流量监控吗?

6. 磁记录与磁读出

磁记录是当今数码产品记录与储存信息的最主要方式,由于巨磁阻的出现,存储密度有了成百上千倍的提高。

在当今的磁记录领域,为了提高记录密度,读写磁头是分离的。写磁头是绕线的磁芯,线圈中通过电流时产生磁场,在磁性记录材料上记录信息。巨磁阻读磁头利用磁记录材料上不同磁场时电阻的变化读出信息。磁读写组件用磁卡做记录介质,磁卡通过写磁头时可写入数据,通过读磁头时将写入的数据读出来。

同学可自行设计一个二进制码,按二进制码写入数据,然后将读出的结果记录下来。

实验装置为巨磁阻实验仪、磁读写组件、磁卡。

实验仪的 4 V 电压源接磁读写组件“巨磁电阻供电”,“电路供电”接口接至基本特性组件对应的“电路供电”输入插孔,磁读写组件“读出数据”接至实验仪电压表。同时按下“0/1 转换”和“写确认”按键约 2 s 将读写组件初始化,初始化后才可以进行写和读。

将需要写入与读出的二进制数据记入表 5.10.6 的第 2 行。

将磁卡有刻度区域的一面朝前,沿着箭头标志的方向插入划槽,按需要切换写“0”或写“1”(按“0/1 转换”按键,当状态指示灯显示为红色表示当前为写“1”状态,绿色表示当前为写“0”状态)。按住“写确认”按键不放,缓慢移动磁卡,根据磁卡上的刻度区域线,确认写“0”或写“1”的起点及终点。

注意 为了便于后面的读出数据更准确,写数据时应以磁卡上各区域两边的边界线开始和结束。即在每个标定的区域内,磁卡的写入状态应完全相同。

完成写数据后,松开“写确认”按键,此时组件就处于读状态了,将磁卡移动到读磁头处,根据刻度区域在电压表上读出的电压,记录在表 5.10.6 中。

表 5.10.6 二进制数字的写入与读出

十进制数字								
二进制数字								
磁卡区域号	1	2	3	4	5	6	7	8
读出电平								

此实验演示了磁记录与磁读出的原理与过程。

注意 由于测试卡区域的两端数据记录可能不准确,因此实验中只记录中间的 1 ~ 8 号区域的数据。

【注意事项】

1. 由于巨磁阻传感器具有磁滞现象,因此,在实验中,恒流源只能单方向调节,不可回调,否则测得的实验数据将不准确。实验表格中的电流只是作为一种参考,实验时以实际显示的数据为准。

2. 测试卡组件不能长期处于“写”状态。

3. 实验过程中,实验仪器不得处于强磁场环境中。

【数据处理】

1. 用实验测量数据作出 GMR 特性曲线。

(1)以磁感应强度 B 为横坐标、电压表的读数为纵坐标作出磁电转换特性曲线。

(2)以磁感应强度 B 为横坐标、磁阻为纵坐标作出磁阻特性曲线。

(3)以磁感应强度 B 为横坐标、电压读数为纵坐标作出开关传感器的磁电转换特性曲线。

(4)以电流读数为横坐标、电压表的读数为纵坐标作图,分别作出 4 条曲线。

(5)以齿轮实际转过的度数为横坐标、电压表的读数为纵坐标作图。

2. 对上述曲线进行分析,得出相应的结论。

实验 11　线阵 CCD 图像传感器的研究

CCD(Charge Coupled Device)全称为电荷耦合器件,是 20 世纪 70 年代在 MOS 集成电路技术基础上发展起来的新型半导体器件,为半导体技术的应用开拓了新的领域。它具有光电转换、信息存储和传输等功能,具有集成度高、功耗小、结构简单、寿命长、性能稳定等优点,因而,在固体图像传感器、信息存储和处理等方面得到了广泛的应用。

CCD 作为图像传感器能实现信息的获取、转换和视觉功能的扩展,能给出直观、真实、多层次、内容丰富的可视图像信息,因而被广泛应用于军事、天文、医疗、电视、传真、通信,以及工业检测和自动控制等领域。实验室用的数码相机、光学多道分析器等仪器,都用 CCD 作为图像探测元件。

【实验目的】

1. 学习掌握 CCD 的基本工作原理。
2. 了解 CCD 正常工作所需的外部条件及这些条件的改变对 CCD 输出的影响。
3. 学会使用数字示波器。
4. 掌握线阵 CCD 图像扫描的基本原理和方法。

【问题探索】

1. CCD 是如何将光信号转换为电信号的?
2. CCD 中电荷的存储、转移、读出都是如何实现的?
3. 如何用 CCD 进行物体的测量?

【实验原理】

一个完整的 CCD 器件由光敏单元、转移栅、移位寄存器及一些辅助的输入、输出电路组成。当 CCD 工作时,在设定的积分时间内由光敏单元对光信号进行取样,将光的强弱转换为各光敏单元电荷的多少。取样结束后,各光敏单元电荷由转移栅转移到移位寄存器的相应单元中。移位寄存器在驱动时钟的作用下,将信息电荷顺次转移到输出端。将输出信号接到示波器、图像显示器或其他信号存储、处理设备中,就可对信号再现或进行存储处理。由于 CCD 光敏单元可做得很小(约 10 μm),所以它的图像分辨率很高。要了解 CCD 的原理,必须对半导体的基本知识有一些了解,可参见本实验的知识拓展 4。

1. CCD 的 MOS 结构及存储电荷原理

CCD 的基本单元是 MOS(即金属 - 氧化物 - 半导体)电容器,这种电容器能存储电荷,其结构和工作原理如图 5. 11. 1 所示。以 P 型硅为例,在 P 型硅衬底上通过氧化在表面形成 SiO_2层,然后在 SiO_2上沉积一层金属为栅极,P 型硅中的多数载流子是带正电荷的空穴,少数载流子是带负电荷的电子。当金属电极上施加正电压时,其电场能够透过 SiO_2绝缘层对这些载流子进行排斥或者吸引。于是,带正电的空穴被排斥到远离电极处,剩下不能移动的带负电的少数载流子在紧靠 SiO_2层形成负电荷层(耗尽层),这种现象便形成对电子而言的陷阱,电子一旦进入就不能复出,故又称为电子势阱。

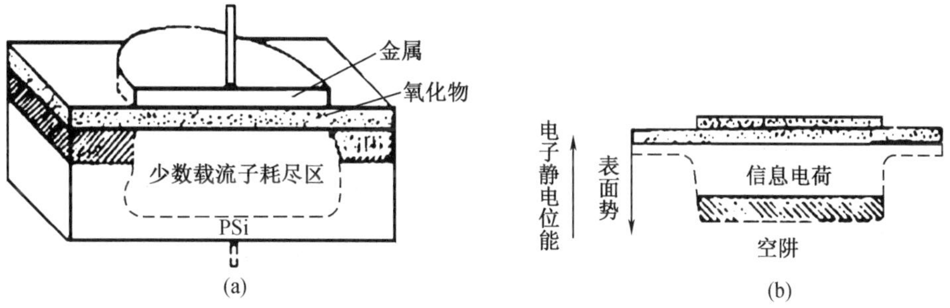

图 5. 11. 1　CCD 结构和工作原理图

(a)用少数载流子作为储存单元的 MOS 电容器剖面图;(b)有信息电荷的势阱

当器件受到光照时(光可从各电极的缝隙间经过 SiO_2层射入,或经衬底的薄 P 型硅射入),光子的能量被半导体吸收,产生电子 - 空穴对,这时出现的电子因被吸引而存储在势阱中,这些电子是可以传导的,光越强,势阱中收集的电子越多,光越弱则反之,这样就把光的强弱关系转变成电荷的数量多少,实现了光和电的转换。而势阱中收集的电子是被存储状态,即使停止光照一定时间内也不会损失,这就实现了对光照的记忆。

总之,上述结构实质上是个微小的 MOS 电容,用它构成像素,既可“感光”又可留下“潜影”,感光作用是靠光强产生的电子积累电荷,潜影是各个像素留在各个电容里的电荷不等而形成的。若能设法把各个电容里的电荷依次传递到别处,组成行和帧,再经过“显影”就实现了图像的传递。

2. 电荷的转移与传输

CCD 的移位寄存器是一列排列紧密的 MOS 电容器,它的表面由不透光的铝层覆盖,以实现光屏蔽。由上面讨论可知,MOS 电容器上的电压愈高,产生的势阱愈深,当外加电压一定,势阱深度随势阱中的电荷量增加而线性减小。利用这一特性,通过控制相邻 MOS 电容器栅极电压高低来调节势阱深浅。制造时,将 MOS 电容紧密排列,使相邻的 MOS 电容势阱相互“沟通”。认为相邻 MOS 电容两电极之间的间隙足够小(目前工艺可做到 0. 2 μm),在信息电荷自感生电场的库仑力推动下,就可使信息电荷由浅处流向深处,实现信息电荷的转移。

为了保证信息电荷按确定路线转移,通常 MOS 电容阵列栅极上所加电压脉冲为严格满足相位要求的二相、三相或四相系统的时钟脉冲。下面我们分别介绍三相和二相 CCD 传输原理。

(1)三相 CCD 传输原理

简单的三相 CCD 传输原理如图 5. 11. 2 所示。每一级也叫一个像元,有三个相邻电极,每隔两个电极的所有电极(如 1,4,7,…;2,5,8,…;3,6,9,…)都接在一起,由三个相位相差 120°的时钟脉冲 ϕ_1,ϕ_2,ϕ_3来驱动,故称三相 CCD,图 5. 11. 2(a)为断面图;图 5. 11. 2(b)为俯视图;图 5. 11. 2(d)给出了三相时钟之间的变化。在时刻 t_1,第一组时钟 ϕ_1处于高电压,ϕ_2,ϕ_3处于低压。这时第一组电极 1,4,7,…下面形成深势阱,在这些势阱中可以储存信息电荷形成"电荷包",如图 5. 11. 2(c)所示。在 t_2时刻,ϕ_1电压线性减少,ϕ_2为高电压,在第一组电极下的势阱变浅,而第二组电极 2,5,8,…下面形成深势阱,信息电荷从第一组电极下面向第二组转移,直到 t_3时刻,ϕ_2为高压,ϕ_1,ϕ_3为低压,信息电荷全部转移到第二组电极下面。重复上述类似过程,信息电荷可从 ϕ_2转移到 ϕ_3,然后从 ϕ_3转移到 ϕ_1电极下的势阱中。当三相时钟电压循环一个时钟周期时,电荷包向右转移一级(一个像元),依次类推,信息电荷一直由电极 1,2,…,N 向右移,直到输出。

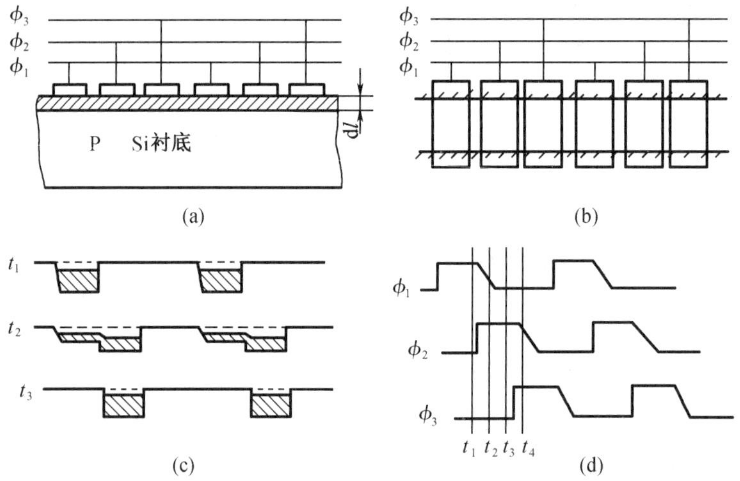

图 5. 11. 2 三相 CCD 传输原理图

(a)断面图;(b)俯视图;(c)形成"电荷包";(d)三相时钟之间的变化

(2)二相 CCD 传输原理

CCD 中的电荷定向转移是靠势阱的非对称性实现的。在三相 CCD 中靠时钟脉冲的时序控制来形成非对称势阱。但采用不对称的电极结构也可以引进不对称势阱,从而变成二相驱动的 CCD。目前在实用的 CCD 中,多采用二相结构。

①采用阶梯氧化层电极

采用阶梯氧化层电极形成的二相结构如图 5. 11. 3 所示。此结构将一个电极分成两部分,其左边部分电极下的氧化层比右边的厚。在同一电压下,左边电极下的势阱浅,自动起到了阻挡信号倒流的作用。

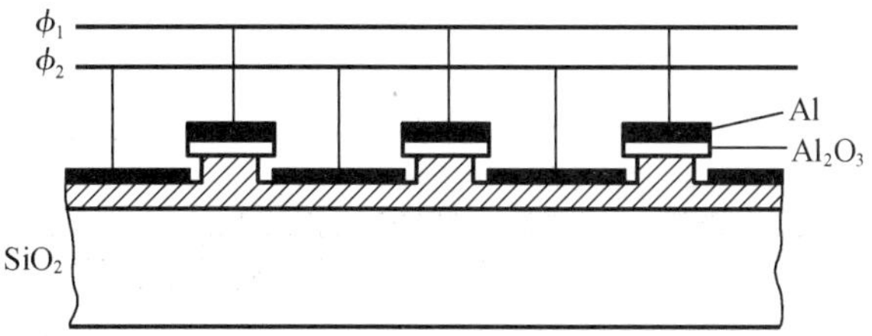

图 5.11.3　采用阶梯氧化层电极形成的二相结构

②设置势垒注入区

采用势垒注入区形成的二相结构如图 5.11.4 所示，对于给定的栅压，势阱深度是掺杂浓度的函数。掺杂浓度越高，势阱越浅。采用离子注入技术使转移电极前沿下衬底浓度高于别处，则该处势阱就较浅，任何电荷包都将只向势阱的后沿方向移动。

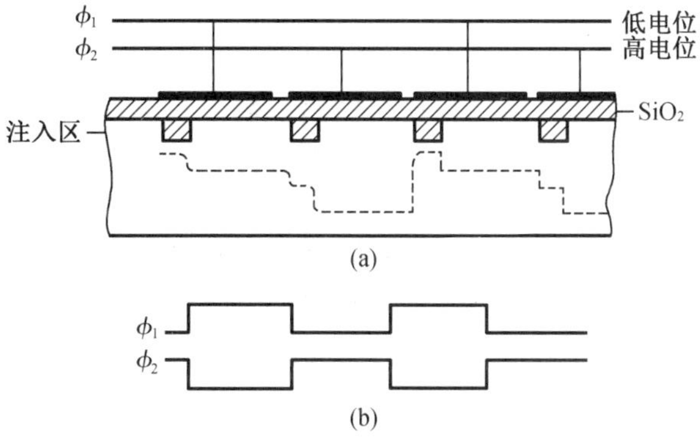

图 5.11.4　采用势垒注入区形成的二相结构

(a)结构示意图；(b)驱动脉冲波形

3. 电荷读出方法

CCD 的信息电荷读出方法有两种：输出二极管电流法和浮置栅 MOS 放大器电压法。图 5.11.5(a)是在线列阵末端衬底上扩散形成输出二极管。当二极管加反向偏置时，在 PN 结区产生耗尽层。当信息电荷通过输出栅 OG 转移到二极管耗尽区时，将作为二极管的少数载流子而形成反向电流输出。输出电流的大小与信息电荷大小成正比，并通过负载电阻 R_L 变为信号电压 U_o 输出。

图 5.11.5(b)是一种浮置栅 MOS 放大器读取信息电荷的方法。MOS 放大器实际是一个源极跟随器，其栅极由浮置扩散结收集到的信息电荷控制，所以源极输出随信息电荷变化。为了接收下一个“电荷包”的到来，必须将浮置栅的电压恢复到初始状态。故在 MOS 输出管栅极上加一个 MOS 复位管。在复位管栅极上加复位脉冲 ϕ_R 使复位管开启，将信息电荷抽走，使浮置扩散结复位。

图 5.11.5(c)为输出级原理电路。由于采用硅栅工艺制做浮置栅输出管，可使栅极等效电容 C 很小，如果电荷包的电荷为 Q，A 点等效电容为 C，输出电压为 U_o，A 点的电位变化

$\Delta U=-Q/C$，因而可以得到比较大的输出信号，起到放大器的作用，称为浮置栅 MOS 放大器电压法。

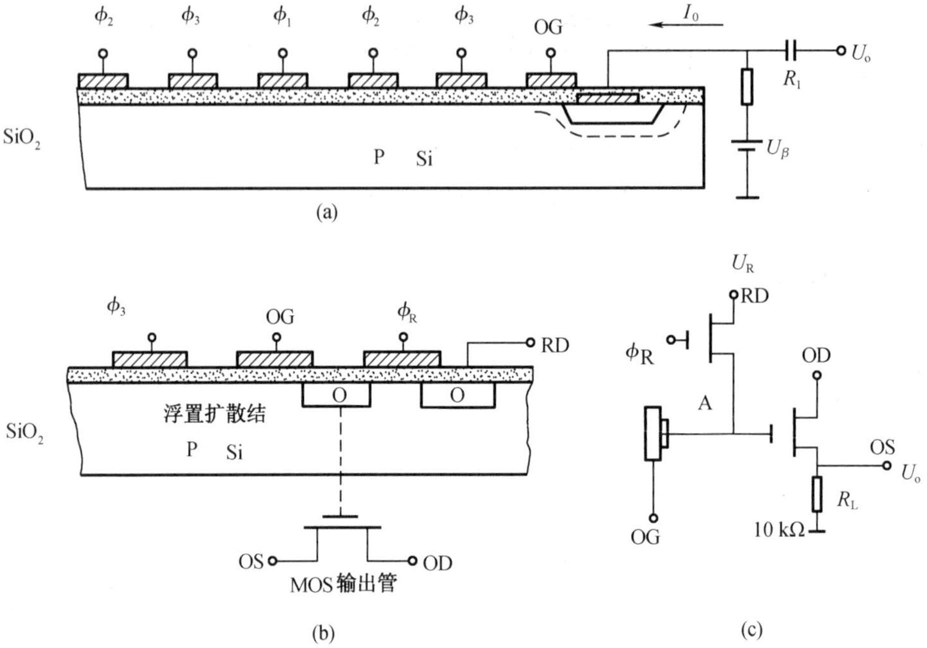

图 5.11.5　电荷读出方法示意图

(a)输出二极管电流法；(b)浮置栅 MOS 放大器电压法；(c)输出级原理电路

【实验方案】

本实验利用 YHLCCD－Ⅳ型 CCD 多功能实验仪和数字示波器观察 TCD2252D 彩色线阵 CCD 图像传感器芯片各引脚的输入、输出波形及信号之间的时序关系，并测量此传感器的驱动频率和积分时间，然后利用 YHLCCD－Ⅳ型 CCD 多功能实验仪扫描一幅透明图片，并通过并行口与计算机连接，将扫描的图像传送到计算机，通过计算机显示扫描的图像，实现类似扫描仪的功能。

【实验仪器】

YHLCCD－Ⅳ型 CCD 多功能实验仪、数字示波器、计算机。

【实验内容】

1. 驱动脉冲相位的测量

(1)将示波器 CH_1 和 CH_2 的扫描线调整至适当位置，同步设置为 CH_1。对照本实验的知识拓展 3 中 TCD2252D 的驱动波形进行下面的实验。

(2)用 CH_1 探头测量转移脉冲 SH，仔细调节使之稳定(同步)，使 SH 脉冲宽度适当以便于观察(将示波器的扫描频率调至 2 μs 挡左右，便于观察对照)。用 CH_2 探头分别观测驱动脉冲 F_1 与 F_2，这就是 SH 与 F_1，F_2 的相位关系。

(3)用 CH_1 探头测量 F_1 信号，CH_2 探头分别测量 F_2,RS,CP,SP 信号，这就是 F_1 与 F_2,RS,CP,SP 信号之间的相位关系。

(4)用 CH_1 探头测量 CP 信号，CH_2 探头分别测量 RS,SP 信号，这就是 CP 与 RS,SP 信号之间的相位关系。

(5)将以上所测的相位关系与本实验知识拓展 3 所示 TCD2252D 的驱动波形相对照。

2. 驱动频率和积分时间测量

(1)用示波器分别测量 4 挡驱动频率下 F_1,F_2,RS 信号的周期，计算信号频率并填入表 5.11.1 中。

表 5.11.1　驱动频率与周期

驱动频率	项目	F_1	F_2	RS
0 挡	周期/μs			
	频率/kHz			
1 挡	周期/μs			
	频率/kHz			
2 挡	周期/μs			
	频率/kHz			
3 挡	周期/μs			
	频率/kHz			

(2)将实验仪的频率设置恢复为“0”挡，同时确认积分时间设置为“00”挡。用 CH_1 观测 FC 信号，并用它作同步(示波器扫描频率调至 2 ms 左右，便于观察)，用 CH_2 测量 SH 信号，观察两者的周期是否相同，记录 FC 信号周期。通过实验仪面板上的积分时间和驱动频率按钮进行调节，将不同驱动频率和积分时间下的 FC 周期填入表 5.11.2 中，此表只列出 16 挡，其余档次可以自行添加测量并记录。

表 5.11.2　积分时间的测量

驱动频率 0 挡		驱动频率 1 挡		驱动频率 2 挡		驱动频率 3 挡	
积分时间/挡	FC 周期/ms	积分时间/挡	FC 周期/ms	积分时间/挡	FC 周期/ms	积分时间/挡	FC 周期/ms
00		00		00		00	
01		01		01		01	
02		02		02		02	
03		03		03		03	
04		04		04		04	
05		05		05		05	
06		06		06		06	

表 5.11.2(续)

驱动频率 0 挡		驱动频率 1 挡		驱动频率 2 挡		驱动频率 3 挡	
积分时间/挡	FC 周期/ms	积分时间/挡	FC 周期/ms	积分时间/挡	FC 周期/ms	积分时间/挡	FC 周期/ms
07		07		07		07	
08		08		08		08	
09		09		09		09	
10		10		10		10	
11		11		11		11	
12		12		12		12	
13		13		13		13	
14		14		14		14	
15		15		15		15	

3. CCD 输出信号的测量

(1)将实验仪积分时间设置恢复为“00”挡,驱动频率设置在“0” 挡。

(2)用示波器 CH_1探头测量 FC 信号,调节示波器显示至少两个 FC 周期;CH_2探头测量实验仪的 U_G输出端子,打开实验仪顶部盖板,调节镜头光圈。观察 U_G输出是否有变化。

(3)逐步缩小镜头光圈,观测 U_G的波形变化,当 U_G的输出在小于 3 V 时停止调整镜头光圈,盖上仪器盖板。

(4)保持 CH_1探头不变,增加积分时间,用 CH_2探头分别测量 U_G,U_R和 U_B信号,观测这三个信号在积分时间改变时的信号变化。

(5)调节示波器扫描速度,展开 SH 信号,观测 SH 波形和 CCD 输出波形之间的相位关系。

(6)重复上述步骤观测 FC 波形和 CCD 输出波形之间的相位关系。

(7)打开实验仪上盖板,将测量片夹 B 插入到后端片夹的夹具中,适当开大镜头光圈,通过示波器观测 CCD 输出波形的变化。

4. 利用线阵 CCD 进行图像扫描

(1)首先将实验仪的数据端口和计算机并行端口通过专用电缆连接好。提前将计算机并行端口设置为 EPP(增强型并行接口)工作模式。如果不能确定,请咨询实验指导教师。

(2)打开计算机电源,系统启动后进入下一步操作。

(3)确认已经正确安装实验仪软件。否则,请首先安装实验仪软件。

(4)打开实验仪的主电源开关,用示波器测量 F_1,F_2,FC,RS,SP,CP 各路脉冲信号的波形是否正确。如果与本实验知识拓展 3 中图 5.11.9 所示的波形相符,继续进行下面实验;否则,应请指导教师检查。

(5)打开仪器顶盖,确定 CCD 为水平位置(即黄色旋钮对应银白标志点),运行“图像扫描实验”程序。

(6)点击“曲线”按钮。

(7)插入片夹 B 到前端片夹夹具内,调节镜头光圈和积分时间按钮,使波形最高点在红线和蓝线范围内,同时观察右下角的饱和度状态。保证信号最高点在最接近饱和而不饱和的状态。具体方法:先缩小镜头光圈,然后用降低积分时间的方法微调。调整镜头的焦距,使输出信号曲线的边沿尽量垂直,同时观察右下角垂直度指示,当垂直度达到最大值(即在对焦过程中,垂直度一直增加到最大值会逐渐减少,调节时注意微调)时停止调节(垂直度就是曲线竖边与坐标 X 轴所成锐角角度与 90°的比值)。

注意　由于"扫描实验"不必用放大倍率参数,所以软件不测放大倍率。保证在实验过程中不要再次调节光圈和焦距。

(8)取出片夹 B,在前端片夹的夹具中插入扫描测量片夹(即带有耀辉标志的片夹);按下实验仪上的振动开关,启动振动装置;点击软件界面"扫描"按钮;观察扫描图像。

5. 结束与关机

关闭实验仪,关闭计算机和示波器,关闭电源。

【注意事项】

1. CCD 实验仪及数字示波器均属贵重且易损的仪器,同学们一定要在理解相关实验原理的基础上使用。切忌乱扳乱动,切忌粗暴操作。一旦发生意外事故或出现异常现象时,应立即切断电源,并向实验指导教师报告,故障排除后才可继续实验。

2. 关闭 CCD 实验仪电源后,间隔 3 min 以上才能再开机,否则工作状态不正常。

3. CCD 有一定的线性工作范围,光照太强或积分时间过长,超过了 CCD 的正常工作范围,CCD 光敏元产生的信息电荷过多,会产生"溢出"。此时,即使未打开转移栅,信息电荷也会向移位寄存器转移,使输出不正常,使用中应避免这一情况的发生。

知识拓展 1　YHLCCD－Ⅳ型 CCD 多功能实验仪

1. 各部分的名称

YHLCCD－Ⅳ型 CCD 多功能实验仪的外形如图 5.11.6 所示,实验仪各个部分的名称如表 5.11.3 所示。它的核心是一块 TCD2252D 型 CCD 芯片,配以外围电路,以产生使 CCD 正常工作所需的各路驱动脉冲。仪器内部已连接好,仪器面板的右部是各路脉冲的外接线柱,方便学生对这些脉冲进行测试。面板上的积分时间设置有 1～32 挡,频率设置有 0～3 挡。

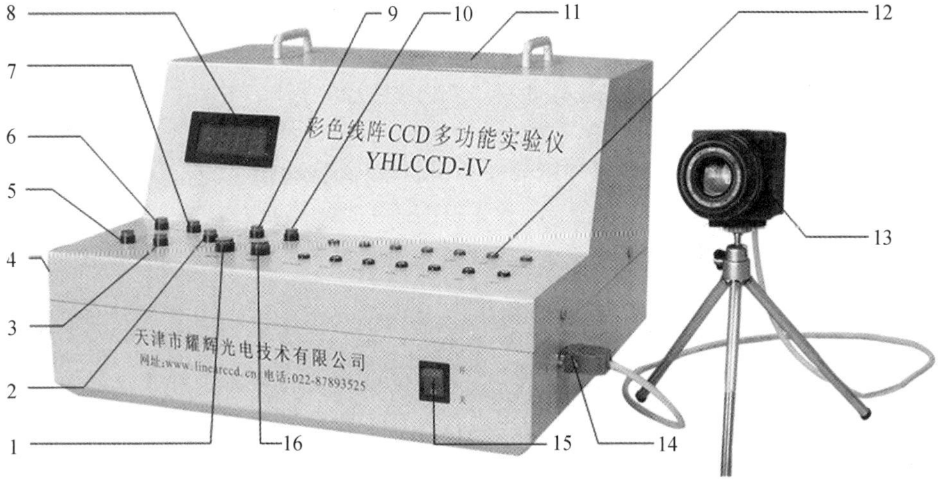

图 5.11.6　YHLCCD－Ⅳ型 CCD 多功能实验仪外形图

2. 各部分操作的基本说明

(1) 电源开关

确认将电源连线(插口位于仪器后面)连接 220 V 交流电源后,拨动此开关,开关电源指示灯应点亮。说明电源已经接通,实验仪可开始工作。

表 5.11.3 YHLCCD-Ⅳ型 CCD 多功能实验仪各个部分的名称

标号	名称及功能	标号	名称及功能
1	振动装置电机开关	9	二值化阈值电平调节按钮(加 1)
2	驱动频率设置按钮(循环加 1)	10	二值化阈值电平调节按钮(减 1)
3	积分时间设置按钮(个位减 1)	11	顶部盖板(可拿下)
4	计算机并口连接端口(图中看不到)	12	测量端子
5	积分时间设置按钮(十位减 1)	13	外接线阵 CCD 相机
6	积分时间设置按钮(十位加 1)	14	CD1-15P 接口
7	积分时间设置按钮(个位加 1)	15	电源开关
8	仪器显示面板	16	硬件二值化开关

(2) 驱动频率设置按钮

调节驱动频率,显示数字为“0”~“3”循环。“0”表示 1 MHz 驱动频率,“1”表示 500 kHz 驱动频率,“2”表示 250 kHz 驱动频率,“3”表示 125 kHz 驱动频率。

(3) 积分时间设置按钮(共 4 个)

用于控制本实验仪积分时间,显示“00”~“31”共 32 挡积分时间,通过改变驱动频率,可以扩展积分时间的设定范围。设定的积分时间与当前的驱动频率有关,例如,在“0”挡驱动频率下每改变一挡积分时间,其积分时间只改变 0.256 ms,而在“1”挡驱动频率下每改变一挡积分时间,其积分时间将改变 0.512 ms。

(4) 二值化阈值电平调节按钮(共 2 个)

用于调节本实验仪阈值电平。每按一次,阈值电平改变 0.02 V。仪器面板显示为当前的阈值电平电压值。延时约 3 s 后,自动恢复为显示积分时间和驱动频率。

(5) 计算机连接端口

通过并口线缆,将此端口与计算机并口(打印接口)相连接。

(6) 测试端子

供示波器测量用,包括 CCD 所有驱动信号和二值化实验测量信号。

(7) 顶部盖板

打开后可以看到内部镜头和光源,调节镜头光圈和对焦,必须打开顶部盖板。

(8) 片夹

本实验仪共提供 9 个测量片夹,其中 6 个有“A”~“F”编号,另外三个是:一个三色片夹(红、绿、蓝三色)、一个用于图像扫描片夹、一个空白片夹。片夹在打开仪器顶部盖板后插入光源前面片夹的夹具内,空白片夹用于自行设计实验内容。

(9) 外接线阵 CCD 相机

先用 CD1-15P 接口线把外接线阵 CCD 相机和实验仪连接,并拧紧接口螺丝,然后再打开实验仪的主电源,可以看到外接线阵 CCD 相机后部电源指示灯闪烁,标志外接线阵

CCD 相机已通电。

知识拓展2 数字示波器简介

1. 数字示波器的特点

(1)操作简单

对于一般周期性的波形,通过按“自动设置”便可以看到波形。“自动设置”的作用在于合理地设置触发电平(“释抑电平”)、电压衰减系数(“V/格”)和时基信号(“s/格”)。

(2)可以测量波形的多种参数

可以测量周期、频率、电压平均值、电压峰－峰值、电压均方根值、波形上升时间、波形下降时间、正频宽和负频宽。

(3)具有自动计算功能

作为数字式的仪表,它具有计算的功能,并可将结果显示出来,对待测量不需要做进一步的计算。比如测量频率,只需要设置为测量频率,然后从数字示波器的屏幕上读出频率的数字即可。

(4)具有存储功能

数字示波器通过将模拟信号数字化,然后存储在示波器的存储单元中。数字示波器不断地采集外部输入的模拟信号,然后不断地更新存储器中的数据。按“运行/停止”键可以暂停数据的采集。

通过单次触发,可以采集外部的脉冲信号,比如开关的闭合所引起的电路脉冲。

利用存储在示波器中的数据,显示的静止图像,有利于测量不太稳定的信号。

(5)可以测量波形两点间的电压差和时间差

通过光标功能可以测量波的两点间的电压差,对于非周期信号很有用处;可以测量波的两点之间的时间差,用于非对称信号的测量和位相差的测量。

2. 操作提示

(1)确认信号无衰减输入

由于要求本实验使用的信号无衰减地由同轴电缆线输入,因此需要确认示波器的衰减设置是否为1。按“CH_1”键,在出现的菜单中将探头设置为“1×”;同样按“CH_2”键,在出现的菜单中将探头设置为“1×”。

(2)确认信号输入同轴电缆线的黑表笔接地

要求信号输入同轴电缆线的黑表笔接地(GND),特别是在两路输入(双通道使用)时,一定要将两路信号输入同轴电缆线的黑表笔接到同一位置(GND)。这主要是因为示波器的两路输入的黑表笔在示波器内部是接公共地的,若不注意,则可能会导致短路而损坏 CCD 实验仪。

(3)设置待测物理量

按 MEASURE 按键,设置待测物理量。此时在面板左边出现五个菜单。按“测量内容选择”使之处于“信源”位置,然后通过“测量内容1至测量内容4”按键分别设置测量输入通道(CH_1或CH_2);按“测量内容选择”使之处于“类型”位置,然后可以通过“测量内容1至测量内容4”按键分别设置测量的物理量,这些物理量包括周期、频率、电压平均值、电压峰－峰值、电压均方根值、波形上升时间、波形下降时间、正频宽和负频宽等,在 CCD 实验中,一般设置为测量周期(或频率)和电压,然后按一下“自动设置”,则相应的测量数值便显示在对应的“测量内容”位置。一次可以同时测量4个物理量。

(4)测量波型竖直方向的电压差或水平方向的时间差

测量波形竖直方向的电压差或水平方向的时间差,可以使用光标“CURSOR”键。按“CURSOR”键,通过“测量内容选择”按键选择测量电压或时间(频率),然后将“光标1”和“光标2”移动到待测的两位置,此时“测量内容3”显示“光标1”的坐标数值,“测量内容4”显示“光标2”的坐标数值,“测量内容2”显示两坐标的差值,竖直方向的差值为电压,水平方向的差值为时间(系统将它认为是周期,因而同时将它转化为频率)。

(5)观测完整的波形

如果测量时波形发生变化,以至于屏幕上显示不足一个周期时,则此时频率和周期无法测量;如果在屏幕上不能显示波形的上下峰位置,则电压测量是错误的。在这种情况下,按一下“自动设置”便可以。对于按一下“自动设置”还是不出现周期波形的,只能根据波形的大致电压和周期通过调节“V/格”和“s/格”使波形稳定显示。

(6)观察静止的波形

希望当前的波形静止下来观察,请按“运行/停止”键。

知识拓展3　TCD2252D使用手册

TCD2252D是一种高灵敏度、低暗电流、含2 700像元、带内置采样保持电路的彩色线阵CCD图像传感器。该传感器可用于彩色传真、彩色图像扫描。它内部包含3列2 700像元的光敏二极管。该器件工作在5 V驱动(脉冲)、12 V电源条件下。

1. 特性

像敏单元数目:2 700像元×3列。

像敏单元大小:8 μm×8 μm×8 μm(相邻像元中心距为8 μm)。

光敏区域:采用高灵敏度和低暗电流PN结为光敏单元。

相邻光敏列间距:64 μm。

时钟:二相(5 V)。

内部电路:采样保持电路、钳位电路。

封装形式:22脚DIP封装。

彩色滤光片:红、蓝、绿。

2. 光学与电气特性参数(表5.11.4)

T_a=25 ℃,V_{OD}=12 V,$V_{\Phi}=V_{SH}=V_{\overline{RS}}=V_{\overline{SP}}=V_{\overline{CP}}$=5 V(脉冲),$f_{\Phi}$=0.5 MHz,$f_{RS}$=1 MHz,$t_{INT}$(积分时间)=10 ms,输入阻抗=100 kΩ,光源为日光荧光灯+CM500S滤光片。

表5.11.4　TCD2252D的光学与电气特性参数表

光学/电子特性参数:特性		符号	最小值	典型值	最大值	单位
灵敏度	红	R_R	—	7.0	—	V/lx·s
	绿	R_G	—	9.1	—	
	蓝	R_B	—	3.2		
光响应非均匀性		PRNU(1)	—	10	20	%
		PRNU(3)	—	3	12	mV

表 5.11.4(续)

光学/电子特性参数:特性	符号	最小值	典型值	最大值	单位
寄存器不平衡性	RI	—	—	3	%
饱和输出电压	VSAT	3.0	3.2	—	V
饱和曝光量	SE	—	0.35	—	lx·s
暗信号电压	VDRK	—	2.0	6.0	mV
暗信号非均匀性	DSNU	—	4.0	8.0	mV
直流电源耗散	PD	—	250	400	mW
总转移效率	TTE	92	—	—	%
输出阻抗	ZO	—	0.3	1.0	kΩ
直流信号输出电压	VOS	3.0	5.5	8.0	V
随机噪声	NDσ	—	0.8	—	mV

3. 电路原理图(图 5.11.7)

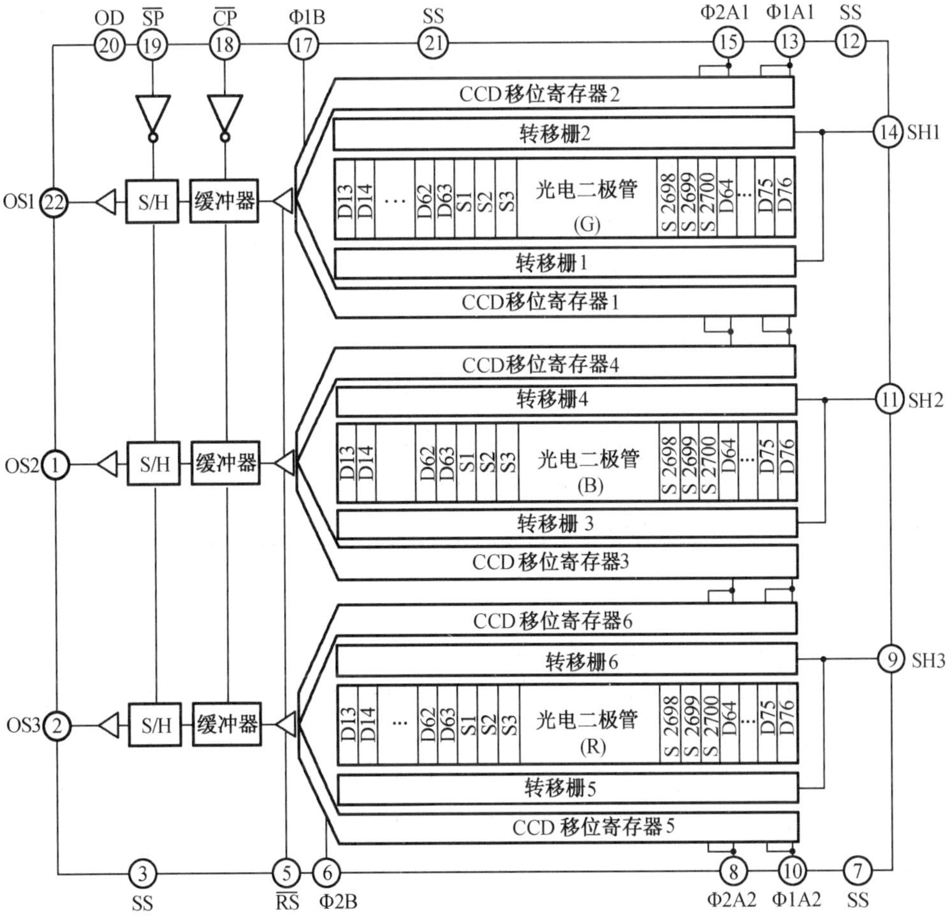

图 5.11.7　TCD2252D 电路原理效果图

4. TCD2252D 管脚分布俯视图(图 5.11.8)及各个管脚的定义(表 5.11.5)

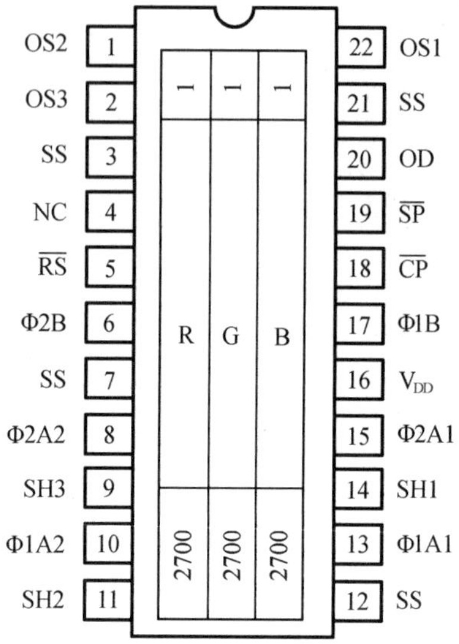

图 5.11.8　TCD2252D 管脚分布俯视图

表 5.11.5　TCD2252D 各个管脚的定义

管脚号	符号	功能描述	管脚号	符号	功能描述
1	OS2	信号输出(蓝)	12	SS	地
2	OS3	信号输出(红)	13	Φ1A1	时钟 1(第一相)
3	SS	地	14	SH1	转移栅 1
4	NC	未连接	15	Φ2A1	时钟 1(第二相)
5	$\overline{RS}$	复位栅	16	V_{DD}	电源(数字)
6	Φ2B	末级时钟(第二相)	17	Φ1B	末级时钟(第一相)
7	SS	地	18	$\overline{CP}$	钳位栅
8	Φ2A2	时钟 2(第二相)	19	$\overline{SP}$	采样保持栅
9	SH3	转移栅 3	20	OD	电源(模拟)
10	Φ1A2	时钟 2(第一相)	21	SS	地
11	SH2	转移栅 2	22	OS1	信号输出(绿)

5. 驱动脉冲波形图(图 5.11.9 至图 5.11.13)

6. CCD 驱动波形与 YHLCCD－Ⅳ同步脉冲的关系

由于 TCD2252D 器件本身的驱动脉冲较多,为了便于实验,本实验仪器只提取了部分信号供实验测量,对应关系如下:

①实验仪上 F1 信号对应于该器件的 Φ1A1,Φ1A2 和 Φ1B 信号。

②实验仪上 F2 信号对应于该器件的 Φ2A1,Φ2A2 和 Φ2B 信号。

③实验仪上 RS 信号对应于该器件的$\overline{RS}$信号。

④实验仪上 CP 信号对应于该器件的$\overline{CP}$信号。

⑤实验仪上 SP 信号对应于该器件的$\overline{SP}$信号。

⑥实验仪的 FC 信号定义如下：FC 信号周期与 SH 信号周期相同，FC 信号上升沿对应于 CCD 第一有效输出信号（图 5.11.13）。

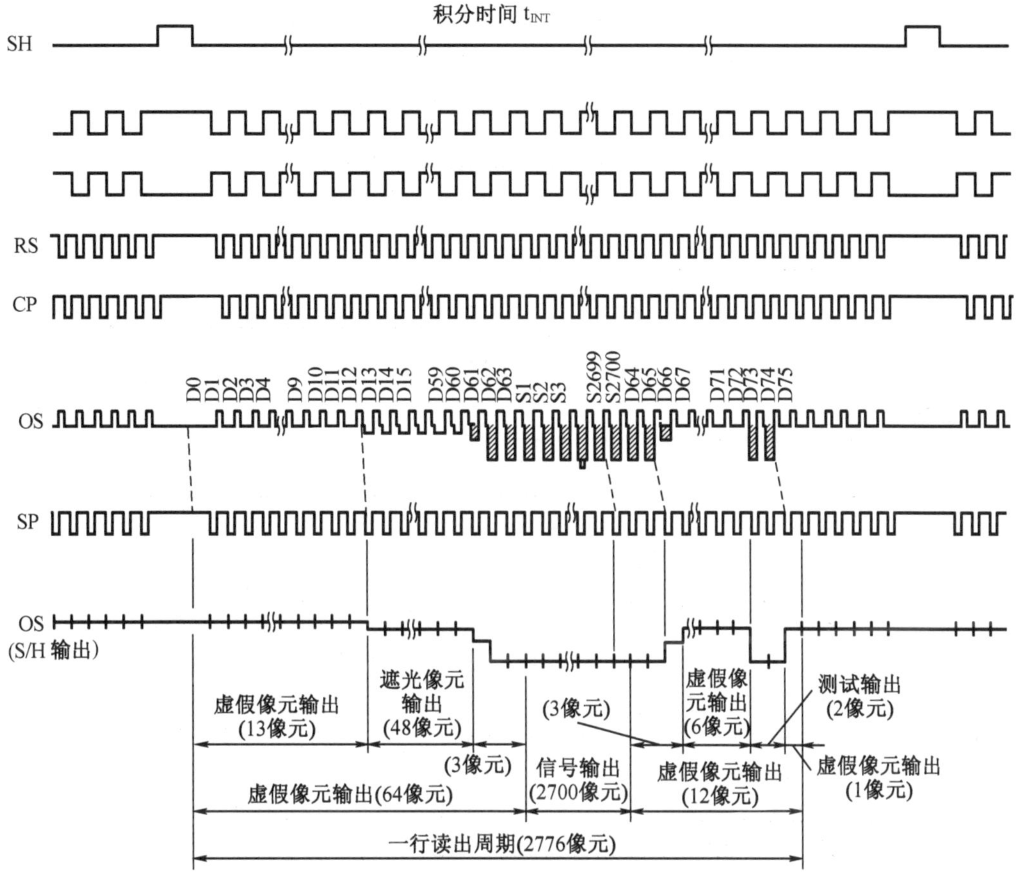

图 5.11.9　TCD2252D 驱动波形与输出信号波形

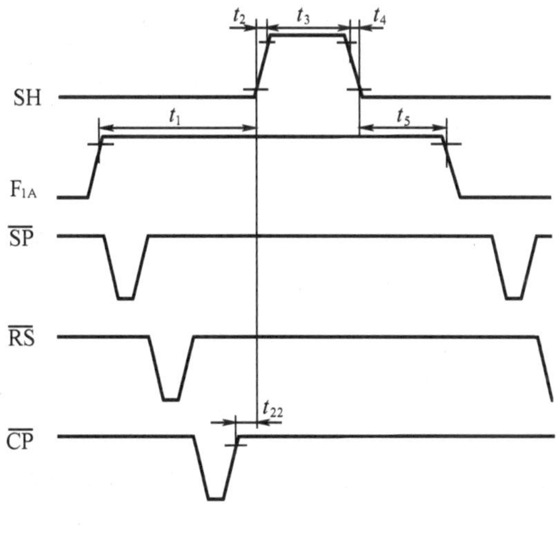

图 5.11.10　TCD2252D 驱动波形 1

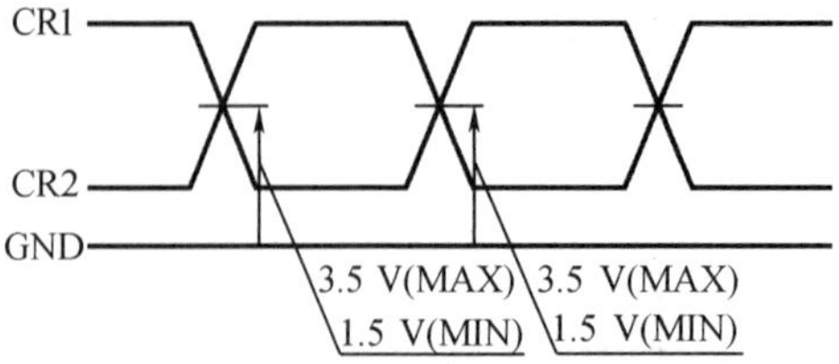

图 5. 11. 11　二相驱动脉冲的交叠关系

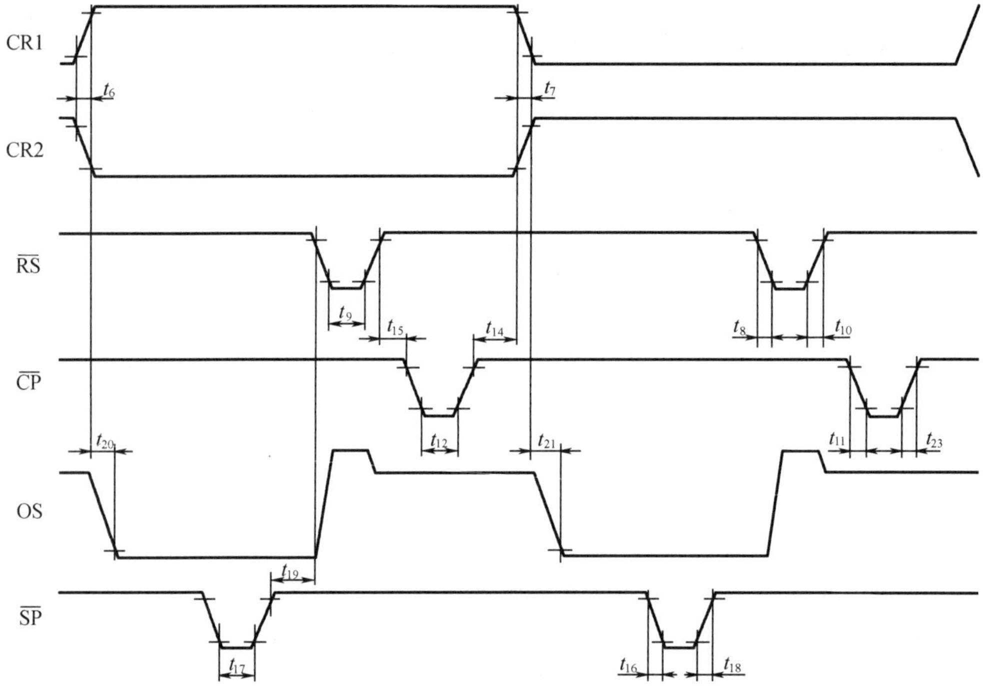

图 5. 11. 12　TCD2252D 驱动波形 2

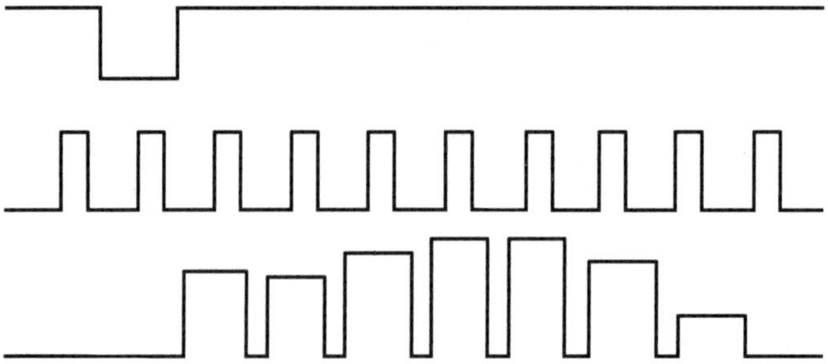

图 5. 11. 13　实验仪中的同步脉冲 FC,SP 的波形

知识拓展4　半导体的基本知识

1. 半导体的导电性能

在日常生活和生产实践中，大家知道银、铜、铝、铁等金属材料是很容易导电的，我们把它们叫作导体；而塑料、陶瓷、橡胶、石英玻璃等却很不容易导电，尽管加很高的电压，仍然基本上没有电流，所以通常称之为电的绝缘体。半导体的导电性能则介于导体和绝缘体之间。

为什么会出现有的物质容易导电，有的物质不容易导电这种现象呢？根本原因在于物质内部的特性，即物质内部原子与原子结合的方式和原子本身的结构，以及内部运载电荷的粒子（叫作载流子）的多少及其运动速度的快慢。

我们知道，原子是由带正电的原子核和带负电的电子组成的，电子分几层围绕原子核不停地运动。比较起来，金属材料的外层电子受原子核的束缚力最小，因此有大量电子能够挣脱原子核的束缚而成为自由电子。这些自由电子就成为运载电荷的载流子，它们在外电场的作用下做定向运动而形成电流。所以金属的导电性能良好。

绝缘材料中，原子的外层电子受原子核的束缚力很大，很不容易挣脱出来，因此形成自由电子的机会非常小。绝缘材料原子结构的这一特点决定了它的导电性能很差。

半导体材料的原子结构比较特殊，其外层电子既不像导体那样容易挣脱，也不像绝缘体那样束缚很紧，这就决定了它的导电特性介于导体和绝缘体之间。

2. 半导体中的另一种载流子——空穴

在半导体中不仅有电子这样的载流子，而且还有另一种载流子——空穴。那么，什么叫空穴呢？

首先，让我们来看半导体材料硅和锗的原子结构，如图5.10.14所示。它们的特点是最外层的电子都是4个。通常，原子的外层电子称为价电子，有几个价电子就叫几价元素，所以硅和锗都是四价元素。

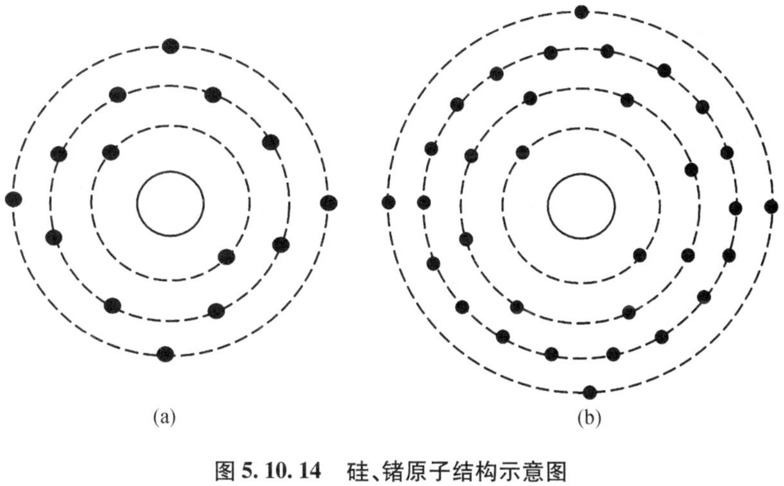

图5.10.14　硅、锗原子结构示意图

(a)硅(Si)原子结构；(b)锗(Ge)原子结构

当硅、锗等半导体材料制成单晶体时，其原子排列就由杂乱无章的状态变成了非常整齐的状态。其中，原子之间的距离都是相等的，约为 2.35×4 μm。每个原子最外层的四个电子，不仅受自身原子核的束缚，而且还与周围相邻的四个原子发生联系。这时，每两个相邻的原子之间共有一对电子。电子对中的任何一个电子，一方面围绕自身原子核运动，另一方面也时常出现在相邻的原子所属的轨道上，这样的组合叫作共价键结构，如图 5.10.15(a)所示。

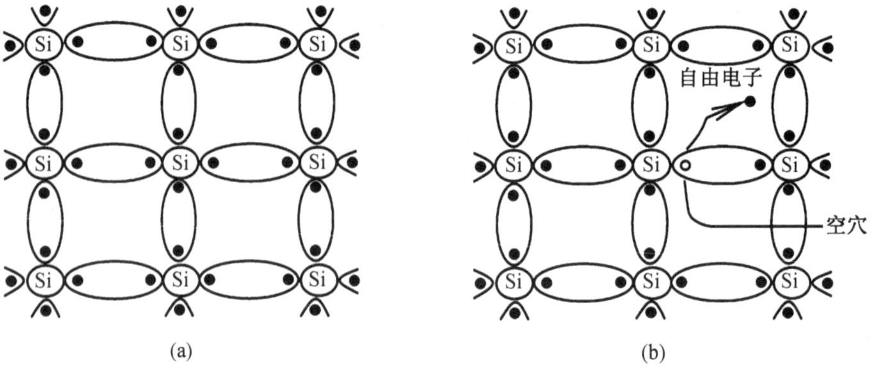

图 5.11.15　硅单晶的微观结构示意图

(a)硅单晶共价键结构；(b)热运动产生的电子－空穴对

由原子理论和实践可知，每个原子的外层有八个电子属于比较稳定的状态。硅、锗的共价键结构的特点是：它们的外层共有电子所受到的束缚力并不像在绝缘体里那样大，在一定的温度下，由于热运动，其中少数电子还是可能挣脱束缚而成为自由电子，形成为电子载流子。

值得注意的是：共有电子在挣脱束缚成为自由电子后，同时留下了一个空位，如图 5.11.15(b)所示。有了这样一个空位，附近的共有电子就很容易来进行填补，从而形成共有电子的运动。这种运动，无论是效果上还是现象上，都好像一个带正电荷的空位子在移动。为了区别于自由电子的运动，就把这种运动叫作“空穴”运动，空位子叫作“空穴”。打个通俗的比方，好比大家坐在一起看节目，如果前面的人走了出现一个空位，后面的人递补空位向前坐，看起来就好像是空位子在向后运动一样。显然，这种空位的移动同没有座位的人到处走动不一样，后者好比是自由电子的运动，而有座位的人依次递补空位的走动则好比是空穴运动。

由此可见，空穴也是一种载流子。当半导体处于外加电压作用之下，通过它的电流可以看作是由两部分组成：一部分是自由电子进行定向运动所形成的电子电流，另一部分是共有电子递补空穴所形成的空穴电流。它们的区别是：电子电流是带负电的电子的定向运动，而空穴(由于它的运动方向和电子相反)电流是带正电的空穴的定向运动。所以，在半导体中，不仅有电子载流子，还有空穴载流子，这是半导体导电的一个重要特性。

由于物质总是在不停地运动，这就使得半导体内因热运动而不断地产生自由电子，同时还出现相应数量的空穴。因此，电子和空穴总是相伴而生、成对出现的，我们称之为电子－空穴对。另一方面，自由电子在运动中又会因与空穴的重新结合而消失，这是一种相反的过程，我们叫作复合。电子－空穴对既产生，又复合，这就是半导体中不断进行着的一对矛盾。在一定温度条件下,这对矛盾可以实现相对的平衡,这时,产生和复合的过程虽然仍在持续不断地进行,但电子－空穴始终维持一定的数量。

3. P 型和 N 型半导体

上面分析的是纯单晶半导体,在这种半导体里,虽然多了一种空穴载流子,但是,载流子的总数满足不了实际应用的要求,也就是从具有良好导电能力的要求来看,还相差很远,所以其本身用处不大。半导体技术之所以能够这样迅速发展,主要是由于人们能够精确地控制半导体的电学特性,而所用的方法就是在纯单晶半导体中掺入有用的杂质,使其导电特性得到很大的改善,因而获得了重要的用途。例如,硅单晶中掺入少量的硼,就使半导体中空穴载流子的数目剧增,导电特性大为加强。这是什么道理呢?

观察图 5.11.16(a)可知:它是掺入的硼原子与硅原子组成共价键结构的示意图。由于硼原子的数量比硅原子的要少得多,因此整个晶体结构基本不变,只是某些位置上的硅原子被硼原子所代替了。硼是三价元素,即外层只有三个电子,所以当它与硅原子组成共价键时,就自然形成了一个空穴。这样,掺入的硼杂质的每一个原子都可能提供一个空穴,从而使硅单晶中空穴载流子的数目大大增加。这种半导体内几乎没有自由电子,主要靠空穴导电,所以叫作空穴半导体,简称 P 型半导体。

如果硅单晶中掺入的是磷、锑等五价元素,那么情况就又不一样了。硅原子和磷原子组成共价键之后,磷外层的五个电子中,四个电子组成共价键,多出的一个电子受原子核束缚很小,因此很容易成为自由电子。所以,这种半导体中电子载流子的数量很多,主要靠电子导电,叫作电子半导体,简称 N 型半导体,如图 5.11.16(b)所示。

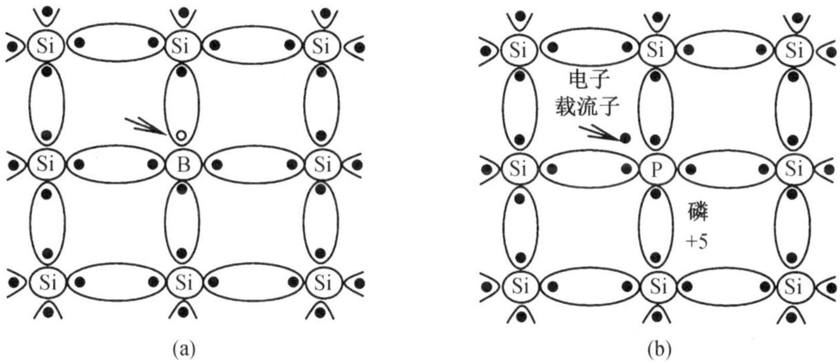

图 5.11.16 P 型、N 型半导体材料的共价键结构示意图

(a)硅中掺硼形成多余的空穴(P 型半导体);(b)硅中掺磷形成多余的电子(N 型半导体)

实际上,半导体中经常是既有 P 型杂质,又有 N 型杂质,哪种杂质的浓度大,就由哪种杂质决定其导电类型。比如,在硅中先掺入磷,成为 N 型硅,然后再掺入硼,那么当硼的浓度大大超过磷的浓度时,N 型硅就转化成了 P 型硅,使原子的自由电子绝大部分与空穴复合,剩下的自由电子数量就变得很少了,半导体中的载流子主要是空穴。

总结以上内容可得出结论:决定半导体导电特性的,不仅有电子,而且还有空穴。在纯单晶中掺入有用的杂质,可使半导体的导电特性大大增强,由此获得所需要的 P 型半导体和 N 型半导体,作为各种半导体器件的基本组成部分。

实验 12　红外探测的研究与应用

自然界任何物体均具有一定温度,它们都是“热”的,不同的只是热的程度有差异而已。在物理学中,热是用绝对温度(以 K 表示)来描述的。因此,上述现象又可表述为:自然界不存在绝对温度为零的物体。

热辐射(包括黑体和红外辐射)探测技术及相关的定律在现代国防、科研、航天、天体的演化、医学、考古、环保、工农业生产等各个领域中均有广泛的应用。例如利用红外线成像技术,在建筑上有红外无损探伤仪和多种红外线测温仪,在军事上有各种红外夜视仪和红外制导技术,在医疗中的医用红外成像仪和红外医疗诊断仪等。红外技术作为军事工业中的“顶尖技术”,在国防中已用到目标跟踪、武器制导、夜间侦察等各个方面。红外技术在医疗诊断上的作用也非同寻常,它可以和 B 超、CT、X 光等仪器相媲美,并互为补充,特别是它的无损伤探测,对人体不会造成任何损害,且操作简捷、方便,可以作为普查、筛选之用。远红外热成像仪是利用现代高科技手段对运行设备进行无接触检测的一种设备。使用远红外热成像仪可以得到电气设备、阀门、保温、电动机、轴承以及处于探测器温度范围内的任何设备的热像图。

中国的红外线技术起步于 1985 年,与西方相比有 10 年左右差距,红外影像技术更有 15 年左右的差距。20 世纪 70 年代,上海第 11 技术物理研究所和 211 技术物理研究所首先对这方面进行了研究。中国在近红外和中红外技术的研究应用已有较高水准,其中单元及多元近红外和中红外光敏元件的生产技术比较成熟,用于武器系统的目标点源探测、追踪和导引,已在中国三军中推广应用。

【实验目的】

1. 学习和掌握经典热辐射实验的基本定律、规律和效应。
2. 了解热辐射效应、定律及红外探测技术的应用。
3. 了解不同材料表面的热辐射现象,掌握热辐射标定和测量方法。
4. 开拓创新思维和钻研精神,独立进行红外探测的应用探索和创新设计。

【问题探索】

1. 什么是热辐射,热辐射有哪些传播规律? 热辐射和其他形式的电磁波辐射有何异同?
2. 物体的温度与辐射发射量有什么关系?
3. 能否利用物体辐射发射量与温度之间的关系来测量温度? 优缺点是什么?
4. 对于材料、温度相同的物体,其表面粗糙度对辐射发射量产生怎样的影响?
5. 红外扫描成像的原理是什么? 如何提高红外扫描成像的质量? 在实验设计上要注意哪些问题? 如何减小环境温度对于实验结果的影响?

6. 红外技术有哪些实际应用?

【实验原理】

1. 热辐射的基本概念和定律

(1) 基尔霍夫定律

当物体的温度高于绝对零度时,均有红外光向周围空间辐射出来,红外辐射的物理本质是热辐射。其微观机理是物体内部带电粒子不停运动导致的热辐射效应。热辐射的波长为0.76~100 μm,与电磁波一样具有反射、透射和吸收等性质。设辐射到物体上的能量为 Q,被物体吸收的能量为 Q_α,透过物体的能量为 Q_τ,被反射的能量为 Q_ρ。

由能量守恒定律可得 $Q=Q_\alpha+Q_\tau+Q_\rho$,归一化后可得

$$\frac{Q_\alpha}{Q}+\frac{Q_\tau}{Q}+\frac{Q_\rho}{Q}=\alpha+\tau+\rho=1 \tag{5.12.1}$$

式中,α 为吸收率;τ 为透射率;ρ 为反射率。

基尔霍夫指出:物体的辐射发射量 M 和吸收率 α 的比值 M/α 与物体的性质无关,都等同于在同一温度下的绝对黑体的辐射发射量 M_B,这就是著名的基尔霍夫定律。

$$\frac{M_1}{\alpha_1}=\frac{M_2}{\alpha_2}=\cdots=M_B=f(T) \tag{5.12.2}$$

基尔霍夫定律不仅对所有波长的全辐射(或称总辐射)而言是正确的,而且对任意单色波长 λ 也是正确的。

(2) 绝对黑体

能完全吸收入射辐射,并具有最大辐射率的物体叫作绝对黑体。实验室中人工制作绝对黑体的条件如下:

①腔壁近似等温;

②开孔面积≪腔体。

本实验中我们利用红外传感器测量辐射方盒表面的总辐射发射量 M。M 是所有波长的电磁波的光谱辐射发射量的总和,数学表达式为

$$M=\int_0^{+\infty}M_\lambda\mathrm{d}\lambda \tag{5.12.3}$$

式(5.12.3)被称为斯忒藩-玻耳兹曼定律。不同的物体,处于不同的温度,辐射发射量都不同,但有一定的规律。

(3) 比辐射率 ε 的定义

比辐射率指物体的辐射发射量与黑体的辐射发射量之比,即

$$\varepsilon=\left(\frac{\text{物体辐射发射量}}{\text{黑体辐射发射量}}\right)_T=\frac{M}{M_B}=\frac{\int_0^{\infty}\varepsilon_\lambda M_{B\lambda}\mathrm{d}\lambda}{\int_0^{\infty}M_{B\lambda}\mathrm{d}\lambda} \tag{5.12.4}$$

由基尔霍夫定律可知,辐射发射量 M 与吸收率 α 的关系为 $M=\alpha M_B$。

由能量守恒定律和基尔霍夫定律,将式(5.12.1)和式(5.12.2)联立求解:

$$\begin{cases}\alpha+\tau+\rho=1\\ \alpha=\dfrac{M}{M_B}\end{cases}$$

可得

$$M = M_B(1 - \tau - \rho) \tag{5.12.5}$$

由上述知识可知，若我们测出物体的辐射发射量和黑体的辐射发射量，便可求出物体的吸收率，还可以获得物体反射率和透射率的有关信息。

2. 空气中热辐射的传播规律研究

我们知道，许多物理量都与距离 r 的反平方成正比。现代物理学认为，这很大程度上是由空间的几何结构决定的。以天体辐射为例，如果距离 r 的指数比 2 大或者比 2 小，就会影响太阳的辐射场，使地球温度过低或者过高，从而不适合碳基生命形式的存在。那么热源的辐射量与距离的关系是否也遵循这一规律呢？对于球形均值热源和各种不同形状、不同材料构成的热源的辐射量在空气中的衰减规律及其分布是否也遵循反平方定律呢？

我们首先引进几个概念。

辐射功率 P：单位时间内传递的辐射能 W，即

$$P = \frac{\mathrm{d}W}{\mathrm{d}t} \tag{5.12.6}$$

辐射发射量 M：单位面积的辐射源向半球空间发射的辐射功率，即

$$M = \frac{\mathrm{d}P}{\mathrm{d}A} \tag{5.12.7}$$

辐射强度 I：点源在单位立体角内发射的辐射功率，即

$$I = \frac{\mathrm{d}P}{\mathrm{d}\Omega} \tag{5.12.8}$$

面积微元 $\mathrm{d}A$ 与立体角微元 $\mathrm{d}\Omega$ 有关系：$\mathrm{d}A = r^2\mathrm{d}\Omega$，可以得到

$$M = \frac{I}{r^2} \tag{5.12.9}$$

辐射传感器测量的是辐射发射量 M。如果光源的辐射功率恒定，那么辐射强度为常量，就可以得到辐射发射量与距离的二次方成反比的结论。

3. 黑体辐射基本特性

我们知道，黑体辐射实验是量子论得以建立的关键性实验之一。回顾热辐射的研究史，我们从科学家们研究热辐射的问题中领悟到普朗克（M. Planck）是如何运用创造性思维在前人实验结果的基础上提出“量子”假设 $E = h\nu$ 的。重温这些经典实验和深刻理解科学家们的创造性思维方法，对我们今天的实验研究和设计均有重要的指导意义。

1888 年，韦伯（H. F. Weber）提出了波长与绝对温度之积是一定的。维恩从理论上进行了证明，其数学表达式为

$$\lambda_{\max} = \frac{A}{T} \tag{5.12.10}$$

式中，A 为常数，$A = 2.896 \times 10^{-3}$ m・K。

随着温度的升高，绝对黑体光谱亮度的最大值的波长向短波方向移动，即维恩位移定律。

黑体光谱辐射亮度由下式给出，即

$$L_{\lambda T} = \frac{E_{\lambda T}}{\pi}\left(\frac{w}{m^3 \cdot \Omega}\right) \tag{5.12.11}$$

图 5.12.1 显示了黑体的频谱亮度随波长的变化曲线。每一条曲线上都标出黑体的绝

对温度与频谱亮度曲线峰值的相交点，这些相交点的连线表示光谱亮度的峰值波长 λ_{max} 与它的绝对温度 T 成反比，即维恩位移定律。

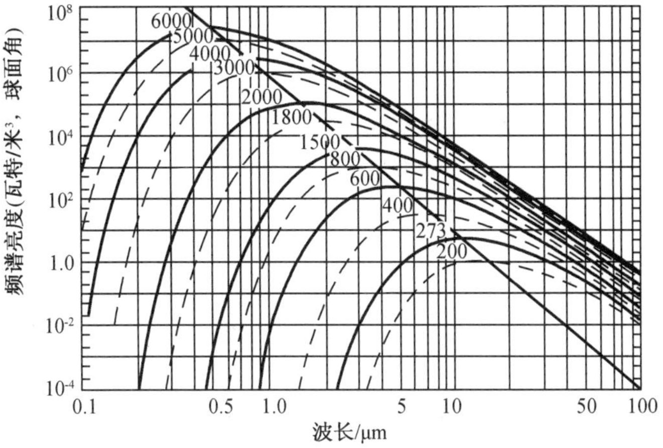

图 5.12.1 黑体的频谱亮度随波长的变化曲线

普朗克(M. Planck)在总结和分析维恩、瑞利－金斯的研究成果的基础上，从电磁理论的基础上试图弄清楚热辐射过程的本质，为此他引入了谐振子的概念。1900 年 12 月普朗克公布与实验符合得很好的普朗克黑体辐射公式：

$$M_\lambda = \frac{c_1}{\lambda^5} \cdot \frac{1}{e^{\frac{c_2}{\lambda T}} - 1} \tag{5.12.12}$$

式中，$c_1 = 2\pi hc^2$；$c_2 = \frac{ch}{k}$；M_λ 是光谱辐射发射量，代表的是单位面积的辐射源在某波长附近单位波长间隔内向空间发射的辐射功率。

这一研究的结果促使他进一步去探索式(5.12.12)所蕴含的更深刻的物理本质。他发现，如果做如下“量子”假设：对一定频率 ν 的电磁辐射，物体只能以 $h\nu$ 为单位吸收或发射。也就是说，吸收或发射电磁辐射只能以“量子”的方式进行，每个“量子”的能量为 $E = h\nu$，式中，h 是普朗克常数。这种吸收或发射电磁辐射能量不连续性的概念，尽管可以很好地解释黑体辐射的经验公式，因为与经典的光学和电磁学相对立未能引起科学界的注意。第一个关注量子假设的是爱因斯坦(Einstein)，他在 1905 年用普朗克的量子假设成功地解释了光电效应的问题，1913 年尼尔斯·玻尔在他的原子结构学说中也使用了这一概念，至此普朗克的能量不连续性概念才被人们所接受，并于 1918 年荣获得诺贝尔物理学奖。黑体辐射和光电效应等现象引导人们发现了光的波粒二重性，人们正是在光的波粒二重性的启发下，开始认识到微观粒子的波粒二重性，才开辟了建立量子力学的途径。

4. 斯忒藩－波耳兹曼定律

1879 年，斯忒藩(J. Stefan)从实验中总结出了物体热辐射的总能量与物体绝对温度四次方成正比的结论；1884 年，玻耳兹曼对上述结论给出了严格的理论证明，其数学表达式为

$$M = \int_0^{+\infty} M_\lambda \mathrm{d}\lambda = \sigma T^4 \tag{5.12.13}$$

故称为斯忒藩－玻耳兹曼定律。式(5.12.13)中，$\sigma = 5.673 \times 10^{-12}\ \mathrm{W/cm^2 \cdot K^4}$ 称为斯忒藩－玻耳兹曼常数。不同的物体，处于不同的温度，辐射出射度是不同(但还是有规律

的)。而实验的目的,就是要我们认识到这种不同,并试着发现实验的规律性。

5. 热辐射扫描成像实验

实验装置中样品表面每一点的对外辐射情况,可近似当作余弦辐射体处理。所以

$$I = I_0 \cos i, \Phi = \int_0^{\Omega} I \mathrm{d}\Omega \tag{5.12.14}$$

在球面上取一个 di 的环带,它对应的立体角为

$$\mathrm{d}\Omega = -2\pi \mathrm{d}\cos i$$

$$\mathrm{d}\Phi = -\pi \int_0^{\frac{\pi}{2}} 2 I_0 \cos i \mathrm{d}\cos i = \pi L \mathrm{d}S_1$$

如图 5.12.2 所示。

$$M = \frac{\mathrm{d}\Phi}{\mathrm{d}S_1} = \pi L = \pi \frac{I}{\mathrm{d}S_1 \cos i}$$

$M = \rho M_0$(ρ 为发射率)。

$$I = \frac{M \cos i}{\pi} \mathrm{d}S_1 = \frac{\rho M_0 \cos i}{\pi} \mathrm{d}S_1$$

考虑探测器接收面上的一个立体角,如图 5.12.3 所示,有

$$\mathrm{d}\Omega = \frac{\mathrm{d}S \cos \alpha}{l^2}$$

所以

$$\mathrm{d}\Phi = I \mathrm{d}\Omega = \frac{\rho M_0 \cos i}{\pi} \mathrm{d}S_1 \frac{\mathrm{d}S \cos \alpha}{l^2}$$

$$\mathrm{d}\Phi = \frac{\rho M_0 \cos i \cos \alpha}{\pi l^2} \mathrm{d}S_1 \mathrm{d}S$$

$$\Phi = \iint \frac{\rho M_0 \cos i \cos \alpha}{\pi l^2} \mathrm{d}S \mathrm{d}S_1 \tag{5.12.15}$$

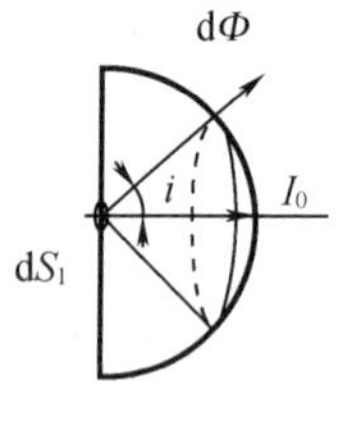

图 5.12.2 与 dS_1 的关系图

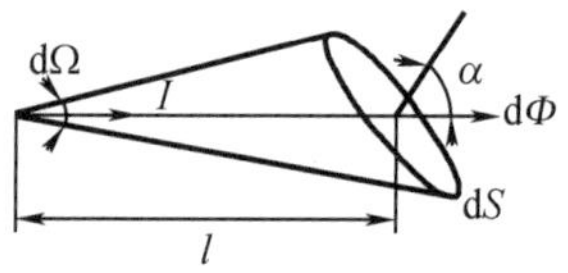

图 5.12.3 立体角示意图

因为探测器接收面积以及光阑直径都很小,所以可以认为接收到的光强均匀分布,所以 $\int \mathrm{d}S = S$, 又有 $\mathrm{d}S_1 = \mathrm{d}x \mathrm{d}y$,所以

$$\Phi = \iint \frac{\rho M_0 \cos i \cos \alpha}{\pi l^2} S \mathrm{d}x \mathrm{d}y \tag{5.12.16}$$

假设黑体出射度 $M_0 = \sigma T^4$ ($\sigma = 5.673 \times 10^{-8}$ W/m^2 · K^4)

发射率 $\rho = \begin{cases} 1 \\ 0.31 \end{cases}$

式中,$\rho = 1$ 为黑体;$\rho = 0.31$ 为灰体。

受光阑限制，装置中的探测器只能接收一定角度内入射的光线。能探测到光线的最大、最小入射角，如图 5.12.4 所示，分别为

$$\varphi_1 = \arctan \frac{L_9(\phi_1 + \phi_2) + L_{10}\phi_1}{2L_9L_{10}}$$

$$\varphi_2 = \arctan \frac{L_9(\phi_2 - \phi_1) - L_{10}\phi_1}{2L_9L_{10}}$$

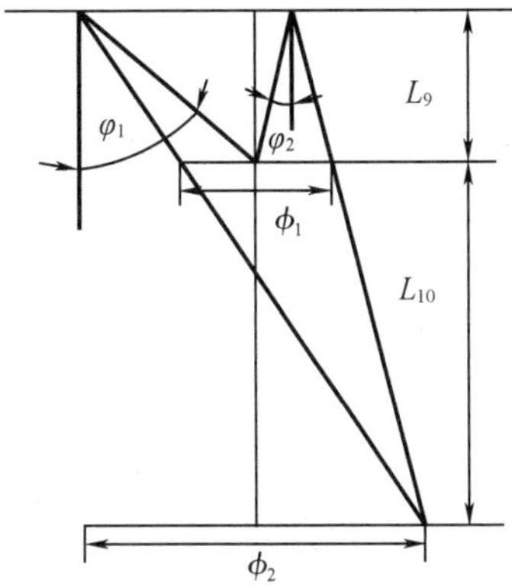

图 5.12.4　能探测到光线的最大、最小入射角示意图

从辐射体上一个微元 $\mathrm{d}x\mathrm{d}y$ 向探测器发出的一束红外光，经过光阑后在探测面上得到一个光斑，半径为

$$r_1 = \frac{(L_9 + L_{10})\phi_1}{2L_9}$$

探测器探测面半径为

$$r_2 = \frac{1}{2}\phi_2$$

两圆心距离为

$$d = L_{10}\tan\alpha$$

夹角为

$$\begin{cases} \beta_1 = \arccos \dfrac{r_1^2 + d^2 - r_2^2}{2r_1 d} \\ \beta_2 = \arccos \dfrac{r_2^2 + d^2 - r_1^2}{2r_1 d} \end{cases}$$

所以，最后的有效照射面积 S，如图 5.12.5 所示，为

$$S = \begin{cases} 0, & \alpha > \phi_1 \\ \pi r_1^2, & \alpha < |\phi_2| \cap r_1 < r_2 \\ \pi r_2^2, & \alpha < |\phi_2| \cap r_1 > r_2 \\ \beta_1 r_1^2 + \beta_2 r_2^2 - r_1 d\sin\beta_1, & \text{其他} \end{cases} \tag{5.12.17}$$

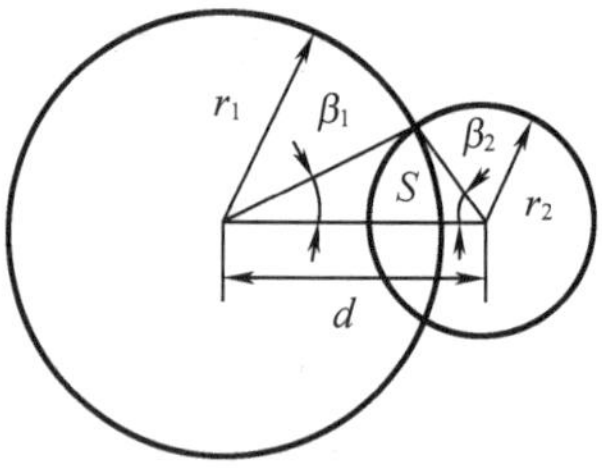

图 5.12.5　有效照射面积示意图

理论模拟结果如图 5.12.6 所示。可以看出，图像能够很好地反映辐射面的外形特征，因此利用本实验仪能够进行成像实验。

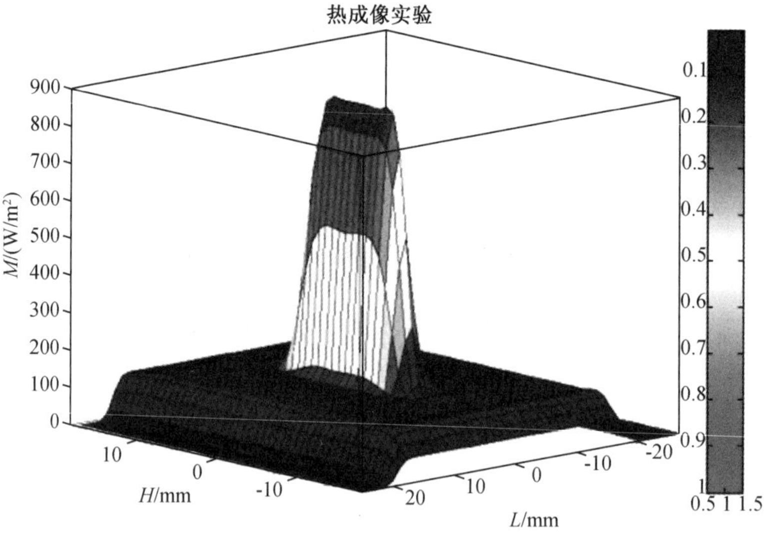

图 5.12.6　理论模拟结果示意图

【实验方案】

本实验通过用虚拟和实测的实验方法对经典热辐射实验的基本定律、规律和效应进行测量，通过仿真软件进行数据处理，得到仿真图像。在此基础上，学习科学家们的创新思维和钻研精神，独立进行热辐射实验的基础应用探索和创新设计。

【实验仪器】

智能数显温控源 GCIR－B、多功能物理实验系统 GCRFS－B、热辐射盒、电动二维扫描平台、红外检测装置、计算机、热辐射与红外扫描成像综合实验仪软件、虚拟扫描软件、红外成像数据处理软件等。

【实验内容】

1. 虚拟实验部分

(1) 普朗克辐射定律

①打开虚拟实验软件，依次点击“开始”→“程序”→“热辐射与红外扫描成像综合实验仪”→“热辐射虚拟实验”，得到如图 5.12.7 所示界面。

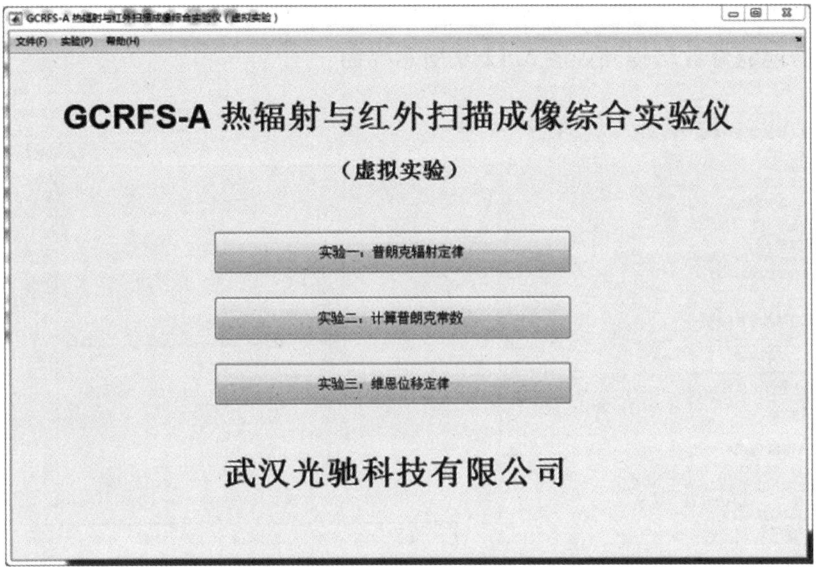

图 5.12.7　虚拟实验的软件界面

②在“GCRFS－A 热辐射与红外扫描成像综合实验仪(虚拟实验)”对话框中,点击“实验一:普朗克辐射定律”,得到如图 5.12.8 所示界面。

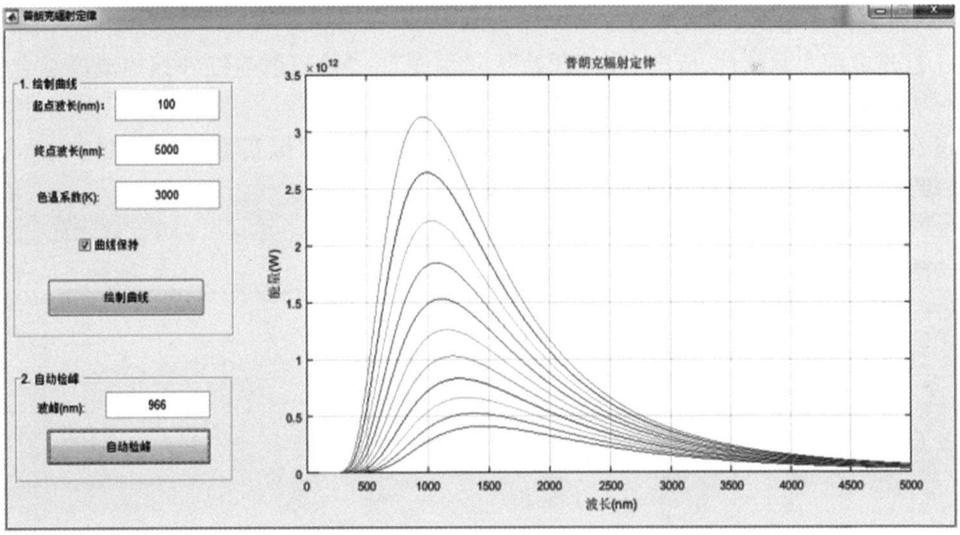

图 5.12.8　黑体辐射虚拟仪器的软件界面

③选择“起始波长”“终点波长”和“色温系数”。

④点击“绘制曲线”,程序自动生成一条波长范围内的辐射曲线。

⑤点击“自动检峰”,得出辐射最强处的波长。

⑥记录数据供“实验三:维恩位移定律”使用。

(2)求普朗克常数

①打开虚拟实验软件,依次点击“开始”→“程序”→“热辐射与红外扫描成像综合实验仪”→“热辐射虚拟实验”,得到如图 5.12.7 所示界面。

②在“GCRFS－A 热辐射与红外扫描成像综合实验仪(虚拟实验)”对话框中,点击“实验二:计算普朗克常数”,得到如图 5.12.9 所示界面。

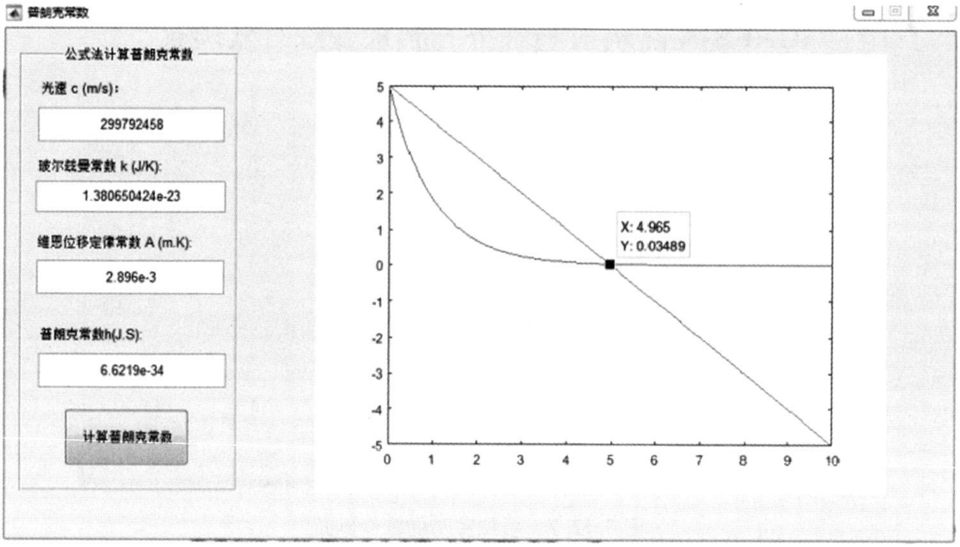

图 5.12.9　计算普朗克常数的软件界面

③输入“光速 c”“玻耳兹曼常数 k”和“维恩位移定律常数 A”,点击“计算普朗克常数”。

(3)维恩位移定律

①打开虚拟实验软件,依次点击“开始”→“程序”→“热辐射与红外扫描成像综合实验仪”→“热辐射虚拟实验”,得到如图 5.12.7 所示界面。

②在“GCRFS－A 热辐射与红外扫描成像综合实验仪(虚拟实验)”对话框中,点击“实验三:维恩位移定律”,得到如图 5.12.10 所示界面。

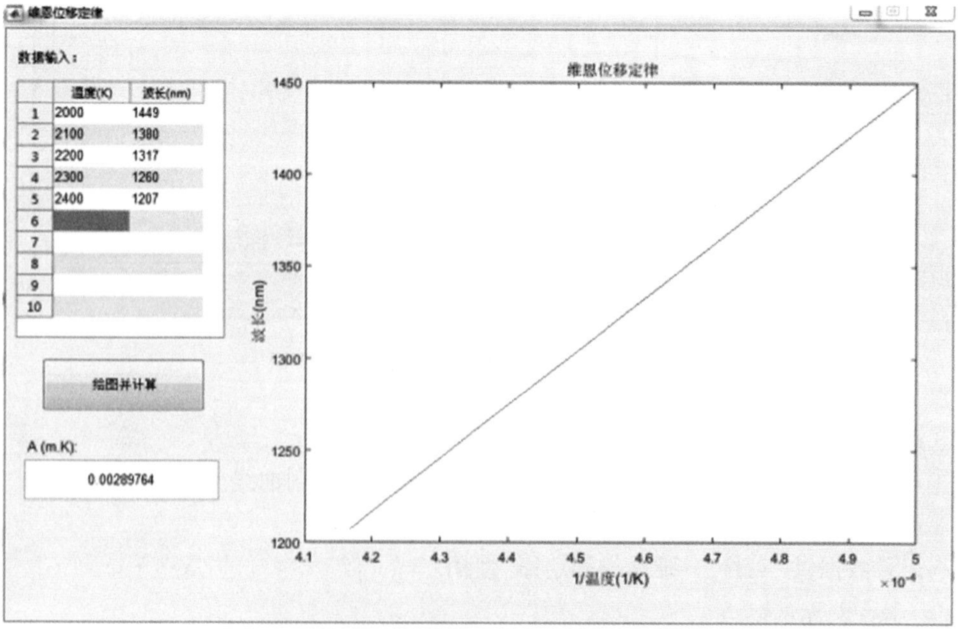

图 5.12.10　维恩位移定律的软件界面

③输入至少四组"温度"和"波长"数据,点击"绘图并计算"。

2. 实测实验部分

(1)红外扫描成像

①装配好实验装置。

注意　热辐射盒待测样品的表面与红外传感器的敏感面的距离小于2 mm,同时需要无风的环境,并且在扫描过程中不要用手蹭电动平移台和辐射盒。

a. 串口线(一头是DB9母头,另一头是4芯航插),连接"计算机串口"与仪器的前面板的"CH_1"接口。

b. 串口直连线(一头是孔,一头是针)一条,连接"水平电动平移台"与仪器的后面板的"水平电机"接口。

c. 5芯线,连接"探测器"与仪器的前面板的"探测器"接口。

注意　仪器的后面板的USB接口,用来升级下位机程序,仪器正常使用过程,不要连接。否则有可能会导致仪器自动复位重启。

②打开热辐射与红外扫描成像综合实验仪,设定热辐射盒的温度(一般取热辐射盒表面温度小于70 ℃,如50 ℃),等待约20 min待温度稳定时,并保证热辐射盒表面温度的误差小于±1 ℃,使热辐射盒待测样品的表面与红外传感器的敏感面平行(当测量曲线显示几乎是一条水平直线时,就表示平行了)。调试二维电动扫描系统确保待测样品全部落入在所扫描的区间之内。

③打开热辐射与红外扫描成像综合实验仪的上位机软件,依次点击"开始"→"程序"→"热辐射与红外扫描成像综合实验仪"→"热辐射实测实验"。

④连接仪器:通过菜单"操作"→"连接仪器",此时只有"连接仪器"菜单项可用,其他相关菜单项禁用,如图5.12.11所示。

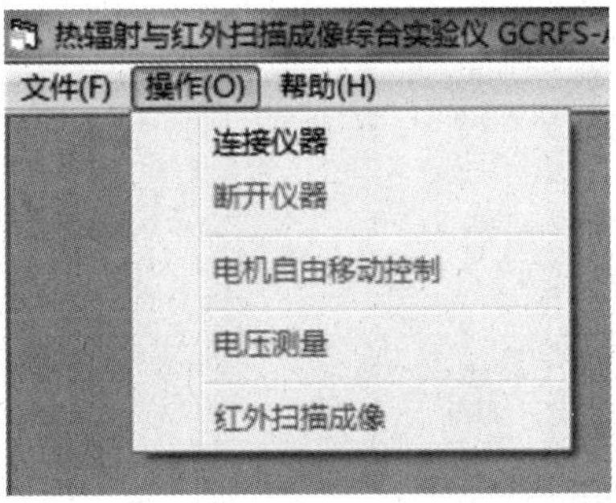

图5.12.11　软件界面局部图

未连接仪器前,状态栏会显示"仪器连接状态:未连接",如图5.12.12所示。

图5.12.12　软件界面局部图

⑤在"连接仪器"对话框,根据实际情况选择"串口号",如图5.12.13所示。

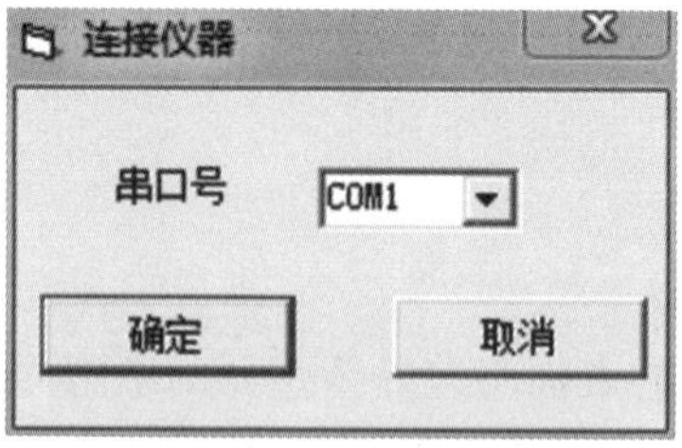

图 5.12.13　软件界面局部图

在所选的串口成功打开后，会在状态栏显示“仪器连接状态：已连接”，如图 5.12.14 所示。

图 5.12.14　软件界面局部图

⑥打开红外扫描成像实验界面：单击菜单“操作”→“红外扫描成像”，如图 5.12.15 所示。

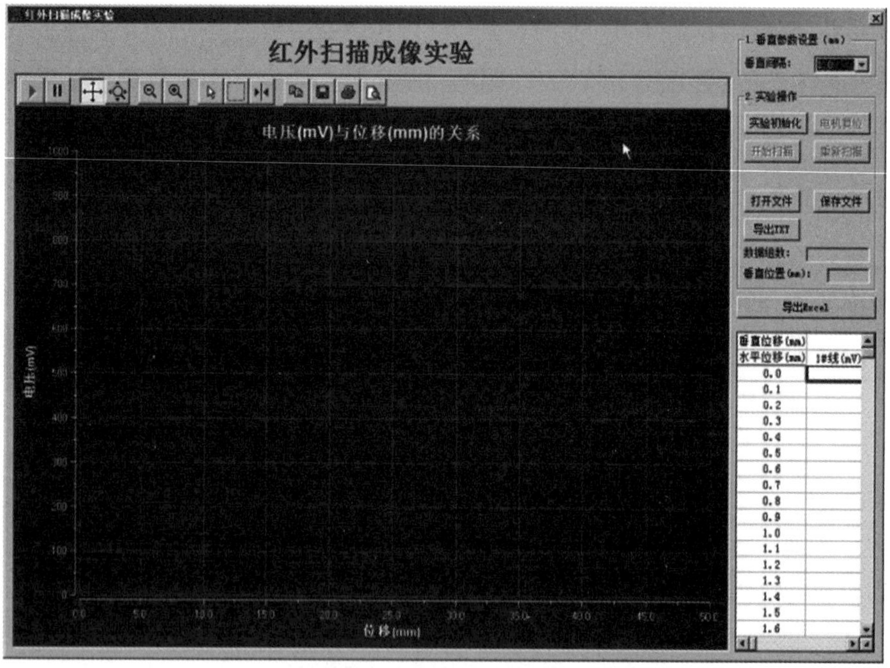

图 5.12.15　红外扫描成像实验软件界面图

软件操作步骤如下：

a. 按下“实验初始化”按钮，弹出如图 5.12.16 所示界面，表示实验初始化成功。

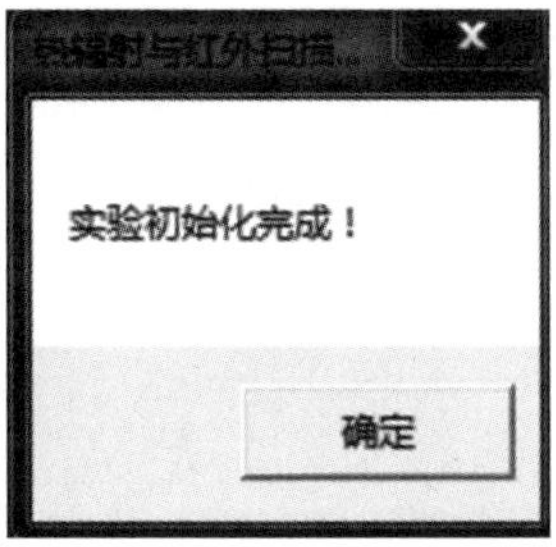

图5.12.16 软件界面局部图

b. 设置垂直间隔，“垂直间隔”表示每次扫描时，垂直方向的移动的距离。

注意 只有在“实验初始化”之后，在“电机复位”之前，才允许设置，扫描过程中，不允许设置。

c. 按下“电机复位”按钮，使用水平方向的电台平移台，回到初始位置，弹出如图5.12.17所示界面，表示电机复位成功。

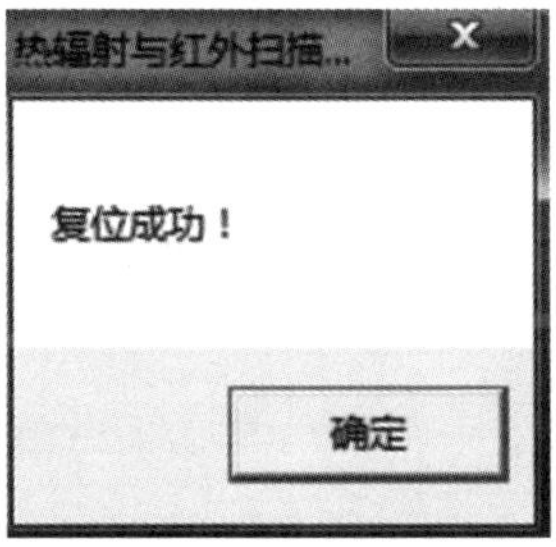

图5.12.17 软件界面局部图

d. 按下“开始扫描”按钮，开始第一组曲线的扫描。本次扫描完成后，可以按下“开始扫描”按钮进行一次新的扫描，如果对此扫描的曲线不满意，按下“重新扫描”按钮，再在同一垂直位置扫描。“数据组数”表示当前正在扫描的第几条曲线，“垂直位置(mm)”表示垂直方向的电动平移台的所在的位置。

e. 将传感器沿垂直导轨方向均匀降低或升高1mm，重复步骤d(做20条曲线)。

f. 保存数据或导出TXT文件。

⑦扫描数据的成像处理

a. 打开“GCRFS－A 热辐射与红外扫描成像综合实验仪(数据处理)”软件，依次点击“开始”→“程序”→“热辐射与红外扫描成像综合实验仪”→“热辐射数据处理”，软件界面如图5.12.18所示。

b. 单击菜单“文件”→“导入实测数据”，选择刚刚导出的TXT数据文件，系统会自动调用“二维图像”菜单项，显示二维图像，如图5.12.19所示。

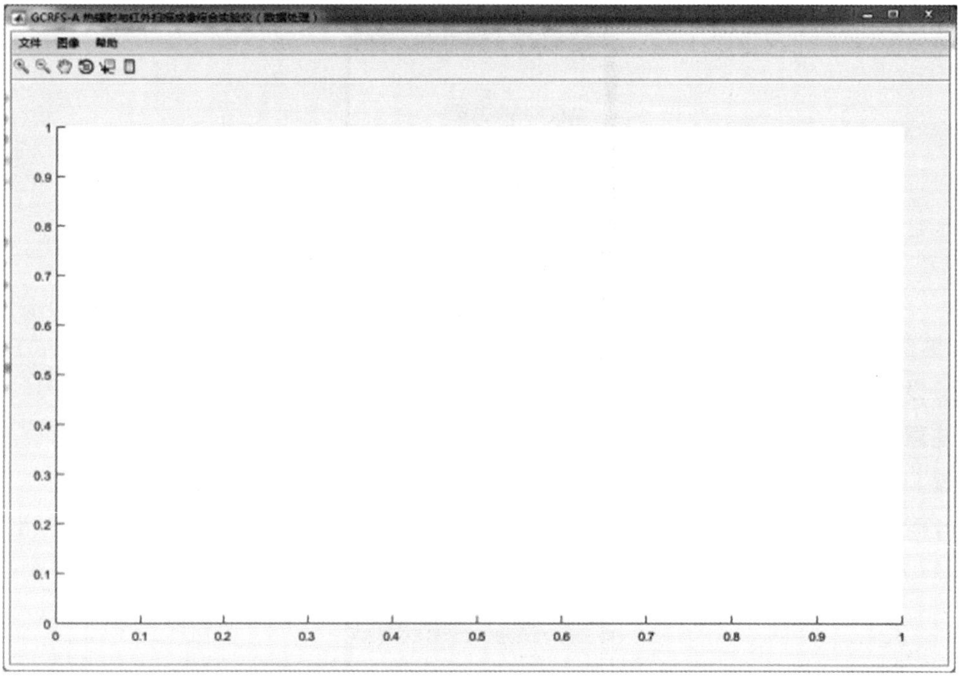

图 5.12.18　热辐射数据处理软件界面图

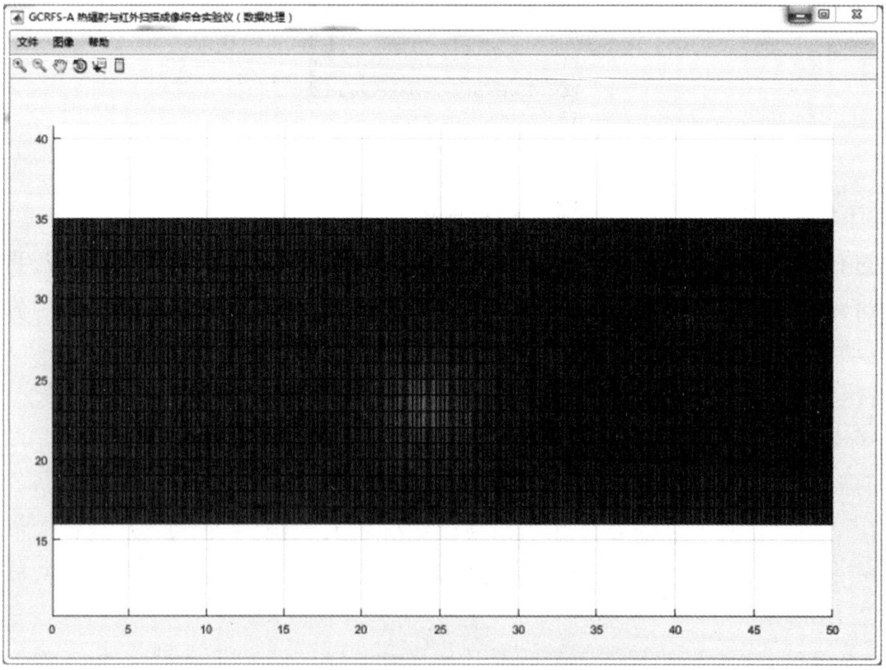

图 5.12.19　热辐射数据二维图像软件界面图

c. 通过菜单“图像”→“三维表面图”，显示三维图像，如图 5.12.20 所示。

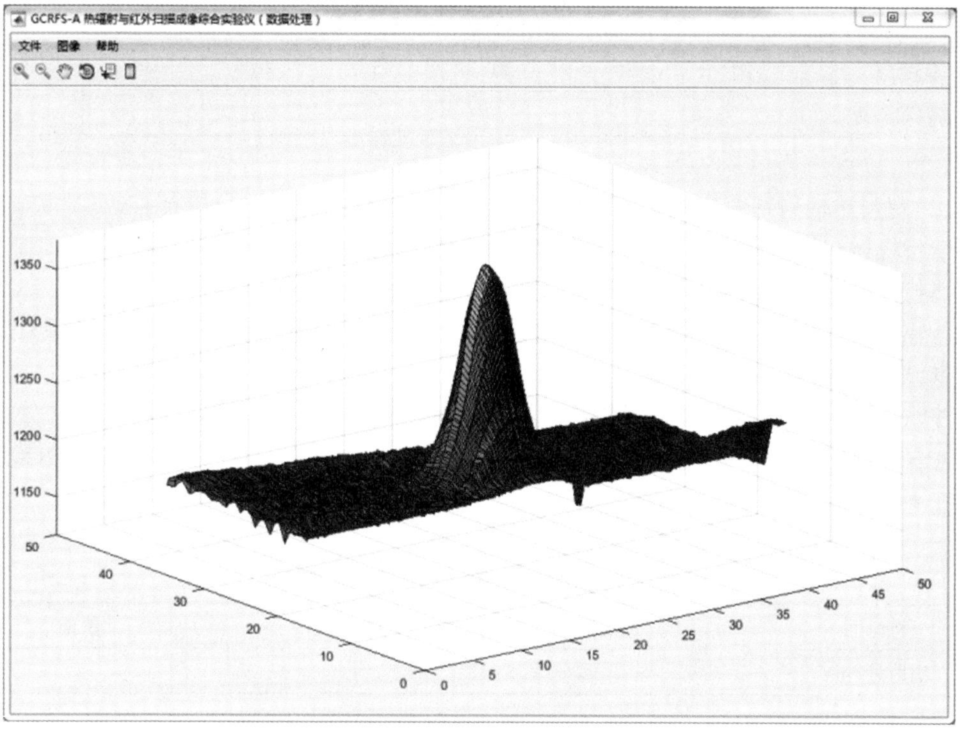

图 5.12.20 热辐射数据三维图像软件界面图

(2)物体辐射量与温度之间的关系

①组装实验装置。辐射方盒提供了四个不同颜色和表面粗糙度,辐射盒温度可调范围为室温至 70 ℃,通过控温仪控制辐射盒的温度,此实验不能使用带小圆孔面,因为小圆孔面温度波动大。

②打开温控仪并设定辐射盒的控温温度,当辐射盒达到热平衡时,恒温 5 min,注意观察辐射盒的温度变化,并记录下温度波动范围,作为分析实验结果的依据。

③打开电压测量界面:单击菜单“操作”→“电压测量”,如图 5.12.21 所示。

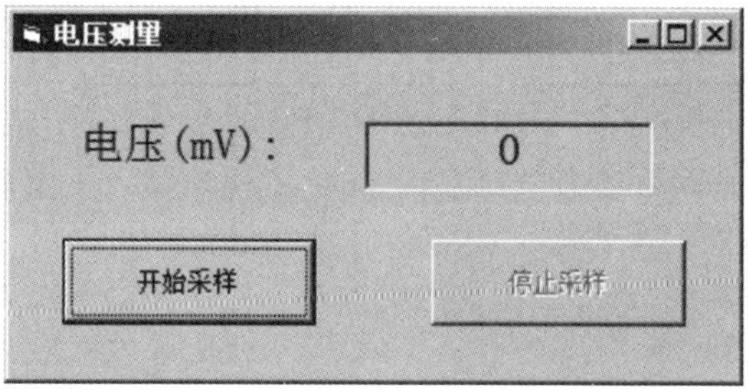

图 5.12.21 电压测量界面软件界面图

④辐射盒温度稳定后,单击软件上的“开始采样”,多次测量取平均值,并将相应的测量结果记录在表 5.12.1 中。从室温开始,每隔 5 ℃测量一次,最高温度一般设置为 50 ℃。

表 5.12.1　物体辐射量与温度之间的关系

温度/℃	20	25	30	35	40	45	50
辐射量/mV							

(3)材料热辐射特性和规律的研究

①将辐射盒的温度设定在 50 ℃,测量光滑面的辐射量。

②打开电压测量界面:单击菜单“操作”→“电压测量”,如图 5.12.21 所示。

③辐射盒温度稳定后,设置温控仪表到环境温度以下。单击软件上的“开始采样”,多次测量,取平均值。

注意　要保证每次测量,传感器与待测样品的距离相同。

④保持辐射盒温度不变,依次测量光滑面、粗糙面和黑面的辐射量,将相应的测量结果记录在表 5.12.2 中。

表 5.12.2　物体辐射量与材料面之间的关系

材料面	光滑面	粗糙面	黑面
辐射量/mV			

(4)用红外探测法研究物体冷却定律

①测量时记录下环境温度 T_0,将待测物体加热至 50 ℃(最高不超过 70 ℃)。

②打开电压测量界面:单击菜单“操作”→“电压测量”,如图 5.12.21 所示。

③辐射盒温度稳定后,单击软件上的“开始采样”,将待测物体(一般使用辐射盒的黑色面)将传感器对准待测物体中部位置,放置在使用电压不饱和处。

④记录此刻的检测电压值;用秒表计时,每过 2 min,记录此刻的检测电压值。

⑤重复步骤④记录时间与辐射量的数据表(表 5.12.3),若数据偏差较大,则删去。

表 5.12.3　物体辐射量与时间之间的关系

时间/min	0	2	4	6	8	…
辐射量/mV						

⑥当温控仪显示待测物体温度与室温相近时,不再测试。根据测试的数据得到被测物体的辐射量的冷却曲线。

【注意事项】

1. 在电机运行过程中,由于失误操作将电机转至两端无法停止时,请立即切断电源,关闭软件重新启动,否则会损坏电动平移台。尤其是在数据扫描期间,不允许强制关闭上位机软件和上位机电脑,否则将会造成电机一直转至两端无法停止而损坏电机的情况。也不允许扫描数据期间拔掉 USB 数据线,否则将会造成扫描数据不准确和电机无法停机的情况。必须在扫描完成,电机回到原点的时候才可以退出上位机软件。这几点必须要注意!!!

2. 测量和数据采集过程中，发现绘制的曲线不理想，待一次扫描完成，电机回到原点停止运行时，单击删除数据按钮，将刚采集到的曲线删除，重新测量。不能在扫描过程中切断电源或关闭软件。

3. 采集数据时，从最高/最低点开始，每降低/升高一段后，重新采集一组，数据采集次序不能乱。如果出现错误的采集数据，就必须将其删除。

【数据处理】

1. 结合扫描成像时的实验温度和测量范围数据，对红外扫描成像的图像结果进行分析。

2. 根据黑体的辐射量与相应温度的记录数据，拟合物体辐射量与温度之间的关系曲线，并总结物体辐射量与温度之间的关系。

3. 查阅资料，根据实验记录数据，分析温度相同时，物体表面粗糙度对辐射量的影响。

4. 对物体的冷却曲线进行拟合，得出被测物体的冷却定律。查阅资料，根据牛顿冷却定律，对实验结果进行评价。

第 6 章　设计型创新实验

实验 13　设计测量超声波的传播速度

声波是一种在弹性介质中传播的机械波。振动频率低于 20 Hz 的声波称为次声波，频率在 20 Hz ~ 20 kHz 的声波因可被人听到而称为可闻声波，频率在 20 kHz 以上的声波称为超声波。对于声波特性如频率、波长、声速及声波衰减等的测量是声学技术中的重要内容，在工程技术领域中有广泛的应用。声速是描述声波在媒质中传播特性的一个基本物理量。测量声速的方法可分为两类：第一类是根据关系式 $V = L/t$，测出传播距离 L 和所需时间 t，算出声速 V；第二类是利用关系式 $V = f\lambda$，测量频率 f 和波长 λ，算出声速 V。测量声速的实验方法很多，有共振干涉法、相位比较法，还有简便易行的共鸣管驻波法等。本实验采用共振干涉法和相位比较法测量声速，它们都属于第二类方法。

因为超声波具有波长短、易于定向发射及抗干扰等优点，所以用超声波进行声速测量是比较理想的。通常采用压电陶瓷换能器来进行超声波的发射和接收。

【设计任务】

1. 了解声波在空气中的传播速度与气体状态参数之间的关系。
2. 了解超声压电换能器的功能，加深对驻波及振动合成理论的理解。
3. 熟练掌握示波器的使用方法。
4. 掌握两种测量空气中声速的方法。

【问题探索】

1. 在本实验中，为什么要在超声波发生器谐振状态下测定空气中的声速？
2. 为什么实验中要保持换能器的发射面与接收面平行？
3. 当超声波接收换能器处于波节位置时（输出电压信号最大），它与声源（也处于波节）振动的相位差理论上是多少？实际测量是多少？两者存在差别的原因何在？
4. 在“相位法”中，可否适当改变超声波频率，利用“频率差”计算电信号传播的延时，从而计算出声速？

【可选仪器】

本实验提供的仪器有 SW－1 型声速测量仪、SG1651 低频信号发生器及 YB4328（D）型示波器等。

1. SW-1型声速测量仪

SW-1型声速测量仪由支架、游标卡尺及两只超声压电换能器组成。两只换能器的位置分别与主尺和游标相对固定，因此两只换能器间相对距离的变化量可由主尺和鼓轮读出。两只超声压电换能器(压电陶瓷、PZT材料，谐振点阻抗：800～1 000 Ω)具有完全相同的结构，其中固定于主尺上的一只换能器，其平面端面用于发射声波，即实现电声转换；另一只固定于游标之上的换能器，其平面端面用于接收和反射声波，实现声电转换。

SW-1型声速测量仪上的换能器谐振频率范围在35～45 kHz；有效测量距离为100 mm。

2. SG1651低频信号发生器

SG1651低频信号发生器，输出频率可调，最高频率2 MHz，可输出多种波形，其详细技术指标及其使用方法可见仪器说明书。

3. YB4328(D)型示波器

带宽为15～20 MHz，双通道，可同时显示两路信号，使用方法见仪器说明书。

【设计要求】

1. 设计两种测量声波在空气中传播速度的方法，评定测量结果。
2. 设计一种测量声波在固体(金属)中传播速度的方法。
3. 设计一种利用超声波测量距离的方法。

【归纳总结】

本实验的理论依据主要是波动的叠加原理，要重点掌握驻波的概念及其形成原理，在理解实验现象时，尤其要注意实验中的声波不是单一频率的理想声源，而是多波长同时存在的“准单色”声源。另外，关于受迫振动的原理也是本实验的原理之一，超声波发生器在不同的频率下的响应不同，在谐振点处，当有极大功率输出时，一方面有利于信号检测，另一方面，此时的策动力频率等于受迫振动频率(声波频率)，声波的频率即为信号发生器的电信号频率，在偏离谐振点处声波频率不等于信号发生器的电信号频率。

知识拓展　相关的知识

1. 声波在空气中的传播速度

空气中传播的声波的传播速度(声速)可写为

$$V=\frac{1}{\sqrt{\rho X}} \tag{6.13.1}$$

式中，ρ 是气体的密度；X 是压缩系数。由于气体的压缩与稀疏部分的传播速度很快，可以认为是绝热的，因此在近似理想气体状态下，有 $X=1/(rP)$，将其代入式(6.13.1)，得

$$V=\sqrt{\frac{rP}{\rho}}=\sqrt{\frac{rRT}{\mu}} \tag{6.13.2}$$

式中，R 为普适气体常数(8.31 J/(mol·K))；μ 是气体的摩尔质量；r 为比热容比(C_p/C_v)；T 为绝对温度。由式(6.13.2)可知：声速与气体的温度、摩尔质量及比热容比有关，后两个参数与气体成分有关。利用摄氏温标与热力学温标之间的换算关系，可将式(6.13.2)用摄氏温标表示为

$$V=\sqrt{\frac{rRT_0}{\mu}\left(1+\frac{t}{T_0}\right)}=V_0\sqrt{1+\frac{t}{T_0}} \tag{6.13.3}$$

式中,$V_0=331.46$ m/s,是在标准状态下干燥空气中的声速;$T_0=273.16$ K。式(6.13.3)为空气中声速的理论计算公式。

若考虑到空气中水蒸气的影响,校准后声速公式为

$$V=331.46\sqrt{\left(1+\frac{t}{273.16}\right)\left(1+\frac{0.319\ 2p_w}{p}\right)}\ \text{m/s} \tag{6.13.4}$$

式中,p_w为水蒸气的分压强;p为大气压强。

2. 空气中声速的测量原理

(1)测声速的基本原理

声速与频率、波长间的关系为

$$V=f\lambda \tag{6.13.5}$$

由式(6.13.5)可知:测出声波的频率f与波长λ,即可算出声速V。在本实验中,声波的频率f是低频信号发生器产生的电信号频率,为保证测量灵敏度,本实验采用超声压电换能器的谐振频率(35~45 kHz),其具体数值由实验确定;声波的波长λ,分别采用共振干涉法和相位比较法测量。

(2)用共振干涉法测量声波的波长

用共振干涉法测量声波的波长的实验装置如图 6.13.1 所示。

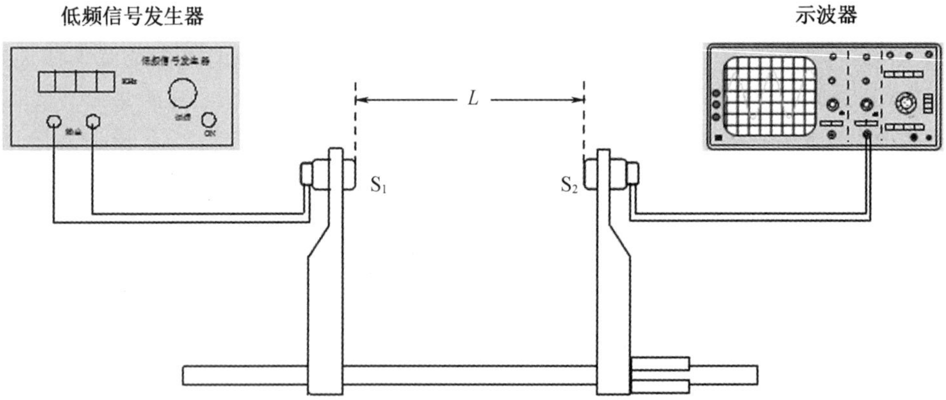

图 6.13.1 用共振干涉法测量声波波长的实验装置图

图 6.13.1 中S_1和S_2为超声压电换能器。信号发生器输出的交变信号加到S_1上,由其完成电——声转换,S_1作为声源,发出波前近似为平面的声波;S_2作为超声波接收换能器,将接收到的声信号转换成电信号,然后接入示波器以供观察。S_2在接收声波的同时,其表面还反射一部分声波。当S_1与S_2的表面互相平行时,往返于S_1和S_2之间的声波发生干涉而形成驻波。

根据波动理论,设沿着水平X方向射出的入射波方程为

$$y_1=A\cos\left(\omega t-\frac{2\pi}{\lambda}x\right) \tag{6.13.6}$$

反射波方程为

$$y_2 = A\cos\left(\omega t + \frac{2\pi}{\lambda}x\right) \tag{6.13.7}$$

式中,A 为声源振幅;ω 是角频率;$\frac{2\pi}{\lambda}x$ 是坐标 x 处空气在 t 时刻的振动相位。入射波和反射波在时刻 t 的合成振动方程为

$$y = y_1 + y_2 = \left(2A\cos\frac{2\pi}{\lambda}x\right)\cos\omega t \tag{6.13.8}$$

式(6.13.8)为驻波方程。

在 $x = k\lambda/2(k = 0,1,2,\cdots)$ 处,合成振动的振幅最大,此处称为波腹(声振幅的极大值);在 $x = (2k+1)\lambda/4(k = 0,1,2,\cdots)$ 处,合成振动的振幅最小,此处称为波节(声振幅的极小值)。由波腹(或波节)条件可知:相邻的两个波腹(或波节)之间的距离为 $\lambda/2$,当 S_1 和 S_2 间的距离 L 恰好等于半波长的整数倍,即

$$L = k\cdot\lambda/2 \quad (k = 1,2,3,\cdots) \tag{6.13.9}$$

时,形成驻波,声振幅为极大处(波腹)声压值极小。在波节处接收换能器 S_2 接收到的声压是极大值,在示波器上观察到的经 S_2 转换成的电信号也是极大值。

由于衍射及其他损耗,自左向右各极大值的幅值随 S_1 到 S_2 间的距离增大而逐渐减小。为测量声波的波长,我们可连续地改变 S_2 到 S_1 的距离 L,此时可观察到示波器上显示的信号幅度发生由一个极大变化到极小再变化到极大,这样周期性的变化;同时极大值的幅度在逐渐减小。随着信号幅度的每一次周期性的变化,S_1 与 S_2 间的距离 L 也改变了 $\lambda/2$,该距离改变值可由主尺和鼓轮上读出。从而测出波长 λ。根据式(6.13.5),波长 λ 乘以已测得的实验所采用的超声压电换能器的谐振频率 f 算出声速 V。

因为声振幅随 L 的变化在波腹附近较尖锐,而在波节附近较平坦,所以测量声振幅波腹的位置比较准确。另外,由于压电换能器本身有一固有频率,当外加强迫振动的频率等于其固有频率时,压电换能器将产生共振。此情形下振动幅度最大,发出的声波的振幅也最大。所以实验时应仔细调节信号发生器的工作频率,使接收到的信号振幅为最大。

(3)用相位比较法测量声波的波长

发射波通过空气到达接收器,所以在同一时刻,发射处的波与不同位置的接收处的波的相位不同,其相位差可利用示波器的李萨如图形来观察。

根据波动理论可知,若发射面与接收面距离为 L,则发射处的波与接收处的波的相位差 $\Delta\varphi$ 为

$$\Delta\varphi = 2\pi L/\lambda \tag{6.13.10}$$

在形成稳定驻波时,$L = k\cdot\lambda/2(k = 1,2,3,\cdots)$,此时相位差为

$$\Delta\varphi = k\pi$$

由此可知:当 S_1 和 S_2 间的距离 L 的改变恰好等于半波长时,发射处 S_1 的声波与接收处 S_2 的声波之间的相位差 $\Delta\varphi$ 是 π,发射处的声波频率和接收处的声波频率是相同的。实验时可用李萨如图形观察 $\Delta\varphi$ 的变化,在位相差由0改变到 π 时,相应的李萨如图形由第一、三象限的线段变化到第二、四象限的线段。由此可测出波长 λ,再由式(6.13.5)求出声速。

3. 方案举例

(1)谐振状态及谐振频率的确定

①按照图6.13.1接好线路,仔细阅读有关仪器的使用说明书。

②将接收换能器 S_2 向发射换能器靠拢并注意留有 1 cm 左右的间隙(以防止损坏换能器)。调整两换能器使两个平面端面严格平行并与游标卡尺滑动方向垂直。

③将低频信号发生器的输出信号电缆接头接入换能器 S_1,把“正弦波形键”按下,频率选择置于“200 kHz”挡位,将“输出幅度调节”旋转到中间;打开“电源开关”,调节“频率调节”按钮,显示的频率读数在 35 ~45 kHz。

④将接收换能器 S_2 的输出端信号线接入示波器的“CH_1 通道(X)信号输入端″;将示波器的垂直系统工作方式选择置于“CH_1”位置上,“CH_1 通道”的“信号衰减”(Volt/Div)调节到中间位置上,调整“(水平)扫描速度”旋钮(Sec/Div)调整到适当的位置;接通示波器的“电源开关”,适当调节“辉度”旋钮、“聚焦”旋钮、“CH_1 通道垂直位移”及“水平位置”,适当调节信号发生器右上角的“触发电平”旋钮,即可得到输入电信号的波型。用示波器观察由 S_2 接收并转换成的电信号。调节信号发生器的“频率”调钮,使示波器显示的波峰为最大值。此时信号发生器的输出信号频率即为换能器的固有频率(谐振频率)。

如果波峰的最大值不易确定,那么可增大信号发生器“输出幅度”,同时在波峰最大值附近记录多个实验点数据(频率,波峰值)。用作图法可以较准确地确定谐振频率 f。

(2)S_2 的起始最大值位置的确定

将 S_2 移到靠近 S_1 的位置,缓慢地移动 S_2 远离 S_1,可在示波器上观察到波形振幅的变化。在振幅最大处固定 S_2,记录下 S_2 对应的坐标读数作为第一个极大值位置数据 l_0;继续移动 S_2 远离 S_1,振幅最大时,记录下 S_2 对应的坐标读数作为第二个极大值位置数据 l_1。如此重复操作。

注意 在实验过程中,“鼓轮”的转动要朝一个方向,以减小螺杆机械误差。如果旋转过程中没有读出波腹的最大值时的位置,也可退回一点,然后重新按原方向旋转读出波腹的最大值时的位置 l_i。

在实验过程中,应随时调节“CH_1 通道”信号衰减(Volt/Div)旋钮(信号变弱应随时增加放大倍数),使两个波峰同时显示在屏幕上。否则,无法判断波峰是否已达到最大值。

(3)用共振干涉法测量声波的波长

为充分利用数据资源,本实验采用最小二乘法处理数据。需要测量多组数据(i, l_i)。由式(6.13.9)可知 l_i与 i 呈线性关系:

$$l_i = l_0 + \frac{\lambda}{2} i \tag{6.13.11}$$

式中,l_0是与第一次($i=1$)波峰极大值相邻的前一波峰极大值的理论位置。

用最小二乘法确定斜率 $\lambda/2$,从而求出 λ ,将 λ 与谐振频率 f 代入式(6.13.5),可求得声速 V。

记录实验时的空气温度,用式(6.13.3)计算声速的理论值,与实验结果比较。

(4)用相位比较法测量声波的波长

①从信号发生器的输出端同时取两路信号:一路信号接入换能器 S_1,另一路信号接入示波器的“CH_2 通道(Y)信号输入端”。将接收换能器 S_2 的输出端信号线接入示波器的“CH_1 通道(X)信号输入端”;调整“(水平)扫描速度”旋钮(Sec/Div)调整到“X - Y”位置。

②打开信号发生器开关,把“正弦波型”键按下;频率选择置于“200 kHz”按钮;将“输出幅度调节”旋转至较大的位置;调节“频率调节”按钮,使显示的频率读数在谐振频率。

③接通示波器的“电源开关”,适当调节“辉度旋钮”“聚焦旋钮”“CH_2 通道垂直位移”

及“水平位置”；调整“CH_1 通道”和“CH_2 通道”的信号衰减（Volt/Div），使屏幕上出现椭圆形的李萨如图形。

④将 S_2 移到靠近 S_1 的位置，缓慢移动 S_2 远离 S_1，可在示波器上观察到李萨如图形的变化。在出现第一、三象限的线段处固定 S_2，记录下 S_2 对应的坐标读数作为第一个极大值位置数据 l_0；继续移动 S_2 远离 S_1，当李萨如图形变化成第二、四象限的线段时，记录下 S_2 对应的坐标读数作为第二个极大值位置数据 l_1；继续移动 S_2 远离 S_1，当李萨如图形变化成第一、三象限的线段时，记录下 S_2 对应的坐标读数作为第三个极大值位置数据 l_2。如此重复操作。

注意　在实验过程中，“鼓轮”要向一个方向转动，以减小螺杆的机械误差。如果旋转过程中没有读出李萨如图形成一个线段的位置，也可退回一点，然后重新按原方向旋转读出图形成一个线段时的位置 l_i。

在实验过程中，应随时调节“CH_1 通道”的信号衰减（Volt/Div）旋钮（信号变弱应随时增加放大倍数）及“水平位移”“垂直位移”旋钮，使接近圆形的李萨如图形完整地显示在屏幕上，图形成直线时的方向应在45°和135°方向。

⑤按照共振干涉法测量声波的波长的同样方法（最小二乘法）确定波长 λ，把 λ 与谐振频率 f 代入式（6.13.5），可求得声速 V。

记录实验时的空气温度，用式（6.13.3）计算声速的理论值，与实验结果比较。

4. 数据记录

将实验数据记录在表 6.13.1 和表 6.13.2 中。

表 6.13.1　用共振干涉法测量声速记录表

i	1	2	3	4	5	6	7	8	9	10	11
l_i/mm											
i	12	13	14	15	16	17	18	19	20	21	22
l_i/mm											

表 6.13.2　用相位比较法测量声速记录表

i	1	2	3	4	5	6	7	8	9	10	11
f/kHz											
l_i/mm											
i	12	13	14	15	16	17	18	19	20	21	22
f/kHz											
l_i/mm											

5. 数据处理

在式（6.13.11）中，令 $y = l_i, x = i, b_0 = l_0, b = \lambda/2$，用最小二乘法确定斜率 b 及其不确定度 $u(b)$。

$$b = \frac{L_{xy}}{L_{xx}} = \frac{\sum_{i=1}^{n}(x_i - \bar{x})(y_i - \bar{y})}{\sum_{i=1}^{n}(x_i - \bar{x})^2} = \frac{\lambda}{2} \tag{6.13.12}$$

$$u(b) = \sqrt{\frac{1}{L_{xx}}}u(y) = \sqrt{\frac{1}{L_{xx}}}\sqrt{\frac{L_{yy} - bL_{xy}}{n-2} + u_e^2} \tag{6.13.13}$$

式中，$u_e = 0.005$ mm；$\lambda = 2b$。波长 λ 的不确定度 $u(\lambda)$ 为

$$u(\lambda) = 2u(b) \tag{6.13.14}$$

声速 $V = \lambda f$，其中谐振频率 f 的不确定度是 $u(f)$，忽略信号发生器的仪器不确定度，有

$$u(f) = S_{\bar{f}} = \frac{S}{\sqrt{n}} = \sqrt{\frac{\sum_{i=1}^{n}(f_i - \bar{f})^2}{n(n-1)}} \tag{6.13.15}$$

所以，声速的不确定度为

$$u(V) = \sqrt{\bar{f}^2 u(\lambda)^2 + \lambda^2 u(f)^2} \tag{6.13.16}$$

测量结果表示为

$$V = (\bar{V} \pm 2u(V)) \quad \text{m/s}$$

6. 注意事项

(1)在实验过程中，要保持信号发生器的工作频率始终工作于换能器的固有频率上，并保持输出电压基本不变。

(2)使用标尺上的“鼓轮”时，尽量调整 S_2 在极大值位置附近的准确位置；同时注意标尺的零点修正值；在连续读数时，“鼓轮”的旋转方向要一致。

(3)在实验过程中，应注意保持换能器发射面与接收面的平行。

实验 14 设计用集成温度传感器测量温度

现代信息技术的三大基础是信息采集(即传感器技术)、信息传输(通信技术)和信息处理(计算机技术)。传感器属于信息技术的尖端产品，尤其是温度传感器，被广泛用于工农业生产、科学研究和生活等领域，其数量居各种传感器之首。集成温度传感器是利用 PN 结的温度特性进行测量的，与热敏电阻、热电偶等其他温度传感器相比，具有灵敏度高、线性度好、响应速度快等特点。另外，它将驱动电路、信号处理电路以及必要的逻辑控制电路集成在单片 IC 上，具有尺寸小、使用方便等特点。随着集成工艺的提高，集成温度传感器的功能和性能都有较大的改进，已广泛应用于台式计算机、笔记本电脑、打印机、数字相机、蜂窝电话、蜂窝基站、汽车电子、家电控制器、电池保护等系统中。

【设计任务】

1. 了解集成温度传感器的工作原理。

2. 掌握测量集成温度传感器伏安特性、温度特性的方法。

3. 了解数字式温度计及其工作原理。利用集成温度传感器 AD590 设计一种数字式温度计。

【问题探索】

对下列问题的理解和解释将有助于完成本实验的设计任务：

1. 温度测量的原理和方法有哪些？

2. 集成温度传感器 AD590 的内部核心电路结构有什么特点？

3. 集成温度传感器 AD590 输出电流与电压、电压与温度的关系有什么特点？

4. 集成温度传感器 AD590 与半导体热敏电阻、热电偶相比有哪些特点？

【可选仪器】

FD－WTC－D 型恒温控制温度传感器实验仪、恒温水槽、电阻箱、单刀双掷开关、电源、水银温度计等。

【设计要求】

1. 根据集成温度传感器 AD590 输出电流与电压之间的关系，设计一种测量集成温度传感器 AD590 伏安特性的电路。

2. 根据集成温度传感器 AD590 输出电流与温度之间的关系，设计一种测量集成温度传感器 AD590 温度特性的电路。

3. 根据集成温度传感器 AD590 的特点，利用集成温度传感器 AD590、采用非平衡电桥法设计一种数字式温度计。

4. 根据可选实验仪器，设计实验装置，开列实验清单。

5. 分析测量结果不确定度的来源，并提出改进的方案。

6. 归纳总结实验内容，写出实验报告。

【归纳总结】

模拟集成温度传感器是在 20 世纪 80 年代问世的新型温度传感器。实验在理解集成温度传感器是利用晶体管 PN 结的正向电压随温度升高而降低的原理制成的基础上，分别设计电路，完成集成温度传感器 AD590 伏安特性和温度特性的测量；进一步利用集成温度传感器 AD590 设计数字式温度计。

知识拓展　AD590 集成温度传感器的有关知识

1. FD－WTC－D 型温度传感器实验仪简介

如图 6.14.1 所示，FD－WTC－D 型恒温控制温度传感器实验仪是单片机控制的智能数字恒温控制仪，由量程为 0～19.999 V 四位半数字电压表、直流 1.5～12 V 稳压输出电源、可调式磁性搅拌器，以及 2 000 mL 烧杯、加热器、玻璃管（内放变压器油和被测集成温度传感器）等组成。仪器使用方法如下。

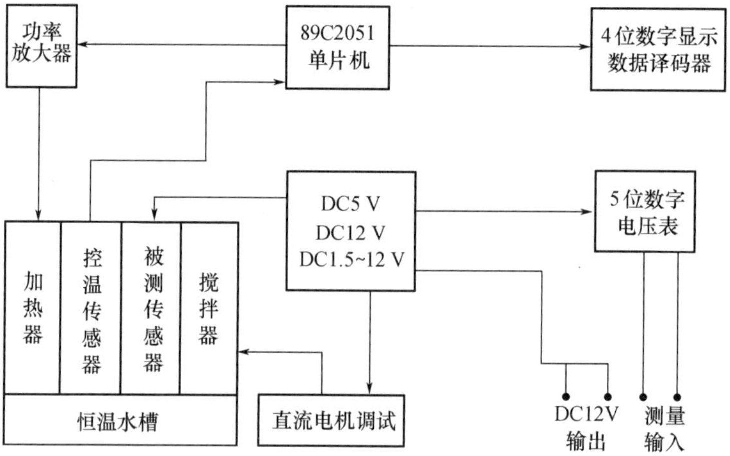

图 6.14.1　FD－WTC－D 型恒温控制温度传感器实验仪原理图

(1)使用前将仪器面板左下角的电位器旋钮逆时针调到最小值(该电位器可在 0～20 V 调节输出电压),仪器面板上四个接线柱中,上面两个接线柱是数字电压表的接线柱,下面两个接线柱是直流电源的输出端。把 DS18B20 单线数字温度传感器接入端插在后面的插座上,DS18B20 测温端放入注有少量油的玻璃管内(直径 16 mm),在 2 000 mL 大烧杯内注入 1 600 mL 的净水,放入搅拌器和加热器后盖上铝盖并固定。

(2)恒温水槽温度的控制。接通电源后,按"恢复"键,待温度视窗显示"b＝＝.＝"时按"升温"键,设定恒温水槽所需达到的温度,再按"确定"键,此时加热指示灯发光闪烁,表示仪器开始给恒温水槽加热,同时温度视窗显示"a××.×",此温度显示的是恒温水槽现在的温度。当恒温水槽的温度被加热到设定温度时,仪器自动断电并保温。按"恢复"键可以重新开始设定温度。

2. 集成温度传感器 AD590

模拟集成温度传感器于 20 世纪 80 年代问世,它将温度传感器集成在一个芯片上,是一种可完成温度测量及模拟信号输出功能的专用 IC。

集成温度传感器 AD590 是利用晶体管 PN 结的电压与温度有关的原理制成的,其核心电路如图 6.14.2 所示,晶体管 T_1,T_2 构成一个电流镜电路,这个电路使电流 I_1 和 I_2 始终相等。电阻 R 上的电压是晶体管 T_3 和 T_4 发射结电压之差,根据半导体理论,两只相同晶体管发射极电压之差为

$$\Delta U_{be} = U_{be4} - U_{be3} = \frac{kT}{q}\ln\frac{I_{C3}}{I_{C4}} \qquad (6.14.1)$$

由于晶体管 T_3 是由 8 个和晶体管 T_4 完全相同的晶体管并联组成的,所以

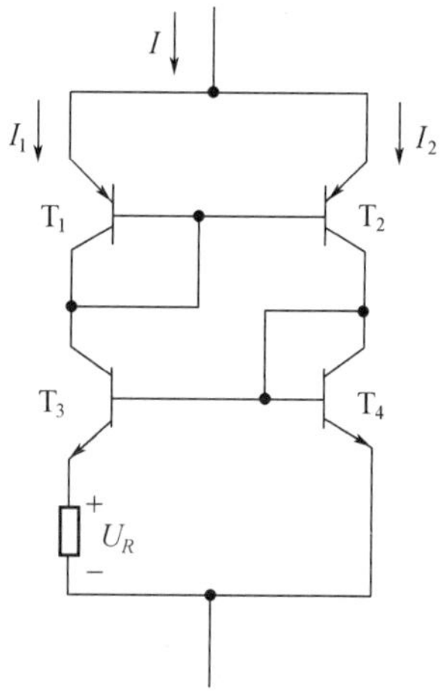

图 6.14.2　AD590 的核心电路图

$$I_{C3}/8 = I_{C4}$$

则有

$$I = 2I_1 = 2\frac{U_R}{R} = \left(\frac{2k}{qR}\ln 8\right)T \tag{6.14.2}$$

传感器的输出电流与绝对温度成正比。若用摄氏温标表示温度，则电流与温度的关系可表示为

$$I = A + B\theta \tag{6.14.3}$$

式中，I 为输出电流，单位为 μA；θ 为摄氏温度；B 为斜率（一般 AD590 的 $B = 1$ μA/℃，即如果该温度传感器的温度升高或降低 1 ℃，那么传感器的输出电流增加或减少 1 μA）；A 为摄氏零度时的电流值，其值恰好与冰点的热力学温度 273 K 相对应（对市售一般 AD590，其 A 值取 273 ~ 278 μA，略有差异）。利用上述 AD590 集成电路温度传感器的特性，可以制成各种用途的温度计。采用非平衡电桥线路，可以制作一台数字式摄氏温度计，即 AD590 器件在 0 ℃时，数字电压显示值为"0"，而当 AD590 器件处于 θ ℃时，数字电压表显示值为"θ"。

3. 方案举例

(1) 集成温度传感器 AD590 伏安特性的测量

对电学元器件进行伏安特性的测量是对该元器件性能的重要标定过程，集成温度传感器 AD590 伏安特性的测量可参照下述方法。

①将 FD－WTC－D 型恒温控制温度传感器实验仪电位器调节旋钮逆时针方向转到底，准备好实验仪器。

②将 AD590 传感器处于恒定温度，将直流电源、AD590 传感器、电阻箱、直流电压表等按照图 6.14.3 连接电路。

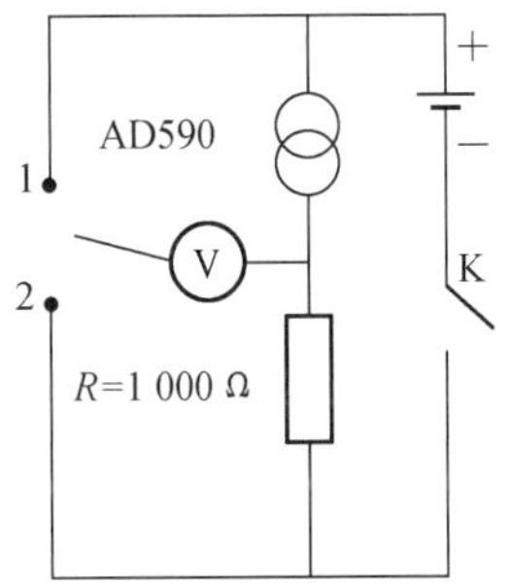

图 6.14.3　AD590 伏安特性测量

③将电阻箱阻值调整到 1 000 Ω。

④旋转 FD－WTC－D 型恒温控制温度传感器实验仪电位器，调整电源输出电压，将图 6.14.3 中的单刀双掷开关分别拨到位置 1 和位置 2 处，用数字电压表测量传感器 AD590 的电压 U_{AD590} 和电阻上的电压 U_R，要求测量 20 组以上数据。

⑤计算经过电阻 R 的电流。

⑥在直角坐标纸上画出传感器 AD590 的伏安特性曲线。

(2) 集成温度传感器 AD590 温度特性的测量

集成温度传感器 AD590 的输出电流 I 与温度 θ 的关系是该传感器的基本性质，其测量可参照下述过程。

①将 FD－WTC－D 型恒温控制温度传感器实验仪电位器调节旋钮逆时针方向转到底，准备好实验仪器。

②按照图 6.14.3 连接电路，将电阻箱的电阻值调整到 1 000 Ω。

③将图 6.14.3 中单刀双掷开关拨到位置 1 处，给集成温度传感器 AD590 加工作电压（工作电压一般在 4.5 V 左右，工作电压加好后，电压调节旋钮不应再调整）。

④将图 6.14.3 中单刀双掷开关拨到位置 2 处，用数字电压表显示电阻上的电压，改变恒温水槽的温度，从室温开始，每隔 2 ℃测量一组数据，共测量 10 组数据。

⑤用最小二乘法处理数据，得出温度特性曲线。

⑥在直角坐标纸上画出温度传感器 AD590 的温度特性曲线。

(3) 设计量程为 0 ~ 50 ℃的数字温度计

把集成温度传感器 AD590、三只电阻箱、直流稳压电源及数字电压表等按照图 6.14.4

接好。将集成温度传感器 AD590 放入冰点槽中，R_2 和 R_3 各取 1 000 Ω，调节 R_4 使数字电压表示值为零。然后把 AD590 放入其他温度如室温的水中，用标准水银温度计读数并进行对比，求出百分差（冰点槽中冰水混合物只有处于湿冰霜状态，才能真正达到 0 ℃温度）。

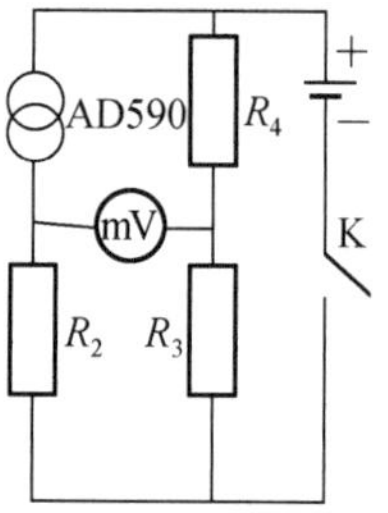

图 6.14.4　数字式温度计

4. 注意事项

（1）AD590 集成温度传感器的正负极性不能接错，红线应接电源的正极。

（2）AD590 集成温度传感器不能直接放入水中，需将其放到加有少量油的玻璃管内，再放入待测物中测温。

（3）测量过程中，电压由小到大缓慢增加。

（4）搅拌器的转速不宜太快。

（5）在升温过程中，显示的温度值稳定后方可读数。

（6）倒去烧杯中的水时，要取出磁性浮子并保管好，以避免丢失。

（7）在设计数字式温度计实验中，应保证集成温度传感器 AD590 与水银温度计处在同一温度位置。

5. 数据记录

实验数据可记录在表 6.14.1 和表 6.14.2 中。

表 6.14.1　集成温度传感器 AD590 伏安特性测量记录表

U_{AD590}/mV										
U_R/mV										

表 6.14.2　集成温度传感器 AD590 温度特性测量记录表

	1	2	3	4	5	6	7	8	9	10
θ/℃										
U_R/mV										

6. 集成温度传感器 AD590 温度特性测量数据处理

在式（6.14.3）中，令 $I=y,\theta=x,B=b,A=b_0$，可得 $y=bx+b_0$，用最小二乘法确定斜率 b 及其不确定度 $u(b)$，可知

$$b=\frac{\sum_{i=1}^{n}x_iy_i-\frac{1}{n}\sum_{i=1}^{n}x_i\sum_{i=1}^{n}y_i}{\sum_{i=1}^{n}x_i^2-\frac{1}{n}(\sum_{i=1}^{n}x_i)^2}$$

$$S(y)=\sqrt{\frac{\sum_{i=1}^{n}V_i^2}{n-2}}$$

$$u(b_0) = \sqrt{\frac{1}{n} + \frac{\bar{x}^2}{L_{xx}}} \cdot u_c(y)$$

$$u(b) = \sqrt{\frac{1}{L_{xx}}} \cdot u_c(y)$$

$$b_0 = b_0 \pm U_{b_0}$$

$$b = b \pm U_b$$

测量结果表示为

$$I = A + B\theta$$

实验 15　全息照相的研究与设计

与普通照相相比，全息照相有两个突出的特点：一是三维立体性，二是可分割性。这是因为全息照相与普通照相的方法截然不同。普通照相在胶片上记录的只是物光波的振幅信息（仅体现光强分布），而全息照相利用光的干涉原理，在记录物光振幅信息的同时，还记录了物光的位相信息，“全息”（holography）也因此而得名。

全息术最初由英籍匈牙利科学家丹尼斯·盖伯（Dennis Gabor）于 1948 年提出，他的目的是利用全息术提高电子显微镜的衍射分辨率，在布拉格（Bragg）和策尼克（Zemike）研究的基础上，盖伯找到了一种避免位相丢失的技巧，但是由于这种技术要求高度相干性和高强度的光源而一度发展缓慢。直到 1960 年，激光的出现才使光学全息照相技术的研究与应用得到迅速发展。

光学全息照相在精密计量、无损检测、遥感测控、生物医学等方面的应用日益广泛，全息照相技术已成为科学发展的一个新领域。

【设计任务】

1. 了解全息记录、再现的基本原理。
2. 利用现有仪器及元件，设计全息拍照光路，并掌握全息片光路的调整及拍摄方法。
3. 掌握全息图的再现的方法，并利用该方法完成被摄物全息图片的再现。

【问题探索】

对下列问题的理解和解释将有助于完成本实验的设计任务：
1. 全息照相的主要特点是什么？它与普通照相有什么不同？
2. 要尽量使物光和参考光的光程相等，其目的是什么？
3. 怎样才能获得理想的全息照片？
4. 全息技术有哪些重要的应用？（按不同专业考虑不同的应用方向。）

【可选仪器】

相干光源、全息防震平台、拍摄物、光学元件(分束镜、平面反射镜、扩束镜等)、记录介质(全息底片)、计时器、暗室冲洗设备(显影液、定影液、冲洗设备等)。

【设计要求】

1. 根据全息照相的记录原理,设计一种利用光的干涉现象记录信息的全息拍照光路;
2. 调整光路,使光斑状态满足拍照要求,完成拍摄物的拍照过程;
3. 利用可选仪器及设备,参考使用说明,安排冲洗过程;
4. 根据全息照相的再现原理,设计一种利用光的衍射现象来实现全息照片再现的光路;
5. 根据再现结果,对实验整体过程进行分析;
6. 归纳总结实验内容,写出实验报告。

可以参考本实验的知识拓展2。

【归纳总结】

全息照相技术是利用光学原理记录了物体全部信息的一门照相技术,具有三维立体、可分割的特性。本实验中,在理解光的干涉和光的衍射原理的基础上,设计拍照光路,完成拍照过程,并对所拍照片进行了再现,根据再现结果及实验过程中遇到的问题,对整体实验进行总结。并思考利用现有元件或加入1~2种其他元件,如何实现能够利用白光进行再现的全息照相。

【注意事项】

1. 严禁用手触摸所有光学元件的表面。千万不要直视经过聚焦的激光光束或者由镜面反射回来的聚焦光束,以免造成视网膜的损伤。观察光斑时,应将激光照射在毛玻璃上。

2. 拍摄全息照片时,室内要保持安静,千万不要触及防震平台。

3. 在本实验中,曝光时间、显影时间以及光路都不是唯一的,需要根据实际情况调整到最佳状态。

知识拓展1　全息照相相关知识简介

光波是电磁波,决定其波动特性的参数是振幅和位相。振幅表示光的强弱,位相表示光在传播中各质点所在的位置及振动的方向,因此光的全部信息用振幅和位相来表示。

普通照相是利用透镜成像原理,仅记录了物光波中的振幅信息,却没有记录来自物光波的位相信息,因此所拍照片无立体感。

全息照相利用光的干涉原理,记录了物光波的全部信息——振幅和位相,具有两个突出的特点:一是三维立体性,二是可分割性。

所谓三维立体性是指全息照片再现出来的像是三维立体的,具有如同观看真实物体一样的立体感,这一性质与现有的立体电影有着本质的区别。所谓分割性是指全息照片的碎片照样能反映出整个物体的像,并不会因为照片的破碎而失去像的完整性。

由惠更斯－菲涅尔原理可知,被摄物体散射的光波可看作是其表面上各物点发出的子波总和,可表示为

$$O(r,t) = \sum_{i=1}^{n} \frac{A_i}{r_i}\cos\left(\omega t + \varphi_i - \frac{2\pi r_i}{\lambda}\right) \tag{6.15.1}$$

一个物点的物光波形成一组干涉条纹,记录介质上的干涉图样就是许多不同疏密、不同走向、不同反差的干涉条纹组,这些干涉条纹组就是被拍摄物的全息图。当用光波照射在全息图的特定位置时,由衍射原理重现出原始物光波,从而形成与原物体相同的三维像。全息照相分两个过程:波前记录与波前再现。

全息照相的种类很多,按一定的记录方法可分为同轴全息图、离轴全息图、菲涅尔全息图和傅里叶变换全息图,按再现方式还可分为透射式全息和反射式全息,还有像面全息、彩虹全息,等等。本实验只讨论透射式全息照相和反射式全息照相。

1. 透射式全息照相

(1)全息照相波前记录

由光的干涉原理可知,形成稳定干涉的条件是两列波的频率相同、相位差恒定、振动方向相同。

全息图记录的一般光路如图 6.15.1 所示。自激光器输出的光束经分束镜 BS 分为两束:一束经全反射镜 M_1 反射,经扩束镜 L_1 扩束后投射到物体上,再经物体表面的漫散射作为物光投射到记录介质 H 上;另一束经全反射镜 M_2 和扩束镜 L_2 扩束后投射到记录介质 H 上作为参考光。

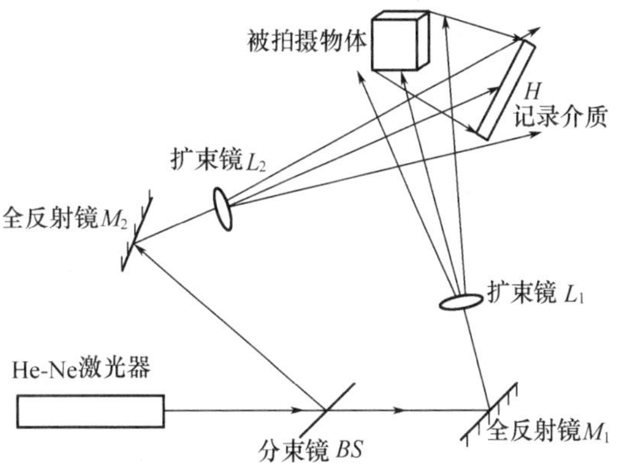

图 6.15.1　全息照相的记录光路图

设记录介质 H(通常为卤化银底板)的表面在平面 xOy 内,物光和参考光在 H 面上分别为

$$O(x,y) = O_0(x,y)\exp[\mathrm{j}\varphi_o(x,y)] \tag{6.15.2}$$

$$R(x,y) = R_0(x,y)\exp[\mathrm{j}\varphi_r(x,y)] \tag{6.15.3}$$

式中,$O_0(x,y)$,$R_0(x,y)$分别为物光波和参考光波的振幅分布,均为实数;$\varphi_o(x,y)$,$\varphi_r(x,y)$分别为物光波和参考光波的位相分布,也均为实数。

通常用相对于坐标原点处的位相差来表示考查点处光波复振幅的位相分布。若位相差为正,表示该点位相滞后于原点;若位相差为负,则表示超前。对于记录介质 H 面上任意点 $P(x,y)$,有

$$\varphi_o(x,y) = k(r_o - l_o) \tag{6.15.4}$$

$$\varphi_r(x,y) = k(r_r - l_r) \tag{6.15.5}$$

式中,k 为记录光波的波数,当波长为 λ 时,$k=\frac{2\pi}{\lambda}$;r_o,r_r 分别为物点和参考点光源到考查点 $P(x,y)$的距离;l_o,l_r 分别为物点和参考点光源到坐标原点 O 的距离。

在记录介质平面 H 上光场复振幅分布为

$$U(x,y) = O(x,y) + R(x,y) \tag{6.15.6}$$

其光强分布为

$$\begin{aligned}I(x,y) &= U(x,y)\cdot U^*(x,y)\\&= R(x,y)\cdot R^*(x,y)+O(x,y)\cdot O^*(x,y)+\\&\quad O(x,y)\cdot R^*(x,y)+R(x,y)\cdot O^*(x,y)\end{aligned} \tag{6.15.7}$$

当物光波和参考光波都由点源产生时,得到的全息图称为基元全息图,对于基元全息图,光强分布可表示为

$$\begin{aligned}I(x,y) &= O_0^2+R_0^2+O_0R_0\exp[\mathrm{j}(\varphi_o-\varphi_r)]+O_0R_0\exp[-\mathrm{j}(\varphi_o-\varphi_r)]\\&= O_0^2+R_0^2+2O_0R_0\cos(\varphi_o-\varphi_r)\end{aligned} \tag{6.15.8}$$

式中,第一项 O_0^2 和第二项 R_0^2 分别是物光波与参考光波各自独立照射底版时的光强度,合起来是背景光强;第三项 $2O_0R_0\cos(\varphi_o-\varphi_r)$ 的大小是周期变化的,为物光波与参考光波之间的相干项。它们把物光波的位相信息转化成不同光强的干涉条纹记录在干涉场中的记录介质 H 上。

(2)全息照相波前再现

曝光后的底版经过显影与定影后,得到透光率各处不同(由曝光时间及光强分布决定)的全息片,相当于一幅"衍射光栅"。在线性记录下,全息图的振幅透射系数 $T_H(x,y)$ 可表示为

$$T_H(x,y) = T_0+\beta E(x,y) \tag{6.15.9}$$

式中,T_0 为未曝光记录介质的透射系数;β 为综合常数或全息感光度,其值等于 $T-E$ 曲线上直线部分的斜率。

线性记录就是要使曝光量 $E(x,y)$ 落在 $T-E$ 曲线 AB 线段之间,如图 6.15.2 所示。曝光量 $E(x,y)$ 等于光强 $I(x,y)$ 与曝光时间 t 的乘积,即

$$E(x,y) = I(x,y)t \tag{6.15.10}$$

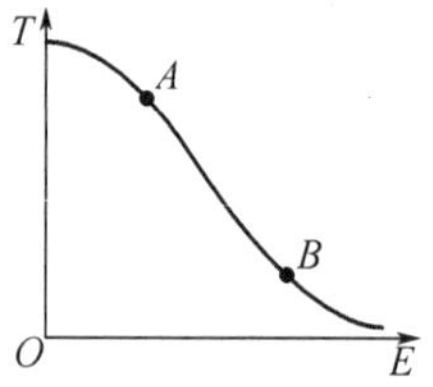

图 6.15.2 透射率与曝光量的关系曲线

将式(6.15.10)及式(6.15.8)代入式(6.15.9),得

$$\begin{aligned}T_H(x,y) &= T_0+\beta tI(x,y)\\&= T_0+\beta t[O_0^2+R_0^2+2OR\cos(\varphi_o-\varphi_r)]\end{aligned} \tag{6.15.11}$$

波前再现就是用照明光(一般使用与参考光波相似的光波)照射全息图,使被记录的物光波再现出来,如图 6.15.3 所示,若照明光波的复振幅为 $C(x,y)$,可表示为

$$C(x,y) = C_0(x,y)\exp[\mathrm{j}(\varphi_C(x,y)] \tag{6.15.12}$$

透过全息图的光波复振幅用 $U'(x,y)$ 表示,则有

$$U'(x,y) = C(x,y)T_H(x,y) \tag{6.15.13}$$

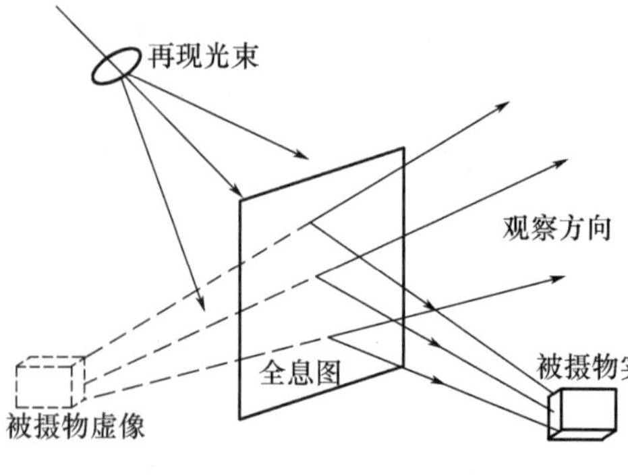

图 6.15.3 波前再现光路示意图

当研究衍射波的特点而不考虑光能的分配时,可忽略其中的常数项,并将其复振幅记为 1,这样透过全息图的光波复振幅可简单地写为

$$U'(x,y) \propto C(x,y)\cdot I(x,y)$$
$$= C(OO^* + RR^* + OR^* + O^*R)$$
$$= C(O_0^2 + R_0^2)\exp(\mathrm{j}\varphi_C) + \qquad (6.15.14)$$
$$C_0R_0O_0\exp[\mathrm{j}(\varphi_C + \varphi_o - \varphi_r)] +$$
$$C_0R_0O_0\exp[\mathrm{j}(\varphi_C - \varphi_o + \varphi_r)]$$

式(6.15.14)表明,在全息图出射面上的衍射波波前由四个分波场组成。

第一分波场为

$$U_1' = C_0R_0^2\exp(\mathrm{j}\varphi_C) \qquad (6.15.15)$$

它表示直接透过全息图的振幅,是被衰减了的照明光波波前,其传播方向与照明光波的方向相同,是直射光的一部分。

第二分波场为

$$U_2' = C_0O_0^2\exp(\mathrm{j}\varphi_C) \qquad (6.15.16)$$

它也是振幅被衰减了的照明光波波前,是直射光的另一部分。应注意式(6.15.16)是假定物体是一个点源。当物体有一定大小时,应将物体看成是无数个点物构成的,投射到记录平面上的物光波是所有物点发出的子波相干叠加的结果。这时

$$O(x,y) = \sum_i O_i(x,y) \qquad (6.15.17)$$

物光波的自相干光强分布为

$$I_0(x,y) = O(x,y)\cdot O^*(x,y) = \sum_i |O_i|^2 + 2\sum_{i\neq j}(O_i\cdot O_j^*) \qquad (6.15.18)$$

因而当物体有一定大小时,式(6.15.16)中的 O_0^2 应当用式(6.15.18)的 $I_0(x,y)$ 代替,即

$$U_2' = \sum_i |O_i|^2 + 2\sum_{i\neq j}(O_i\cdot O_j^*)C_0\exp(\mathrm{j}\varphi_C) \qquad (6.15.19)$$

式中,第一项是物体各点的“自相干”项,再现时形成直射光;第二项是物体各点之间的“互相干”项。因为物体上各点相距很近,在全息记录时“互相干”项所产生的干涉条纹的空间频率很低。在波前再现的过程中,其衍射波偏离直线光的角度很小,因而“互相干”项所产生的衍射光弥散在直射光附近,形成一种晕轮光。因此,在记录时将物光和参考光的夹角适当增大,以避免“互相干”项对再现像的干扰。

第三分波场为

$$U_3' = C_0R_0O_0\exp[\mathrm{j}(\varphi_C + \varphi_o - \varphi_r)] \qquad (6.15.20)$$

带有物光波 O 的信息,当用记录时的参考光为照明光时,$U_3'(x,y)$ 变为

$$U_3' = R_0^2O_0\exp(\mathrm{j}\varphi_o) \qquad (6.15.21)$$

对比 $U_3'(x,y)$ 与 $O(x,y)$,仅振幅大小不同,所以 $U_3'(x,y)$ 是物光波的再现,再现像称为原始像,此像为虚像。如果不是原参考光,则只能在一定的角度才能获得原始像。

第四分波场为

$$U_4' = C_0R_0O_0\exp[\mathrm{j}(\varphi_C - \varphi_o + \varphi_r)] \qquad (6.15.22)$$

在式(6.15.22)中带有与物光波共轭的信息 $O^*(x,y) = O_0\exp(-\mathrm{j}\varphi_o)$,所以它能够再现出共轭物光波,称为共轭像。当物光波是发散球面波时,共轭物光波是会聚光。当原始像是虚像时,共轭像是实像。位相因子$(\varphi_C - \varphi_r)$和$(\varphi_C + \varphi_r)$的作用是改变再现光波的位相。当参考光波和照明光波都为平面波时,只改变像光波的方向,即像的位置;当它们为球

面波,就要改变像光波的曲率,即改变像的大小。假若用参考光的共轭光波照明,它(在全息图平面上)的光场分布为 $R^*(x,y)$,于是有

$$U'(x,y) \propto R(x,y)^* I(x,y) = (O_0^2 + R_0^2)R^* + OR^*R^* + O^*R_0^2 \qquad (6.15.23)$$

在这种情况下,第三项中有附加相位项 $2\varphi_r$,因此虚像发生畸变,即光波传播方向偏离原物光波的传播方向;而第四项由 $O^*(x,y)$ 所产生的实像则不发生任何畸变,即沿着物光波的共轭波的方向传播。注意,其是在两倍于参考光偏角的方向上会聚成共轭实像。

2. 反射式全息照相

这种全息照相用相干光记录全息图,而用"白光"照明得到再现像。由于再现时眼睛接收到的是白光在底片上的反射光,故称为反射式全息照相。这种方法的关键在于利用了布喇格条件选择波长。

反射全息片的制作法是让物光束和参考光束分别从照相底版的正反两面进入乳胶层内发生干涉,如图 6.15.4 所示,干涉极大值在显影后所形成的银层基本上平行于底片。由于参考光波和物光波之间的夹角接近于 180°,相邻两银层间的距离近似为

$$d \approx \frac{\lambda}{2\sin(180^\circ/2)} = \frac{\lambda}{2} \qquad (6.15.24)$$

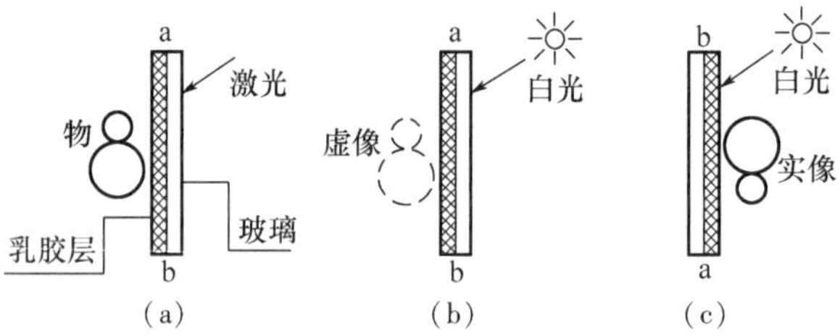

图 6.15.4 全息照相

(a)记录示意图;(b)(c)再现示意图

当用波长为 632.8 nm 的激光作光源时,这一距离约为 0.32 μm(在乳胶内 $n>1$,因此银层间距还要更小)。而全息干板乳胶层厚度为 6~15 μm,这样在乳胶层厚度内就能形成几十片金属银层,因而体全息图是一个具有三维结构的衍射物体。再现光在这个三维物体上的衍射极大值必须满足下列条件:

(1)光从银层上反射时,反射角等于入射角(即每片银层衍射的主极强沿反射方向),如图 6.15.5 所示。

(2)相邻两银层的反射光之间光程差必须是 λ。从图 6.15.5 很容易计算出 a,b 两束光的光程差。这样就得到衍射极大值要求:

$$\Delta L = 2d\cos i = \lambda \qquad (6.15.25)$$

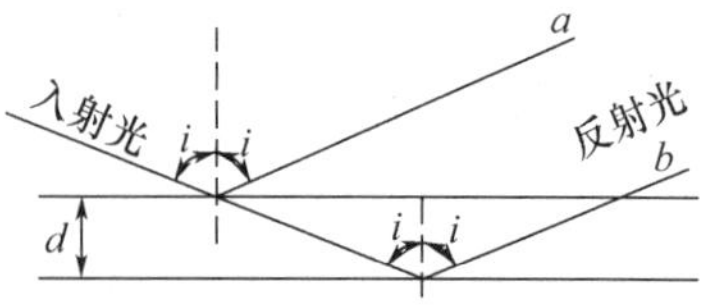

图 6.15.5 反射光之间的光程差

这就是布拉格条件。

当不同波长的混合光以一定的入射角 i 照明底片时,只有波长满足 $\lambda = 2d\cos i$ 的光才能有衍射极大值。所以人眼能看到的全息图反射光(或衍射光)是单色的。显然对同一张底片,i 越大,满足式(6.15.25)的反射光波长越短。

如果参考光是平面波,点物发出球面波,则干涉形成的银层将是弧状曲面。平行白光

按原参考光方向照明，相当于照在凸面，反射成发散光，形成虚像。照明白光沿相反方向入射，则形成实像，参见图 6.15.4(b)(c)。

若全息图用波长 633 nm 的激光记录，可以预期再现光也应是红色的。但实际上，看到的再现像往往是绿色的，原因在于显影、定影过程中，乳胶发生收缩，使银层间距变小。

知识拓展 2　全息照相选例

【实验仪器简介】

1. 相干光源：选用氦 - 氖激光器，波长为 632.8 nm。

2. 全息防震平台：由于全息图记录的干涉条纹很细密，所以在曝光时间内要求记录环境（包括全息平台）所引起的条纹漂移不能超过 1/4 条，为此要求平台有较好的抗震性能，防止平台的固有频率与外界干扰的振动频率产生共振。

3. 光学元件

(1) 分束镜：它可将入射光分成透过光和反射光两部分，用透过率表示分束的性能，如透过率为 85%，表示透射光与反射光分别占入射光强的 85% 与 15%。

(2) 平面反射镜 M：其核心是一平面镜，用来在光路中改变光的传播方向，并调整光的角度。

(3) 扩束镜 L：能扩大激光束的光斑，其核心是一片凸透镜，能使入射的平行光会聚，经过焦点后发散成光锥。

4. 记录介质（全息底片）：首先要求有较高的分辨本领，一般要在 1 000 ~ 3 000 条线/毫米，其次是底片处理后的透过率与曝光量呈线性关系，以满足记录和再现的要求。

5. 计时器：放在激光器的出口来控制全息感光板的曝光时间。

6. 暗室冲洗设备：显影液、定影液、冲洗设备等。

【实验过程简介】

1. 调节与拍摄

学习光路的布置及全息照相各类设备、仪器的检查技术。为使物光束与参考光束满足光的干涉条件，做如下调整：

(1) 首先调节激光束的准直，然后调节各个光学元件的中心，使其在同一水平高度上。这样做满足了光干涉的什么条件？

(2) 按图 6.15.1 中各个元件的位置放好并进行调节。在实验中分束镜的作用是什么？若分束镜的透过率为 85%，考虑是透过光还是反射光更适于作为物光。

(3) 使物光束与参考光束的光程尽量相等，一般不超过 3 cm，为什么？为避免再现时照射光直射人的眼睛，二者的夹角一般在 30° ~ 45°。

(4) 调 M_1 的倾角，使物光束照射在物体的中间部位，调 M_2 的倾角，使参考光束射在全息干板的中部，与物光重叠。

(5) 加入扩束镜 L_1，调节其支架的高度并前后移动，使扩束后的光线将物体全部照亮；再加入扩束镜 L_2，调节其支架的高度并前后移动，使参考光直接对准白屏。注意：通常要求参考光与物光束的光强比在 2∶1 ~ 6∶1，以得到较高衍射效率的全息图。

(6)拍照、冲洗。关闭照明灯,安装全息干板后,根据总光强确定曝光时间进行曝光,对于1.2~1.5 mW的氦-氖激光器,时间可控制在8~10 s。在弱绿光下显影、停影、定影,便可得到一张全息图。注意:显影和定影时间的长短主要取决于药方和药液的温度。

2. 观察、分析全息图

(1)观察全息图

①用清水冲洗并干燥全息片,用扩束镜将激光扩束后照射全息图,使光照方向沿原参考光的方向,观察虚像。

②将底片绕垂直轴转180°,用会聚光(即参考光的共轭光)或没有被扩束的,用毛玻璃接收实像。记下底片和实像相对于激光器的位置。平移全息底片,使其向光源靠近或远离,观察像的变化。

(2)分析全息图

①为什么在全息图上能看到三维像而普通照片只能看到二维像?

②讨论像与再现照明光波、物光波和参考光波的复振幅关系,像与再现照明光波、物光波和参考光波的位相关系?

③用一张带有直径为5 mm小孔的黑纸贴近全息底片,人眼通过小孔观察全息虚像,看到的是再现的像的全部还是局部?移动小孔的位置,看到的虚像有何不同?

3. 关键点

全息术是一种无透镜二步成像技术。第一步是利用光的干涉原理记录物光波的过程,第二步是利用光的衍射原理再现物光波的过程。

①布置光路时,为记录下清晰的干涉条纹(全息图),应使干版上的两束光的偏振方向相同,光强相等(即光束比 $B=1$),并且两束光具有相等的光程,此时干涉条纹的反衬比 $V=\frac{2\sqrt{I_1I_2}}{I_1+I_2}=\frac{2\sqrt{B}}{1+B}=1$,其中 I_1,I_2 分别为两束光的光强。但在实际应用中,物光和参考光的光强比为1∶1时,其拍摄效果不是最好。因为在全息底片的乳胶特性曲线中,当光强为零时,其黑度与光强不成线性关系,此时拍摄出来的全息底片在再现时会存在一定的畸变。

②拍摄全息图前,要预先估算干涉条纹的空间频率,选择分辨率大于条纹空间频率的记录介质,可以参照两束平面波的干涉情况。在波长一定时,干涉条纹的空间频率 f 由光束夹角 θ 决定 $\left(f=\frac{2\sin\left(\frac{\theta}{2}\right)}{\lambda}\right)$(本实验所用全息干版为GS-Ⅰ型,空间频率为3 000条/毫米)。

③在线性记录的情况下,全息图再现就只有三级衍射光,即零级和正负一级衍射光。我们关心的是一级衍射光,因为它再现了所记录的物光。

④为了描述全息图再现物光的强弱,要注意衍射效率 η,其定义为衍射光光强 I_1 与入射光光强 I 的比,即 $\eta=\frac{I_1}{I}$。在用两束平面波记录的全息图中,振幅型全息图的最高衍射率一般为6.25%。

知识拓展3　平面全息图的物像关系

为便于讨论,以基元全息图为例来推导物像关系式。波前记录和波前再现的光路分别如图 6.15.6、图 6.15.7 所示。

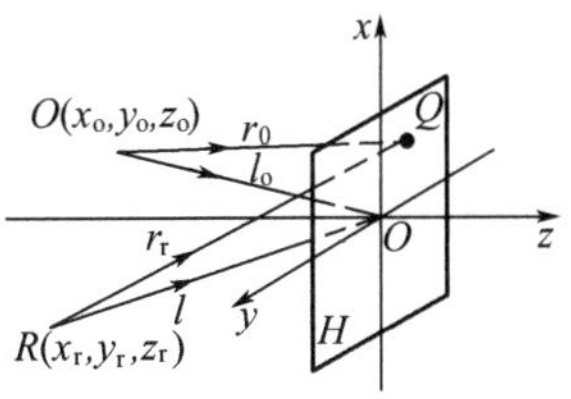

图 6.15.6　全息图的波前记录

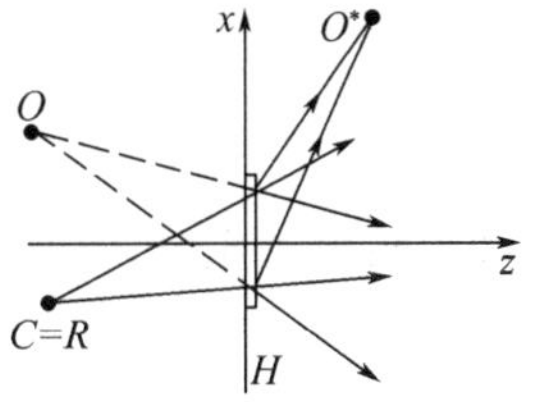

图 6.15.7　全息图的波前再现

1. 位相函数的一般表示式

设 $O(x_o,y_o,z_o)$，$R(x_r,y_r,z_r)$，$C(x_c,y_c,z_c)$ 分别表示物点源、参考点源、再现照明点源。在图 6.15.6 中，对于记录平面 H 上的任意一点 $Q(x,y,0)$，物光波的位相可由式(6.15.4)确定，即

$$\varphi_o(x,y) = k_0(r-l_o)$$
$$= k_0\{[(x-x_o)^2+(y-y_o)^2+z_o^2]^{\frac{1}{2}}-(x_o^2+y_o^2+z_o^2)^{\frac{1}{2}}\} \quad (6.15.26)$$

利用二项式定理将上式中的开方项展开，并在菲涅尔近似条件下保留其前两项，则有

$$\varphi_o(x,y) = \frac{k_0}{2z_o}[(x^2+y^2)-2(xx_o+yy_o)] \quad (6.15.27)$$

用类似的方法可求参考光波和照明光波的位相函数近似表示式：

$$\varphi_r(x,y) = \frac{k_0}{2z_r}[(x^2+y^2)-2(xx_r+yy_r)] \quad (6.15.28)$$

$$\varphi_c(x,y) = \frac{k_c}{2z_c}[(x^2+y^2)-2(xx_c+yy_c)] \quad (6.15.29)$$

式(6.15.28)、式(6.15.29)中的 k_0，k_c 分别是记录光波和照明光波的波数。

2. 物像关系式

设 φ_3，φ_4 分别为原始像、共轭像的光波位相。由前面内容中的式(6.15.14)可知：$\varphi_3 = \varphi_c+\varphi_o-\varphi_r$；$\varphi_4=\varphi_c-\varphi_o+\varphi_r$，若用 φ_o，φ_c，φ_r 的一级项代入，并令 $\mu=\frac{\lambda_c}{\lambda_o}$($\lambda_c$，$\lambda_o$ 分别为照明光波长、物光波长)，可得 φ_i 的表达式为

$$\varphi_i = \frac{\pi}{\lambda_c}\left[(x^2+y^2)\left(\frac{1}{z_c}\pm\frac{\mu}{z_o}\mp\frac{\mu}{z_r}\right)\right.$$
$$\left.-2x\left(\frac{x_c}{z_c}\pm\frac{\mu x_o}{z_o}\mp\frac{\mu x_r}{z_r}\right)-2y\left(\frac{y_c}{z_c}\pm\frac{\mu y_o}{z_o}\mp\frac{\mu y_r}{z_r}\right)\right] \quad (6.15.30)$$

这就是波阵面近似为球面的成像光波的位相函数表示式。设该球面波的球心坐标为(x_i，y_i，z_i)，则依据式(6.15.29)，可将 φ_i 表示成

$$\varphi_i(x,y) = \frac{k_c}{2z_i}[(x^2+y^2)-2(xx_i+yy_i)] \quad (6.15.31)$$

比较式(6.15.30)和式(6.15.31)，可求得物像关系式为

$$\frac{1}{z_i} = \frac{1}{z_c}\pm\mu\left(\frac{1}{z_o}-\frac{1}{z_r}\right) \quad (6.15.32)$$

$$\frac{x_i}{z_i}=\frac{x_c}{z_c}\pm\mu\left(\frac{x_o}{z_o}-\frac{x_r}{z_r}\right) \tag{6.15.33}$$

$$\frac{y_i}{z_i}=\frac{y_c}{z_c}\pm\mu\left(\frac{y_o}{z_o}-\frac{y_r}{z_r}\right) \tag{6.15.34}$$

从而求出像点的位置坐标(x_i,y_i,z_i)为

$$z_i=\frac{z_c z_r z_o}{z_o z_r\pm\mu z_c(z_r-z_o)} \tag{6.15.35}$$

$$x_i=\frac{x_c z_r z_o\pm\mu z_c(x_o z_r-x_r z_o)}{z_o z_r\pm\mu z_c(z_r-z_o)} \tag{6.15.36}$$

$$y_i=\frac{y_c z_r z_o\pm\mu z_c(y_o z_r-y_r z_o)}{z_o z_r\pm\mu z_c(z_r-z_o)} \tag{6.15.37}$$

这就是平面全息图在菲涅尔近似条件下的成像公式。在上述的公式中,取正号对应的是原始像,取负号对应的是共轭像。设光波从左向右传播,当像距$l_i<0$时,像在全息图的左边,所成的像是虚像;当$l_i>0$时,像在全息图的右边,所成的像是实像。

3. 再现像的放大率

与光学成像系统的放大率定义一样,全息图成像的放大率也有横向放大率、纵向放大率和视角放大率之分。

(1)横向放大率

当物光波与参考光波夹角不太大时,横向放大率M定义为

$$M=\frac{\partial x_i}{\partial x_o}=\frac{\partial y_i}{\partial y_o} \tag{6.15.38}$$

将式(6.15.36)或式(6.15.37)代入式(6.15.38),可得横向放大率为

$$M=\left(1-\frac{z_o}{z_r}\pm\frac{1}{\mu}\cdot\frac{z_o}{z_c}\right)^{-1} \tag{6.15.39}$$

式中,取正号对应于原始像;取负号对应于共轭像。

(2)纵向放大率M_a

纵向放大率定义为

$$M_a=\frac{\partial z_i}{\partial z_o} \tag{6.15.40}$$

其表达式为

$$M_a=\pm\frac{1}{\mu}M^2 \tag{6.15.41}$$

式中,取正号对应于原始像,表示原始像的凸凹性与物相同;取负号对应于共轭像,表示共轭像的凸凹性与物相反。

(3)视角放大率M_Γ

当用眼睛观察时,具有重要意义的是视角放大率。当人的眼睛紧靠全息图观察时,“像”和“物”对人的眼睛张角的正切值之比就是视角放大率。

全息图的视角放大率表示为

$$M_r=\frac{\partial\left(\frac{x_i}{z_i}\right)}{\partial\left(\frac{x_o}{z_o}\right)}=\pm\mu \tag{6.15.42}$$

式中，$\mu=\frac{\lambda_c}{\lambda_o}$，正负号分别对应原始像和共轭像。式(6.15.42)表明，原始像的视角放大率与共轭像的视角放大率在数值上相等，但在空间中的方向则是相反的。这里要注意与成像系统放大率的对比。

实验 16　设计利用光的干涉进行测量

光的干涉现象是光的波动性的主要表现之一，只有相干光才能产生光的干涉现象，相干光的条件是频率相同、振动方向相同、相位差恒定。获得相干光的方法有两种：分波振面法和分振幅法，本实验等厚干涉采用的是后一种方法。

光干涉现象的应用非常广泛。在工程技术中，常用来测量微小长度和微小角度、校准量规、检查工件表面质量、研究零件内应力等。由此兴起了一门利用光的干涉原理研究计量的学科，即干涉计量学。

【设计任务】

1. 了解光的干涉原理。

2. 掌握等厚干涉图样——牛顿环的形成原理，设计一种测量平凸透镜曲率半径的方法。

3. 掌握劈尖干涉的原理，设计一种测量细小物体尺寸（如头发丝直径）的方法。

【问题探索】

1. 在本实验中，一般用的光源是钠光灯；如果用白色光源，则无论是牛顿环还是劈尖，还能看到干涉条纹吗？

2. 在本实验中，假设玻璃板内的下表面有微小的凸起或凹陷，该部分的干涉条纹改变吗，为什么？如何测量这一凸起或凹陷的大小？

3. 在牛顿环实验的设计中，用反射光和投射光都能看到干涉条纹吗？如果能看到，它们有不同吗，为什么？

4. 为什么牛顿环离中心越远处的条纹越密？

【可选仪器】

牛顿环仪、劈尖、读数显微镜、光学玻璃、游标卡尺、钠光灯等。钠光灯是光学实验中常用的一种单色光源，钠光的平均波长为 589.3 nm，即 5.893×10^{-7} m。

【设计要求】

1. 查阅常用实验仪器及其使用的长度测量部分，了解读数显微镜的基本结构原理，学会正确使用读数显微镜。

2. 根据牛顿环的形成原理,设计一种测量平凸透镜曲率半径的方法,写出设计原理。

3. 根据“劈尖干涉”的原理,设计一种测量细小物体尺寸(如头发丝直径)的方法,写出设计原理。

4. 根据可选实验仪器设备,设计实验装置,列出实验清单。

5. 分析测量数据的不确定度来源,提出改进的方案。

6. 总结实验内容,写出实验报告。

【归纳总结】

本实验重现的是光学发展史上著名的光学现象,重点在于对光的干涉理论的应用。在实验过程中,应首先着重理解相干光的概念、相干光的获取方法、光程差的概念、光程差在光的干涉过程中的作用以及光的干涉的概念等;在理解概念的基础上,依据光的等厚干涉原理,设计光路并选用仪器进行实验操作。对以下问题的思考有助于完成本实验:

1. 在应用牛顿环测量平凸透镜曲率半径实验中,若平玻璃板上有微小的凸起,则凸起处空气薄膜厚度减小,导致干涉条纹发生畸变。试问对应的牛顿环干涉条纹将局部内凹还是局部外凸?

2. 利用“劈尖干涉”原理测量细小物体尺寸实验中,如果干涉条纹局部弯曲,试解释其形成原因。

知识拓展　光的干涉相关知识

1. 等厚干涉——牛顿环

牛顿环是光的一种干涉图样,是经典物理学的奠基人牛顿在光学中的一项重要发现,是他在1655年考察胡克研究的肥皂泡薄膜的色彩问题时提出来的。虽然牛顿发现了牛顿环并做了精确的定量测定,可以说已经走到了光的波动学说的边缘,但由于其过分偏爱他的微粒说,始终无法正确解释这个现象。直到19世纪初,英国科学家托马斯·杨才用光的波动说完满地解释了牛顿环实验。

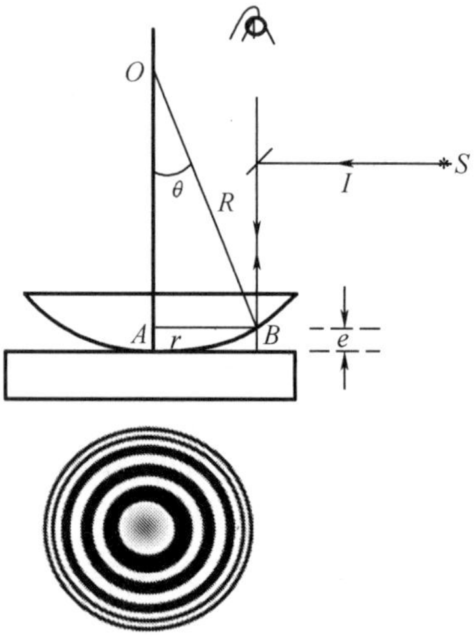

图 6.16.1　牛顿环及其干涉条纹

牛顿环产生于牛顿环仪。牛顿环仪是由曲率半径 R 较大的平凸透镜的凸面置于平镜之上构成的,如图6.16.1所示。当单色面光源 S 发射的光照在45°镜上,将光向下反射,在空气薄膜的上下表面反射的两束光为相干光,两束光叠加产生干涉。由于空气薄膜的厚度从接触点 O 逐渐变厚,并且以 O 为中心,r 为半径处等厚,所以光程差相同,形成同一级干涉条纹,如图6.16.1所示,形成以 O 为中心的同心圆,且中间粗疏边沿细密。

两束相干光在第 K 级条纹处的光程差为

$$\delta_K = 2e + \frac{\lambda}{2} \tag{6.16.1}$$

式中,λ 为入射波的波长,加$\frac{\lambda}{2}$是由于光从光密媒质射入光疏媒质时有半波损失带来的光程差。

在图6.16.1的直角三角形 OAB 中,有

$$R^2 = r^2 + (R - e)^2$$

整理,得

$$r^2 = 2eR - e^2$$

因空气薄膜厚度 e 远小于透镜的曲率半径,即 $e \ll R$,可略去二级小量 e^2。于是有

$$e = \frac{r^2}{2R}$$

将上式 e 值代入式(6.16.1),得

$$\delta = \frac{r^2}{R} + \frac{\lambda}{2} \tag{6.16.2}$$

由干涉理论可知,当光程差为入射光半波长的奇数倍时为暗条纹,即 $\delta = (2K+1)\frac{\lambda}{2}$ $(K = 0,1,2,\cdots)$ 为暗条纹的条件。代入式(6.16.2),得

$$r_K^2 = KR\lambda \tag{6.16.3}$$

如果已知入射光的波长,并测得第 K 级暗条纹的半径 r_K,则可由式(6.16.3)算出透镜的曲率半径 R。

但是由于透镜和平玻璃板接触时,接触压力引起形变以及镜面上可能有微小灰尘等,引起附加的光程差,牛顿环的中心不是一个点,而是一个不甚清晰的暗或亮的圆斑。这会使测量困难:

(1) 圆心无法准确确定,给半径测量带来较大的误差;

(2) 因牛顿环的中心模糊不清,K 值无法确定。

我们可以通过取两个暗条纹半径的平方差来减小附加的光程差带来的误差。假设附加厚度为 a,则光程差为

$$\delta = 2(e \pm a) + \frac{\lambda}{2}$$

$$e = K\cdot\frac{\lambda}{2} \pm a$$

将式(6.16.2)代入,得

$$r^2 = KR\lambda \pm 2Ra$$

取第 m,n 级暗条纹,则对应暗环的半径分别为

$$r_m^2 = mR\lambda \pm 2Ra$$

$$r_n^2 = nR\lambda \pm 2Ra$$

将两式相减,得

$$r_m^2 - r_n^2 = (m-n)R\lambda$$

可见 $r_m^2 - r_n^2$ 与附加厚度 a 无关。又因暗环的圆心不易确定,故用暗环的直径来替换,得

$$D_m^2 - D_n^2 = 4(m-n)R\lambda \tag{6.16.4}$$

从表面上看,直径的测量也要知道圆心,似乎问题没有得到解决。但是几何学中很容

易证明，同心圆中任一直线所割的两个弦的平方差都等于直径的平方差。也就是说式(6.16.4)中的D_m和D_n不必严格地经过圆心。而且，我们在数m和n时中间模糊处当成某一数（索性当成1），那么m和n的绝对值不准，但其差$(m-n)$是准确的。这样处理后，测量中的困难全部得到解决。

透镜曲率半径的表示式为

$$R=\frac{D_m^2-D_n^2}{4(m-n)\lambda} \tag{6.16.5}$$

2. 劈尖干涉

“劈尖干涉”现象在科学研究和工业生产上有着广泛的应用，可用于光学元件和精密加工机械表面光洁度、平行度的判断，以及研究零件内应力的分布等方面。

如图6.16.2所示，将两块平面玻璃板叠在一起，一端夹入细丝，将在两玻璃板间形成一等厚线平行于交棱的空气薄膜层，称为劈尖。当一束平行单色光垂直入射时，由空气层上、下表面所反射的两束光将在空气层上表面处形成等厚干涉，其干涉条纹是一簇平行于交棱的明暗相间且等间距的直条纹。

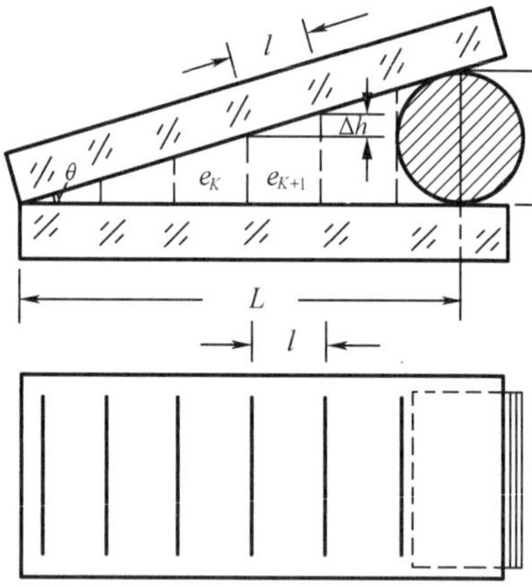

图6.16.2　劈尖干涉原理图

根据光的相干加强和相干削弱的条件知，薄膜上、下表面所反射的两束光的光程差满足：

$$\Delta=2e_K+(\lambda/2)=(2K+1)\lambda/2 \tag{6.16.6}$$

式中，e_K为第K级条纹所对应的空气膜厚度，$K=0,1,2,\cdots$。此时，将形成暗条纹。设两相邻暗纹的间距为l，它所对应的空气层厚度差为Δh，由式(6.16.7)，得

$$\Delta h=e_{K+1}-e_K=\frac{\lambda}{2}$$

劈尖交棱到细丝处的距离为L，细丝直径为d，于是，根据图6.16.2所示的几何关系，可得

$$\left.\begin{aligned}\tan\theta=\frac{\Delta h}{l}=\frac{\lambda}{2l}\\ \tan\theta=\frac{d}{L}\end{aligned}\right\}\Rightarrow d=\frac{L\lambda}{2l} \tag{6.16.7}$$

根据光的等厚干涉原理可建立起细丝直径与劈尖参数之间的联系，通过实验手段实现这种联系，从而测出细丝直径。

3. 方案举例

(1)“等厚干涉——牛顿环”测量平凸透镜曲率半径

①将钠光灯置于实验桌中央，开启钠光灯预热3～5 min，待其正常发光。

②调整45°镜：如图6.16.3把牛顿环仪（装置）放在读数显微镜的载物台上，45°半反射镜对准钠光灯，并转动45°镜，使望远镜的视野足够亮。

③调整焦距：从下往上调节显微镜的调焦鼓轮，看清牛顿环干涉条纹，同时调节目镜以消除视差。

④观察牛顿环干涉条纹的分布状况。

⑤测量第 20 ~ 35 级牛顿环直径。转动测微螺旋,使叉丝竖线依次与位于条纹中心左、右两侧的各级干涉条纹相切,记录切点的位置。

注意　测量中要消除空回误差,在开始读数时,需向一个方向旋转测微螺旋。为做到这一点,建议同学们按如下顺序进行测量:以能分辨的最靠近中心的第一条暗条纹作 $K=1$ 级,往某一方向旋转测微螺旋,使十字叉丝的竖线依次与 $K=1,2,\cdots,38$ 级干涉条纹相切(不记数据);再反向旋转测微螺旋,使十字叉丝的竖线依次与 $K=37,36,35$(至 35 级条纹开始记录数据),$\cdots 20,\cdots,1$,中心及另一侧 $K=1,2,\cdots,20,\cdots,35$ 级干涉条纹相切。在此过程中,记录叉丝竖线与 35 级到 20 级干涉条纹相切时的位置读数 $D_{35L},\cdots,D_{20L},D_{20R},\cdots,D_{35R}$(或 $D_{35R},\cdots,D_{20R}$),再接着记录叉丝竖线与另一侧 20 级到 35 级干涉条纹相切时的位置读数 $D_{20R},\cdots,D_{35R}$(或 $D_{20L},\cdots,D_{35L}$)。

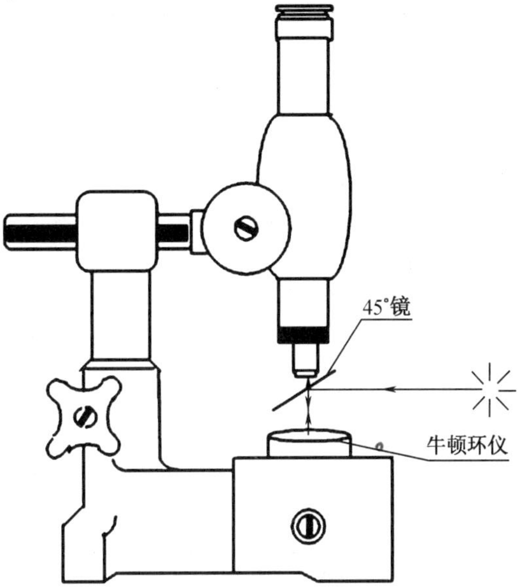

图 6.16.3　读数显微镜及测量牛顿环实验装置图

⑥利用最小二乘法处理数据并得出实验结论。

(2)利用"劈尖干涉"原理测量细小物体尺寸

①将钠光灯置于实验桌中央,开启钠光灯预热 3 ~5 min,待其正常发光。

②将两块光学玻璃板叠在一起,一端夹入细丝,组成劈尖。

③调整 45°镜:把组成的劈尖装置放在读数显微镜的载物台上,45°半反射镜对准钠光灯,并转动 45°镜,使望远镜的视野足够亮。

④调整焦距:从下往上调节显微镜的调焦鼓轮,看清劈尖干涉条纹,同时调节目镜以消除视差。观察劈尖干涉条纹的分布状况。

⑤测量劈尖长度及干涉条纹宽度。转动测微螺旋,使叉丝竖线依次与劈尖起始点及各级干涉条纹相重合,记录各点的位置读数。测量时注意消除空回误差。为做到这一点,应按如下顺序进行测量:以两光学玻璃片重合点(目镜视野中明暗交界处)为劈尖起点,旋转测微螺旋,将十字叉丝的竖线移动到劈尖起点外侧,再反向旋转测微螺旋,使十字叉丝的竖线与劈尖起点重合,记录劈尖起点位置读数;继续旋转测微螺旋,以任意一级清晰的干涉条纹为起点,使十字叉丝的竖线依次与干涉条纹重合,每隔 5 级条纹记录一组数据,连续记录 10 组数据;继续旋转测微螺旋,使十字叉丝的竖线与头发丝相切(即劈尖终点),记录劈尖终点位置读数。计算劈尖长度和干涉条纹宽度。

⑥计算头发丝直径,给出实验结论。

4. 数据记录

实验数据可记录在表 6.16.1 和表 6.16.2 中。

表 6.16.1 利用牛顿环测量透镜曲率半径的数据记录表 单位:mm

测量环数 m		35	34	33	32	31	30	29	28
第 m 环	D_{mL}								
	D_{mR}								
	D_m								
测量环数 n		20	21	22	23	24	25	26	27
第 n 环	D_{nL}								
	D_{nR}								
	D_n								
$m-n$		15	13	11	9	7	5	3	1
$D_m^2-D_n^2$									

表 6.16.2 利用劈尖干涉原理测量细小物体尺寸的原始数据表 单位:mm

劈尖起点	0	5	10	15	20
劈尖终点	25	30	35	40	45

5. 数据处理

(1)"等厚干涉——牛顿环"测量平凸透镜曲率半径

在式(6.16.5)中,令 $D_m^2-D_n^2=y$, $m-n=x$, $b=4R\lambda$,可得 $y=bx+b_0$,用最小二乘法确定斜率 b 及其不确定度 $u(b)$:

$$b=\frac{\sum x_iy_i-\frac{1}{N}\sum x_i\sum y_i}{\sum x_i^2-\frac{1}{N}(\sum x_i)^2}$$

$$R=\frac{b}{4\lambda}$$

$$s(y)=\sqrt{\frac{\sum V_i^2}{N-2}}$$

$$u(b_0)=\sqrt{\frac{1}{N}+\frac{\bar{x}^2}{L_{xx}}}\cdot u_c(y)$$

$$u(b)=\sqrt{\frac{1}{L_{xx}}}\cdot u_c(y)$$

$$U_{b_0}=2u(b_0)$$

$$U_b=2u(b)$$

$$b_0=\overline{b}_0\pm U_{b_0}$$

$$b=\overline{b}\pm U_b$$

$$u_c(R) = \frac{u(b)}{4\lambda}$$

$$U = 2u_c(R)$$

测量结果表示为

$$R = (\bar{R} \pm U)\,\text{mm}$$

(2)利用“劈尖干涉”原理测量细小物体尺寸

根据表6.16.2中的数据，计算劈尖长度L，用逐差法计算干涉条纹宽度l，计算头发丝直径，并评定其不确定度

$$d = \frac{L\lambda}{2l}$$

5. 注意事项

(1)钠光灯需预热3~5 min，才能正常发光。

(2)在调整45°镜时，要使视野亮度均匀。

(3)显微镜调焦过程中，显微镜镜筒只能上升不能下降，以免损坏仪器。操作时，首先旋转显微镜的调焦鼓轮，用眼睛观察显微镜物镜的位置，使其接近牛顿环，然后观察目镜视野，旋转显微镜的调焦鼓轮，使镜筒上升进行调焦。

(4)测量时，要消除空回误差，测微螺旋只能向同一方向旋转，若出现失误，则只能重新开始。

(5)载物台下的反光镜不能向上反光。

(6)在组装劈尖装置时，光学玻璃表面要清洁。

实验17 电子秤的设计

电子秤是将重力这个力学量通过传感器转变成电学量并进行放大、最后通过数字显示出来的电子装置。电子秤是采用现代传感器技术、电子技术和计算机技术并使之实现一体化的电子称量装置，能满足并解决现实生活中提出的“快速、准确、连续、自动”等称量要求，同时有效地消除人为误差，使之更符合法制计量管理和工业生产过程控制的应用要求，因而被广泛应用于商贸、能源、工矿、科技等领域。

随着传感器技术的提高以及超大规模集成电路和微处理器的出现，近年来，电子秤技术得到了迅速发展。

【设计任务】

1. 初步了解集成运算放大器、A/D转换器的原理。
2. 了解传感器的原理、性能。
3. 掌握传感器用于称重的工作原理及其使用方法。

【问题探索】

1. 哪些传感器可以用来进行称重？简述称重原理。

2. 称重系统常用的原理有杠杆平衡、弹性元件的应力变化、弹性元件的变形量，还有利用其他原理的称重系统吗？

3. 在生活中哪些情况需要用到电子秤，对于不同的使用情况，需要电子秤具备哪些功能，如何实现？

4. 分析电子秤系统误差产生的原因，如何改进来减小或消除误差？

【可选仪器】

提供实验仪器主要有传感器与测控技术实验台、应变式传感器、霍尔片、电涡流等传感器、振动台、砝码、±15 V 直流电源、±4 V 直流电源、数显单元等。

可以根据所设计电子秤系统需要选择传感器、电路板、放大器、A/D 转换设备、单片机、LED 数显模块等。

【设计要求】

1. 设计电子秤系统

(1)查找资料，初步了解各种传感器的基本原理。

(2)根据设计需要，选择合适的传感器及其配套装置。

(3)根据所选传感器，提出设计思路，写出系统设计方案。

2. 设计电路并称量

(1)根据所选传感器，设计出称重范围为 0～200 g 的简易电子秤电路，按照设计完成电路，对电子秤进行定标并测量某一重物的质量；

(2)利用简易电子秤的经验，按照“传感器—放大系统—模数转换及显示系统”的基本思路，完成实用电子秤的设计。(选做内容)

【归纳总结】

在实验中，对所设计的电子秤进行调试以达到设计要求。

对传感器的工作原理及电子秤系统的设计过程进行总结，画出系统结构图、设计电路图；测量并记录传感器的定标结果，画出定标工作曲线；计算电子秤系统的灵敏度及非线性差值；利用此标定好的电子秤测量某一 0～200 g 的重物；分析误差来源，讨论如何提高测量的准确度。

第 7 章　开放型创新实验

随着中国特色社会主义进入了新时代，社会迫切需要具有创新精神和实践能力、在德智体美等方面全面发展的高素质人才，这就意味着新时代高校培养人才的核心内容和最终目标就是要重实践、重创新、重能力。基于这一目标，辽宁省相关部门自 2012 年起举办了辽宁省大学生物理实验竞赛。历年来，沈阳理工大学组织学生积极参加这一活动，并取得了丰硕的成果。本章就此选取部分情况进行介绍，还设立了十多个开放型的创新实验项目，期望有兴趣的同学积极参与这一活动。

7.1　辽宁省大学生物理实验竞赛题目及其要求

7.1.1　2012 年辽宁省大学生物理实验竞赛通知

为了进一步加强高等学校实践教学工作，促进大学生物理实验综合能力和创新意识的不断提高，辽宁省物理学会决定委托东北大学承办 2012 年辽宁省大学生物理实验竞赛。为保证比赛公平、顺利进行，制订本方案。

1. 竞赛目的

举办大学生物理实验竞赛是为了激发大学生对物理实验的兴趣与潜能，使学生广泛参与到物理实践中来；在实践中培养、提高大学生的创新能力、实践能力和团队协作意识；促进物理实验教学改革，不断提高大学物理实验教学的质量，为高素质人才培养奠定基础。

2. 竞赛主题与内容

（1）本次竞赛共设 3 个题目，详见 2012 年辽宁省大学生物理实验竞赛题目。

（2）竞赛方式及要求：

①每队参赛选手限选其中一个题目在本校进行准备并完成全部实验。实验所需设备及费用由各校自行解决，所需通用仪器和特殊需要的仪器，请提前通知竞赛组委会。

②参赛选手须预先提交“2012 年辽宁省大学生物理实验竞赛项目说明”及“2012 年辽宁省大学生物理实验竞赛推荐教师初评表”。竞赛时，参赛队伍需携带参赛作品，当场操作，并进行答辩。

③参赛作品应力求做到原理明确，装置简便且易于操作，方法巧妙且手段新颖、有特色，现场操作规范，测量结果准确，陈述清晰，回答问题正确。

3. 报名与参赛

（1）参赛条件

参赛对象为在辽宁省各类普通高等学校 2012 年秋季学期在校本科大学生。

(2)报名方式

①请参赛学校将报名信息表,于10月20日前报送竞赛组委会办公室。

②学生参赛报名由各高校统一组织,每校限报6个队,每队不超过3名学生。

③学生参赛报名截止日期为11月20日,由学校统一将电子版发至联系人信箱。

4. 竞赛时间及地点

竞赛定于2012年12月8日—9日在东北大学举行。2012年12月7日参赛人员可到竞赛现场熟悉环境或预做。

5. 奖励

竞赛设立一等奖、二等奖、三等奖若干项,按3个题目分组评奖;同时对参赛学校设立优秀组织奖。

7.1.2 往年辽宁省大学生物理实验竞赛部分题目

1. 2012年辽宁省大学生物理实验竞赛题目

题目一:非接触测距。

利用非接触法测量两物体间距,测量范围为2~5 m,允许在被测物体上安装发射、接收装置。

题目二:太阳能电池参数测量装置的设计及参数的测量。

自行建立能够测量太阳能电池的一种或几种参数的实验装置,并应用该装置现场进行太阳能电池参数的测量。

题目三:物理实验装置制作。

题目自拟。要求:学生在校期间完成的物理思想清晰,物理知识点明确的实验装置制作。

2. 2014年辽宁省大学生物理实验竞赛题目

题目一:密度的测量。

密度是基本的物理参量之一,研究改进现有的测量方式或创新发明新的测量方法。

题目二:机械能转化电能实验装置设计。

机械能转化为电能常见的形式包括风力水利发电机、静电发电机、晶体压电效应等。设计一个机械能转化为电能的实验装置,在其原理、结构优化及应用等方面展开研究。

题目三:物理实验装置制作。

题目自拟。要求:学生在校期间完成的物理思想清晰、物理知识点明确的实验装置制作。

3. 2015年辽宁省大学生物理实验竞赛题目

题目一:空气中的物理量测量。

研究物理实验方法,测量空气的温度、湿度、压强、能见度、成分等一种或几种物理量。

题目二:利用光的干涉或衍射原理设计应用装置。

自组装实验装置,将光的干涉或衍射原理应用到物理实验或实际测量之中。

题目三:物理实验装置制作。

题目自拟。要求:学生在校期间完成的物理思想清晰、物理知识点明确的实验装置制作。

4. 2016 年辽宁省大学生物理实验竞赛题目

题目一：折射率的测量。

研究物理实验方法，测量物体的折射率，可以测量固体、液体、气体其中的一种或多种。

题目二：利用霍尔效应设计实验装置。

自组装实验装置，将霍尔效应原理应用到物理实验或实际生产之中。

题目三：物理实验装置制作。

题目自拟。要求：学生在校期间完成的物理思想清晰、物理知识点明确的实验装置制作。

5. 2017 年辽宁省大学生物理实验竞赛题目

题目一：物体微小形变量的测量。

研究物理实验方法，改进或创新测量方式，测量固态物体的微小形变量。

题目二：利用电磁感应原理设计实验装置。

自组装实验装置，测量某些物理参数，将电磁感应原理应用到物理实验测量或实际生产生活中。

题目三：物理实验装置制作。

题目自拟。要求：学生在校期间完成的物理思想清晰、物理知识点明确的实验装置制作。

7.2　沈阳理工大学参加辽宁省大学生物理实验竞赛部分成果

7.2.1　沈阳理工大学参加辽宁省物理实验竞赛的成绩

1. 参加 2012 年辽宁省大学生物理实验竞赛的成绩

序号	学生 获奖人	获奖 时间	参赛课题 （项目的名称）	获奖 类别	获奖 等级
1	宫铖，张琪，马毅康	2012 年 12 月	激光横模测试系统的开发	省级	一
2	王超，付昀，叶权	2012 年 12 月	非接触测距装置的研制	省级	一
3	陈先跃，杨明，赵立强	2012 年 12 月	基于分光计非接触测距的研究	省级	二
4	马云，吴亚军，李博	2012 年 12 月	激光报警装置的研制	省级	二
5	吴俊峰，王夺，竺润泽	2012 年 12 月	传感桥路优化设计与应用模拟	省级	三
6	车福欧，张立峰，孙德福	2012 年 12 月	太阳能电池参数测量装置的设计及参数的测量	省级	三

2. 参加 2015 年辽宁省大学生物理实验竞赛的成绩

序号	学生 获奖人	获奖 时间	参赛课题 （项目的名称）	获奖 类别	获奖 等级
1	袁备，杨帆，操璐	2015 年 12 月	光学数字衍射观测系统设计与制作	省级	三
2	李乐，陈秋白，张婷婷	2015 年 12 月	用交流电桥测量空气的湿度	省级	优秀奖
3	赵锦富，尚艳玲，薛瑶	2015 年 12 月	用双束激光法测量凸透镜的焦距	省级	优秀奖
4	曹昭睿，胡显声，张明华	2015 年 12 月	全息光栅的设计与制作	省级	优秀奖
5	赖文祺，何嘉俊，黄首峰	2015 年 12 月	利用霍尔开关测量磁感应强度	省级	优秀奖
6	张楠，蒋新宇，詹绍梅	2015 年 12 月	浅水域水下数据采集机器人的设计与制作	省级	优秀奖

3. 参加 2016 年辽宁省大学生物理实验竞赛的成绩

序号	学生 获奖人	获奖 时间	参赛课题 （项目的名称）	获奖 类别	获奖 等级
1	李乐，黎洋，赵雪	2016 年 12 月	数字干涉式折射率测量仪的设计与制作	省级	二
2	王哲，雷顺子，杨瑞	2016 年 12 月	利用 CCD 测量液体折射率	省级	三
3	陈元亮，邬小龙，贾鹏	2016 年 12 月	微型激光打标仪	省级	三
4	于航，杜宏智，刘钟喆	2016 年 12 月	自行车行车辅助仪的设计与制作	省级	优秀奖

4. 参加 2017 年辽宁省大学生物理实验竞赛的成绩

序号	学生 获奖人	获奖 时间	参赛课题 （项目的名称）	获奖 类别	获奖 等级
1	刘德鹏，牛栋鑫	2017 年 12 月	密度测量仪	省级	二
2	童子玥，李爽，王云鹏	2017 年 12 月	用霍尔传感器测量水位的变化情况	省级	二
3	陈元亮，贾鹏，王雨晴	2017 年 12 月	全向移动 Dobot 机械臂模型	省级	二
4	王哲，雷顺子，吕和鑫	2017 年 12 月	基于干涉法测量物体微小形变	省级	三
5	王开缘，刘家帛，李晨飞	2017 年 12 月	温湿度远程实时检测装置	省级	三
6	于航，杜宏智，韩璋	2017 年 12 月	电磁耦合远程充电系统	省级	优秀奖
7	陈雨情，成远，李倩茹	2017 年 12 月	维生素 B_2 荧光光谱检测系统	省级	优秀奖
8	董振飞，毕紫微，邵玉茹	2017 年 12 月	物体微小形变量的测量	省级	优秀奖

7.2.2　辽宁省物理实验竞赛项目说明举例

项目名称:用霍尔传感器测量水位变化情况

1. 设计原理与方法

利用霍尔开关在其附近磁感应强度发生变化而使输出电平发生跃变的原理设计了一种自动测量水位变化情况的装置,其原理框图由图 7.2.1 所示。

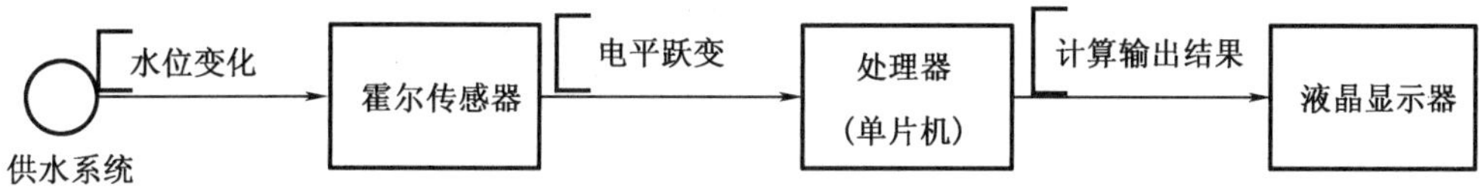

图 7.2.1　原理框图

(1)原理

将磁铁放在一块泡沫板上,当供水系统开始供水时,磁铁上升,经过霍尔开关时,霍尔开关附近的磁感应强度发生变化,从而使霍尔开关的输出电平发生跃变,将此信息传给单片机处理器,由单片机处理信息,将通过两个霍尔开关的平均速度、所用时间及到下一个霍尔开关的预期时间显示在液晶显示屏上。

(2)方法

①用游标卡尺测量第一至第二个霍尔开关的距离 H 及第二至第三个霍尔开关的距离 h,输入到单片机中。

②水泵加水,与水位平齐的磁铁上升至第一个霍尔开关时,霍尔开关的输出电平发生跃变,传递信息给单片机系统,此系统的绿灯亮。

③当水位上升至第二个霍尔开关时,霍尔开关的输出电平发生跃变,传递信息给单片机系统,此系统的黄灯亮,同时,由单片机测出水位经过两个霍尔开关的时间间隔 T,并通过单片机由 H 及 T 数值计算出期间水位上涨的平均速度 v_1;从而估算出水位到达第三个霍尔开关所用的时间 t',显示在液晶显示屏上。

④当水位上涨到第三个霍尔开关时,单片机系统中的红灯亮(表示水位超过安全高度,相当于现实中的洪涝预警);同时,液晶显示屏显示出第二个至第三个霍尔开关间水位上涨的平均速度 v_2 和所用时间 t。

2. 实验仪器与装置

实验装置组成框图如图 7.2.2 所示,其中的单片机系统组成框图如图 7.2.3 所示,测量水位变化的实验装置示意图如图 7.2.4 所示。

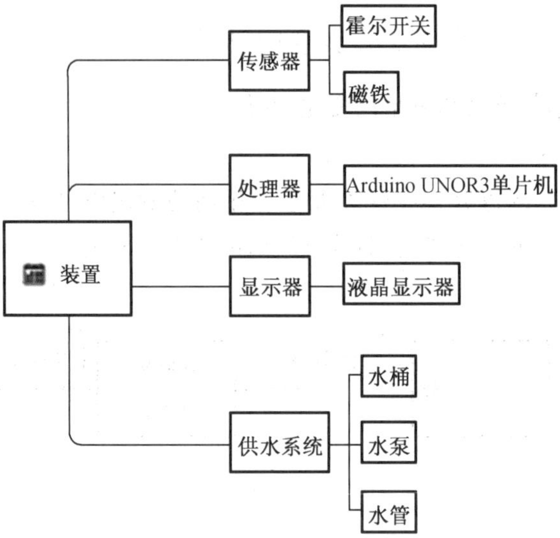

图 7.2.2　实验装置组成框图

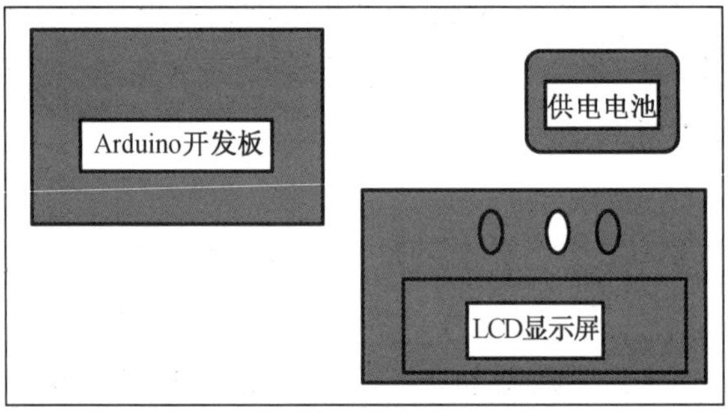

图 7.2.3　单片机系统组成框图

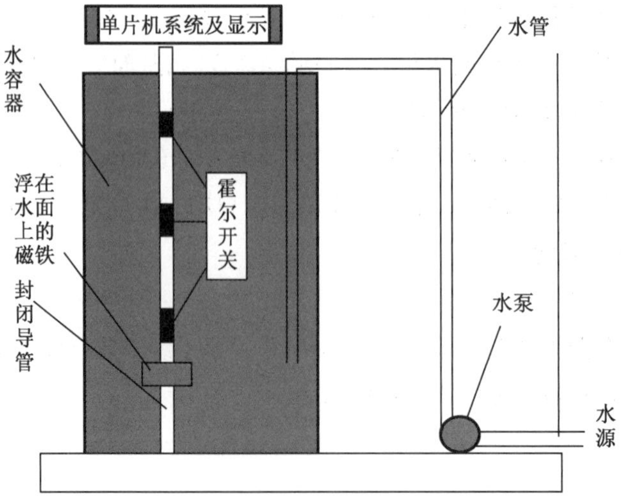

图 7.2.4　测量水位变化实验装置示意图

3. 数据测量与分析

用数字游标卡尺测得的第一至第二个霍尔开关的距离 H 及第二至第三个霍尔开关的距离 h 测量数据如表 7.2.1 所示。

表 7.2.1　测量距离 H,h 的数据表

	1	2	3	4	5
H/mm	87.59	87.60	87.58	87.59	87.58
h/mm	85.87	85.88	85.86	85.86	85.87

通过计算：

$$\overline{H}=\frac{87.59+87.60+87.58+87.59+87.58}{5}=57.588\ \text{mm}$$

$$u_{\text{A}}(H)=\sqrt{\frac{\sum_{n=1}^{5}(H_n-\overline{H})^2}{n(n-1)}}=0.0042\ \text{mm}$$

$$u_{\text{B}}(H)=\frac{0.01}{2}=0.0050\ \text{mm}$$

则

$$u_{\text{c}}(H)=\sqrt{u_{\text{A}}^2(H)+u_{\text{B}}^2(H)}=0.0065\ \text{mm}$$

同理可得

$$u_{\text{c}}(h)=0.0065\ \text{mm}$$

最后得出

$$H=\overline{H}+2u_{\text{c}}(H)=(87.588\pm0.013)\text{mm}$$

$$h=\overline{h}\pm+2u_{\text{c}}(h)=(85.868\pm0.013)\text{mm}$$

由单片机计时得到的第一至第二个霍尔开关的上升时间 T 及第二至第三个霍尔开关的上升时间 t 的测量数据如表 7.2.2 所示。

表 7.2.2　测量上升时间 T,t 的数据表

	1	2	3	4	5
T/s	97.37	89.22	94.47	91.12	91.63
t/s	95.46	87.89	92.62	89.33	89.83

通过计算：

$$\overline{T}=\frac{97.37+89.22+94.47+91.12+91.63}{5}=96.36\ \text{s}$$

同上，有

$$u_{\text{A}}(T)=\sqrt{\frac{\sum_{n=1}^{5}(T_n-\overline{T})^2}{n(n-1)}}=1.6\ \text{s}$$

$$u_B(T)=\frac{10^{-3}}{2}=0.000\ 50\ \text{s}$$

$$u_c(T)=\sqrt{u_A^2(T)+u_B^2(T)}=1.6\ \text{s}$$

同理,有

$$u_c(t)=1.5\ \text{s}$$

由单片机计算、显示的第一至第二霍尔开关的水位速度 v_1 及第二至第三霍尔开关的水位速度 v_2 的数据如表 7.2.3 所示。

表 7.2.3　测量水位速度 v_1,v_2 的数据表

	1	2	3	4	5
v_1/(mm/s)	0.90	0.82	0.93	0.96	0.96
v_2/(mm/s)	0.87	0.87	0.91	0.93	0.92

计算得

$$\bar{v}_1=\frac{0.90+0.82+0.93+0.96+0.96}{5}=0.914\ \text{mm/s}$$

$$u_c(v_1)=\sqrt{\left[\frac{\partial v}{\partial H}u_c(H)\right]^2+\left[\frac{\partial v}{\partial T}u_c(T)\right]^2}=0.010\ \text{mm/s}$$

同理,有

$$u_c(v_2)=0.014\ \text{mm/s}$$

最后得出

$$v_1=\bar{v}_1\pm 2u_c(v_1)=(0.914\pm 0.020)\text{mm/s}$$

$$T=\bar{T}\pm 2u_c(T)=(96.4\pm 3.2)\text{s}$$

$$v_2=\bar{v}_2\pm 2u_c(v_2)=(0.900\pm 0.028)\text{mm/s}$$

$$t=\bar{t}\pm 2u_c(t)=(94.5\pm 3.0)\text{s}$$

分析:

该装置精确度的主要影响因素是高度的测量和时间的测量,对此的改进措施如下:

(1)将霍尔开关更好地固定在亚克力管中,并用更高精度的仪器测量高度。

(2)电机上加稳压源以保证工作电压稳定,使水平面匀速上升,并用更高精度的仪器测量时间,等等。

4. 结论

利用霍尔开关在其附近磁感应强度发生变化而使输出电平发生跃变的原理,设计、制作了一种自动测量水位变化情况的装置。经过实际测量及数据评定,说明该装置可达到较好的稳定性及准确度。

创新点如下:

(1)该装置具有测量及显示功能,且防水性能好,可直接显示水位的变化情况(包含速度和时间),即使在夜间、雨天等情况下,也可正常使用。

(2)该装置具有报警、预警系统,当水位上涨至预定高度时,立即报警。还可预测并显示到达下一个预定水位的时间,起到预警的作用。

(3)该装置体积小、一体化,可方便携带。

应用如下:

因为装置具有测量及显示功能、报警及预警系统、体积小、一体化且防水性能好,所以可用于夜间、雨天和雾天等情况;还可用于水库、地下停车场、地下隧道、地下室、桥洞、工厂供水系统、水槽等需要指示水位变化的场所。

5. 制作成本(明细)

制作成本(明细)表如表7.2.4所示。

表7.2.4 制作成本(明细)表

序号	材料名称	价格/元	序号	材料名称	价格/元
1	霍尔开关	12.00	5	粗细亚克力管	120.00
2	磁铁	25.00	6	水管	10.00
3	单片机系统	40.00	7	水泵	40.00
4	显示器	13.00	总计:		260.00

7.3 开放型创新实验项目

下列开放型的创新实验项目供同学们在课后选做。

题目一:测量与地球有关的物理参数。

自组装实验装置,将物理实验的测量方法应用到测量与地球有关的物理参数之中。

题目二:智能手机在物理实验中的应用。

利用智能手机的网络化、便利化、互动化、智能化改造升级经典的物理实验或设计新的物理实验。

题目三:磁光效应的应用。

自组装实验装置,测量某些物理参数,将磁光效应原理应用到物理实验测量或实际生产生活中。

题目四:水或水溶液物理性质的研究。

自行搭建实验装置,将物理实验的测量方法应用到测量水或水溶液物理性质的参数之中。

题目五:互感特性的研究。

自行搭建实验装置,利用互感原理,设计、搭建一套应用装置,研究互感特性。

题目六:水波有关物理现象的研究。

自行搭建实验装置,研究与水波有关的物理现象。

题目七:霍尔元件电学性质的研究。

自行选择测量原理和仪器仪表,搭建实验装置,测量并研究霍尔元件电学性质。

题目八:锑化铟 InSb 磁阻特性的研究。

自行选择测量原理和仪器仪表,搭建实验装置,测量并研究锑化铟 InSb 的磁阻特性。

题目九:等离子体的物理量的测量。

自行选择测量原理和仪器仪表,搭建实验装置,利用物理实验方法,测量等离子体的温度、压强、能见度、成分等一种或几种物理量。

题目十:冰的物理量的测量。

自行选择测量原理和仪器仪表,搭建实验装置,利用物理实验方法,测量冰的温度、熔点、成分等一种或几种物理量。

题目十一:玻璃的相关物理量的测量。

自行选择测量原理和仪器仪表,搭建实验装置,利用物理实验方法,测量玻璃的反射率、折射率、透光率、温度、熔点、成分等一种或几种物理量。

附录 A　法定计量单位

附表 A.1　国际单位制基本单位

量	单位名称	单位符号	备　　注
长度	米	m	米等于氪－86 原子的 $2P_{10}$ 和 $5d_5$ 能级之间跃迁所对应的辐射，在真空中为 1 650 763.73 个波长的长度
质量	千克	kg	千克是质量单位，等于国际千克原器的质量
时间	秒	s	秒是铯－133 原子基态的两个超精细能级之间跃迁所对应的辐射的 9 192 631 770 个周期的持续时间
电流	安[培]	A	安培是一恒定电流，若保持在处于真空中相距 1 米的两无限长，而圆截面可忽略的平行直导线内，则在此两导线之间产生的力在每米长度上等于 2×10^{-7} 牛顿
热力学温度	开[尔文]	K	热力学温度单位开尔文是水三相点热力学温度的 1/273.15
物质的量	摩[尔]	mol	摩尔是一系统的物质的量，该系统中所包含的基本单元数与 0.012 千克碳－12 的原子数目相等。在使用摩尔时，基本单元应予指明，可以是原子、分子、离子、电子及其他粒子，或是这些粒子的特定组合
发光强度	坎[德拉]	cd	坎德拉是一光源在给定方向上的发光强度，该光源发出频率为 540×10^{12} 赫兹的单色辐射，且在此方向上的辐射强度为 1/683 W/sr

附表 A.2　国际单位制辅助单位

量	单位名称	单位符号	备　　注
[平面]角	弧度	rad	弧度是一圆内两条半径之间的平面角，这两条半径在圆周上截取的弧长与半径相等
立体角	球面度	sr	球面度是一立体角，其顶点位于球心。而它在球面上所截取的面积等于以球半径为边长的正方形面积

附表 A.3　国际单位制具有专门名称的导出单位

量的名称	SI 导出单位			
	单位名称	单位符号	表示式	
			用 SI 单位	用 SI 基本单位
力、重力	牛[顿]	N		$m \cdot kg \cdot s^{-2}$
频率	赫[兹]	Hz		s^{-1}
压强,(压力),应力	帕[斯卡]	Pa	N/m^2	$m^{-1} \cdot kg \cdot s^{-2}$
能,功,热量	焦[耳]	J	$N \cdot m$	$m^2 \cdot kg \cdot s^{-2}$
功率,辐[射]通量	瓦[特]	W	J/s	$m^2 \cdot kg \cdot s^{-3}$
电量,电荷	库[仑]	C		$s \cdot A$
电位(电势),电压,电动势	伏[特]	V	W/A	$m^2 \cdot kg \cdot s^{-3} \cdot A^{-1}$
电容	法[拉]	F	C/V	$m^{-2} \cdot kg^{-1} \cdot s^4 \cdot A^2$
电阻	欧[姆]	Ω	V/A	$m^2 \cdot kg \cdot s^{-3} \cdot A^{-2}$
电导	西[门子]	S	A/V	$m^{-2} \cdot kg^{-1} \cdot s^3 \cdot A^2$
磁通[量]	韦[伯]	Wb	$V \cdot s$	$m^2 \cdot kg \cdot s^{-2} \cdot A^{-1}$
磁感应[强度],磁通密度	特[斯拉]	T	Wb/m^2	$kg \cdot s^{-2} \cdot A^{-1}$
电感	亨[利]	H	Wb/A	$m^2 \cdot kg \cdot s^{-2} \cdot A^{-2}$
摄氏温度	摄氏度	℃		K
光通[量]	流[明]	lm		$cd \cdot sr$
[光]照度	勒[克斯]	lx	lm/m^2	$m^{-2} \cdot cd \cdot sr$
[放射性]活度,(放射性强度)	贝可[勒尔]	Bq		s^{-1}

附表 A.4　单位换算

单位	相当于(或等于)	
埃(Å)	0.1 纳米	10^{-10}米
纳米(nm)	10 埃	10^{-9}米
靶恩(b)	10^{-24}厘米^2	10^{-28}米^2
特斯拉 (T)	1 韦伯/米^2	10^4 高斯
标准大气压(atm)	1.013×10^5 牛顿/米^2	101 325 帕[斯卡]
电子伏(eV)	$1.602\ 189\ 2(46) \times 10^{-19}$焦耳	
焦耳(J)	10^7 尔格	$6.241\ 461 \times 10^{18}$电子伏
克(g)	$6.022\ 04 \times 10^{23}$u	$5.609\ 56 \times 10^{32}$电子伏/c^2
摄氏温度(℃)	热力学温度值(K) − 273.15	
绝对温度(K)	$T = (t - 273.15)$K	

附表 A.4(续)

单位	相当于(或等于)	
原子质量单位(μ)	1.660 565 5×10^{-27} kg	
居里(Ci)	3.7×10^{10}(衰变次数)/秒	3.7×10^{10}贝可(Bq)
英寸(in)	2.54 厘米	0.025 4 米
毫米水柱(mmH_2O)	9.806 65 帕[斯卡]	
毫米汞柱(mmHg)	1.333 22×10^2帕[斯卡]	
π	3.141 592 653 793 238	
e	2.718 281 828 459 045	

注:一个原子单位等于一个碳$^{12}_{6}C$ 核素原子质量的 1/12。

附表 A.5　用于构成十进倍数和分数单位词头

所表示的因数	词头名称	词头符号	所表示的因数	词头名称	词头符号
10^{18}	艾[克萨]	E	10^{-1}	分	d
10^{15}	拍[它]	P	10^{-2}	厘	c
10^{12}	太[拉]	T	10^{-3}	毫	m
10^9	吉[咖]	G	10^{-6}	微	μ
10^6	兆	M	10^{-9}	纳[诺]	n
10^3	千	k	10^{-12}	皮[可]	p
10^2	百	h	10^{-15}	飞[母托]	f
10^1	十	da	10^{-18}	阿[托]	a

附录 B 常用物理常量表(2013 年国际推荐值)

附表 B.1 常用物理常数

物理常数	符号	最佳实验值及标准不确定度	供计算用的值
真空中光速	c	299 792 458.0(1.2) $m \cdot s^{-1}$	$3.00 \times 10^{8}\ m \cdot s^{-1}$
真空磁导率	μ_0	1.256 637 061 44… $\times 10^{-6}\ N \cdot A^{-2}$	$4\pi \times 10^{-7}\ N \cdot A^{-2}$
真空电容率	ε_0	8.854 187 818(71) $\times 10^{-12}\ F \cdot m^{-1}$	$8.85 \times 10^{-12}\ F \cdot m^{-1}$
万有引力常数	G	6.672 0(41) $\times 10^{-11}\ m^3 \cdot kg^{-1} \cdot s^{-2}$	$6.67 \times 10^{-11}\ m^3 \cdot kg^{-1} \cdot s^{-2}$
阿伏加德罗常数	N_A	6.022 045(31) $\times 10^{23}\ mol^{-1}$	$6.02 \times 10^{23}\ mol^{-1}$
摩尔气体常数	R	8.314 41(26) $J \cdot mol^{-1} \cdot K^{-1}$	$8.31\ J \cdot mol^{-1} \cdot K^{-1}$
玻耳兹曼常数	k	1.380 662(41) $\times 10^{-23}\ J \cdot K^{-1}$	$1.38 \times 10^{-23}\ J \cdot K^{-1}$
理想气体摩尔体积	V_m	22.413 83(70) $\times 10^{-3}\ m^3 \cdot mol^{-1}$	$22.4 \times 10^{-3}\ m^3 \cdot mol^{-1}$
基本电荷(元电荷)	e	1.602 189 2(46) $\times 10^{-19}$ C	1.602×10^{-19} C
原子质量单位	u	1.660 565 5(86) $\times 10^{-27}$ kg	1.66×10^{-27} kg
电子质量	m_e	9.109 534(47) $\times 10^{-31}$ kg	9.11×10^{-31} kg
电子荷质比	e/m_e	1.758 804 7(49) $\times 10^{-11}\ C \cdot kg^{-1}$	$1.76 \times 10^{-11}\ C \cdot kg^{-1}$
质子质量	m_p	1.672 648 5(86) $\times 10^{-27}$ kg	1.673×10^{-27} kg
中子质量	m_n	1.674 954 3(86) $\times 10^{-27}$ kg	1.675×10^{-27} kg
法拉第常数	N_e	9.648 456(27) $C \cdot mol^{-1}$	$9.65\ C \cdot mol^{-1}$
里德伯常数	R	1.097 373 177(83) $\times 10^{7}\ m^{-1}$	$1.0974 \times 10^{7}\ m^{-1}$
精细结构常数	a	7.297 350 6(60) $\times 10^{-3}$	7.297×10^{-3}
普朗克常数	h	6.626 176(36) $\times 10^{-34}\ J \cdot s$	$6.63 \times 10^{-34}\ J \cdot s$
电子磁矩	μ_e	9.284 832(36) $\times 10^{-24}\ J \cdot T^{-1}$	$9.28 \times 10^{-24}\ J \cdot T^{-1}$
质子磁矩	μ_p	1.410 617 1(55) $\times 10^{-26}\ J \cdot T^{-1}$	$1.41 \times 10^{-26}\ J \cdot T^{-1}$
玻尔(Bohr)半径	α_0	5.291 770 6(44) $\times 10^{-11}$ m	5.29×10^{-11} m
玻尔(Bohr)磁子	μ_B	9.274 078(36) $\times 10^{-24}\ J \cdot T^{-1}$	$9.27 \times 10^{-24}\ J \cdot T^{-1}$
核磁子	μ_N	5.059 824(20) $\times 10^{-27}\ J \cdot T^{-1}$	$5.05 \times 10^{-27}\ J \cdot T^{-1}$
电子康普顿(Compton)波长	λ_c	2.426 308 9(40) $\times 10^{-12}$ m	2.426×10^{-12} m
质子康普顿(Compton)波长	λ_p	1.321 409 9(22) $\times 10^{-15}$ m	1.321×10^{-15} m
质子电子质量比	m_p/m_e	1 836.151 5	1 836.15

注:最佳实验值后面括号内的数字表示标准不确定度,其最末位数与最佳实验值的最末位数对齐,且具有相同的数量级及计量单位。

附表 B.2 其他物理常数

名称	符号	数值	单位
标准大气压	P_0	101 325	Pa
冰点热力学温度	T_0	273.15	K
标准状态下空气的声速	$\mu_{声}$	331.46	$m \cdot s^{-1}$
标准状态下干燥空气的密度	$\rho_{空气}$	1.293	$kg \cdot m^{-3}$

附表 B.3 在 20 ℃时一些金属的杨氏弹性模量

金属	杨氏弹性模量/($kg \cdot mm^{-2}$)	金属	杨氏弹性模量/($kg \cdot mm^{-2}$)
铝	7 000 ~ 7 100	锌	8 000
钨	41 500	镍	20 500
铁	19 000 ~ 21 000	铬	24 000 ~ 25 000
铜	10 500 ~ 13 000	合金钢	21 000 ~ 22 000
金	7 900	碳钢	20 000 ~ 21 000
银	700 ~ 8 200	康铜	16 300

参 考 文 献

[1] 国家质量技术监督局. 中华人民共和国国家计量技术规范 JJF 1059—1999:测量不确定度评定与表示[S]. 北京:中国计量出版社,2004.

[2] 朱鹤年. 基础物理实验教程:物理测量的数据处理与实验设计[M]. 北京:高等教育出版社,2004.

[3] 朱鹤年. 新概念物理实验测量引论:数据分析与不确定度评定基础[M]. 北京:高等教育出版社,2007.

[4] 成正维. 大学物理实验[M]. 北京:高等教育出版社,2010.

[5] 沈元华,陆申龙. 基础物理实验[M]. 北京:高等教育出版社,2003.

[6] 杨述武,赵立竹,沈国土. 普通物理实验[M]. 北京:高等教育出版社,2010.

[7] 李学慧. 大学物理实验[M]. 北京:高等教育出版社,2008.

[8] 张兆奎. 大学物理实验[M]. 北京:高等教育出版社,2008.

[9] 张孔时,丁慎训. 物理实验教程(近代物理实验部分)[M]. 北京:清华大学出版社,2007.

[10] 吴思诚,王祖铨. 近代物理实验[M]. 北京:高等教育出版社,2005.

[11] 戴道宣,戴乐山. 近代物理实验[M]. 北京:高等教育出版社,2005.

[12] 王正行. 近代物理学[M]. 北京:北京大学出版社,2002.

[13] 赵凯华,钟锡华. 光学[M]. 北京:北京大学出版社,1984.

[14] 姚启钧. 光学教程[M]. 北京:高等教育出版社,2002.

[15] 杨福家. 原子物理学[M]. 北京:高等教育出版社,2004.

[16] 郑绍光. 光信息科学与技术应用[M]. 北京:电子工业出版社,2002.

[17] 周继明,江世明. 传感技术应用[M]. 长沙:中南大学出版社,2005.

[18] 何勇. 光电传感器及其应用[M]. 北京:化学工业出版社,2004.

[19] 王庆有. 光电传感器应用技术[M]. 北京:机械工业出版社,2007.

[20] 孙晶华,李松,李昆. 大学物理实验教程[M]. 2 版. 哈尔滨:哈尔滨工程大学出版社,2017.

[21] 王旗. 大学物理实验[M]. 北京:高等教育出版社,2017.